环境生物学实验与习题

主　编　冯茜丹　叶茂友　陈雪晴
副主编　徐智敏　雷泽湘　陶雪琴
参　编　刘　晖　李义勇　邹梦遥
　　　　刘　雯　刁增辉

华中科技大学出版社
中国·武汉

内 容 简 介

本书根据本科院校环境科学、环境工程专业规范和环境生物学课程教学基本要求编写，内容包括环境生物学实验和环境生物学习题及参考答案。

本书可供本科院校环境科学与工程专业的本科生开展环境生物学实验和习题训练时使用，也可作为相关专业学生或科学工作者从事相关实验研究时的参考书。

图书在版编目（CIP）数据

环境生物学实验与习题/冯茜丹，叶茂友，陈雪晴主编. —武汉：华中科技大学出版社，2023.12
ISBN 978-7-5772-0239-6

Ⅰ.①环… Ⅱ.①冯… ②叶… ③陈… Ⅲ.①环境生物学-实验-高等学校-教学参考资料 Ⅳ.①X17-33

中国国家版本馆 CIP 数据核字（2023）第 236087 号

环境生物学实验与习题　　　　　　　　　　　　　　冯茜丹　叶茂友　陈雪晴 主编
Huanjing Shengwuxue Shiyan yu Xiti

策划编辑：王新华	
责任编辑：李艳艳	
封面设计：潘　群	
责任校对：刘小雨	
责任监印：周治超	
出版发行：华中科技大学出版社（中国·武汉）	电话：(027)81321913
武汉市东湖新技术开发区华工科技园	邮编：430223
录　　排：华中科技大学惠友文印中心	
印　　刷：武汉开心印印刷有限公司	
开　　本：787mm×1092mm　1/16	
印　　张：17	
字　　数：446 千字	
版　　次：2023 年 12 月第 1 版第 1 次印刷	
定　　价：49.80 元	

本书若有印装质量问题，请向出版社营销中心调换
全国免费服务热线：400-6679-118　竭诚为您服务
版权所有　侵权必究

前　言

环境生物学是研究生物与受人类干扰的环境之间相互作用规律及其机理的学科,是环境科学及环境工程、资源环境科学等相关专业的重要课程。环境生物学的研究方法主要包括野外调查和实验、实验室实验、模拟研究三类,实验教学是巩固、扩大和加深所学理论知识的必要途径。环境生物学课程内容繁杂,但授课学时少,配备相应实验教材和习题指导书以加强学生对课程的理解和应用非常必要。

本书根据本科院校环境科学、环境工程专业规范和环境生物学课程教学基本要求编写。全书包括上、下两篇内容:上篇为环境生物学实验,下篇为环境生物学习题及参考答案。编者力求突出环境生物学课程的实用性、规范性、综合性,既注重环境生物学基本实验的技能训练,能客观地对实验进行观察、描述、比较和分析;又强调应用多种方法进行综合应用型实验,学习解决现实环境问题,提升科研创新能力。本书还提炼了各章节的重难点和考查点,有利于学生巩固学习效果,可供本科院校环境类专业本科生开展环境生物学实验和习题训练时使用,也可作为相关实验研究的参考书。

本书前言和上篇的第一章由雷泽湘、冯茜丹、陈雪晴执笔,第二章基础规范型实验主要由冯茜丹、叶茂友、陈雪晴、雷泽湘、徐智敏编写,第三章综合应用型实验主要由徐智敏、冯茜丹、陈雪晴、陶雪琴编写,下篇环境生物学习题及参考答案主要由冯茜丹、叶茂友和陈雪晴编写,参加本书编写的还有刘晖、李义勇、邹梦遥、刘雯和刁增辉等。全书由冯茜丹、叶茂友、陈雪晴统稿,徐智敏、雷泽湘、陶雪琴对书中内容进行了修改和完善。

本书获得仲恺农业工程学院"十三五"规划教材建设项目(仲教字〔2021〕3号)、环境生物与生态学教学团队建设项目(仲教字〔2019〕23号)和广东省教育厅"环境生物与生态学课程思政示范团队"项目(粤教高函〔2023〕14号)、"仲恺农业工程学院—丹霞山产学研实践教学基地"项目(粤教高函〔2021〕29号)的资助。本书在编写过程中,参考了国内外部分专著、教材、论文、网站,获得了学校、同行的大力支持,得到了学生石煜琳、吴玉花、梁金好、钟丽、卢葵涵的协助,在此一并表示衷心的感谢!

由于编写经验有限,书中可能存在不足之处,恳请阅读和使用本书的广大读者提出宝贵意见,以便修订完善。

编　者

目 录

上篇 环境生物学实验

第一章 环境生物学实验基础知识 (2)
- 第一节 环境生物学实验目的及要求 (2)
- 第二节 环境生物学实验常用玻璃器皿和仪器设备 (6)
- 第三节 实验室安全知识 (15)
- 第四节 学生实验守则 (17)
- 第五节 实验报告撰写要求 (18)

第二章 基础规范型实验 (20)
- 实验1 生活污水中细菌总数的测定 (20)
- 实验2 水质总大肠菌群和粪大肠菌群的测定 (23)
- 实验3 空气中微生物的测定 (27)
- 实验4 发光细菌法测定水质急性毒性 (30)
- 实验5 固定化酶制备及酶活力的测定 (34)
- 实验6 蛋白酶的发酵及酶活力的测定 (38)
- 实验7 Ames法检测环境中致癌物 (43)
- 实验8 $HgCl_2$对藻类的生长抑制实验 (49)
- 实验9 叶绿素a法测定富营养化湖泊中的藻量 (54)
- 实验10 水葫芦对水体中重金属的富集作用 (57)
- 实验11 种子发芽的毒性实验 (60)
- 实验12 紫外线(UVC)辐射对植物叶绿素含量的影响 (67)
- 实验13 二氧化硫对植物生长的影响 (71)
- 实验14 重金属废水对蚕豆根尖的微核效应 (73)
- 实验15 生物体中有机氯农药含量的测定 (80)
- 实验16 溞类(大型溞)急性毒性实验 (84)
- 实验17 斑马鱼急性毒性实验 (87)
- 实验18 斑马鱼生物蓄积毒性实验 (92)
- 实验19 农药对鱼类乙酰胆碱酯酶活性的影响 (95)
- 实验20 重金属对鱼肝中过氧化氢酶活性的影响 (98)
- 实验21 蚯蚓急性毒性实验 (101)

第三章 综合应用型实验 (105)
- 实验1 根据硝化细菌的相对代谢率检测环境污染物的综合生物毒性 (105)
- 实验2 苯酚降解菌的分离筛选及其降解性能测定 (109)
- 实验3 光合细菌的培养及其对高浓度有机废水的净化 (113)
- 实验4 活性污泥法处理生活污水 (118)

实验 5　污染物对藻类细胞形态结构及初级生产力的影响 …………………………… (122)
实验 6　重金属尾矿对植物种子萌发的影响 …………………………………………… (128)
实验 7　土壤重金属对农作物生长的影响及积累毒性 ………………………………… (130)
实验 8　植物对大气污染物的吸收净化 ………………………………………………… (134)
实验 9　络合剂/植物对重金属污染土壤的修复 ………………………………………… (138)
实验 10　婴幼儿奶瓶微塑料的释放对斑马鱼生长的影响 …………………………… (142)
实验 11　重金属在生物体内的分布与积累 …………………………………………… (146)
实验 12　塑料生物降解的影响因素探究 ……………………………………………… (150)
实验 13　重金属污染对土壤微生物群落结构的影响 ………………………………… (153)
实验 14　植物群落数量特征调查 ……………………………………………………… (157)
实验 15　水生生物群落调查 …………………………………………………………… (160)

下篇　环境生物学习题及参考答案

绪论 …………………………………………………………………………………………… (176)
第一章　环境污染物在生态系统中的行为 ………………………………………………… (180)
第二章　污染物对生物的影响 ……………………………………………………………… (191)
第三章　污染物的生物效应检测 …………………………………………………………… (203)
第四章　环境质量的生物监测与生物评价 ………………………………………………… (213)
第五章　环境污染生物净化的原理 ………………………………………………………… (221)
第六章　环境污染物的生物净化方法 ……………………………………………………… (231)
第七章　现代生物技术与环境污染治理 …………………………………………………… (246)
第八章　污染环境的生物修复 ……………………………………………………………… (257)

主要参考文献 ………………………………………………………………………………… (266)

上篇
环境生物学实验

第一章　环境生物学实验基础知识

第一节　环境生物学实验目的及要求

实践教学是培养学生实践能力和综合素质必不可少的关键环节,实验则是实践教学中的重要组成部分,也是课堂理论教学的进一步延续和深化。

环境生物学实验是环境科学与环境工程专业人才培养过程中重要的实践教学环节之一,既有利于学生在实验中验证、巩固在课堂学习的理论知识,又有助于学生在实验过程中去发现问题、提出问题,具有培养和提升学生综合分析和解决实际问题能力的作用,可为学生将来投身到祖国的生态环境保护事业奠定良好的生物学基础。

通过本课程的学习,学生需掌握环境生物学的基本理论、研究方法和技术;同时拓宽学术视野和知识结构,培养热爱自然、探索自然的兴趣,增强环境保护意识,树立生态文明理念,提高实践动手能力和整体综合素质。

一、课程目标

1. 知识目标

加深对环境污染物的生物效应和环境污染的生物净化等理论知识的理解,认识环境污染物在生物体内从吸收到排泄的整个行为过程,环境污染在各级水平上对生物的影响,掌握生物净化环境污染物的基本原理。

2. 技能目标

掌握环境生物学研究的一些基本实验技能和方法;了解环境污染物生物效应的检测方法;了解生物净化的基本方法和常用的工艺。通过实验培养学生的动手能力及发现问题、提出问题的能力,不断提高其分析判断、归纳总结、质疑批评和实践应用等能力。

3. 素质目标

培养学生善于观察、认真钻研、勤于思考的学习习惯;养成节约水电、低碳生活、绿色消费的良好行为规范,注意公共卫生,爱护公共财产,增强环境保护意识,树立生态文明理念;培养"大国三农"的家国情怀、精益求精的工匠精神、吃苦耐劳的劳动观念、善于协作的团队意识和不怕困难、勇于实践、敢于创新的探索精神。

二、实验分类

环境生物学实验大致可分为基础规范型、综合设计型和研究探索型3种类型。

1. 基础规范型实验

基础规范型实验为检验课程中某单一理论或者原理的验证性实验,或是练习基本实验方法、基本操作技能等的实验。这类实验要求学生熟练掌握实验操作技能,是实验教学实践中一种传统的、常见的实验类型。这类实验包括验证性实验、认知性实验、感知性实验等,要求学生了解、理解和应用实验对应的某个概念、基本原理或者知识点、实验方法和技能。

在这类实验中,教师提出实验问题并设计实验方案,学生在教师指导下完成实验操作及其之后的工作,包括观察、测定、记录和实验数据的分析、整理、概括,并得出结论等。

基础规范型实验的主要任务是加强学生实验基本功的训练,解决学生"如何做"和"为什么要这样做"的问题。基础规范型实验的主要教学目标是学生能掌握基本的科学实验方法,掌握基本实验技能,养成科学的态度和实验价值观。基础规范型实验的教学方式主要是提示,即教师通过讲解、示范、指导等提示活动,学生接受、理解、做实验,内化教师所提示的内容。基础规范型实验考核的形式主要是口头考核和操作考核,让学生回答问题,报告、描述实验现象或结果,让学生完成实验操作,教师考查、记录实际操作情况。

2. 综合设计型实验

综合设计型实验是指学生利用多门课程或多个原理及概念,通过一种或多种实验方法实现教师给定的实验项目的实验目的,其中包括综合性实验和设计性实验。

(1) 综合性实验:指实验内容涉及本课程或相关课程的综合知识,学生在具备一定基础知识和基本操作技能的基础上,运用综合的实验方法和手段,按照要求(或自拟实验方案)完成实验过程,可培养学生结合实验方法、实验技能,综合运用所学知识分析问题、解决问题的能力,是一类复合型实验。综合性实验的综合特征体现在实验内容的复合性、实验方法的多元性和人才培养的综合性等方面。

(2) 设计性实验:与基础性实验相比,设计性实验要求学生自己设计实验方案,"设计"比"做"要求更高。设计性实验可以是实验方案的设计,也可以是系统的分析与设计。学生独立查阅文献,拟定实验方案、实验方法和步骤(或系统的分析与设计),选择(或自行设计、制作)仪器设备等并实际操作,以完成实验的全过程,同时形成完整的实验报告。设计性实验主要培养学生自主学习、自主研究的能力和组织能力。设计性实验一般具有学习的主动性、实验内容的探索性和实验过程的多样性等特征。

3. 研究探索型实验

研究探索型实验包括对新理论的研究,实验方法、技术和仪器设备的改进和革新,大型软件的开发或二次开发,或者直接参与教师的科研项目等。学生在教师的指导下独立自主地完成实验,或者在指导教师的研究领域或者其个人的学科方向进行有目的、有意识的实质性探索与研究活动。其教学目的在于激发学生的创新欲望,培养学生的科研兴趣和研究创新能力。从项目来源角度,研究探索型实验可分为研究性实验与探索性实验。

(1) 研究性实验:多由实验室提供。对于本科生而言,他们参与研究性实验时重在研究过程,通过研究、思考达到思维能力、动手能力及科研能力的强化训练,在研究过程中获得知识的巩固与更新。在研究性实验教学中,不要求学生实验必须成功,只要他们通过实验学会思考,有所收获,为他们将来继续研究或工作奠定基础即可。研究性实验也是学生早期参加科学研究的一种重要形式,具有实验内容的自主性、实验结果的未知性和实验方法、手段的创新性等基本特征。

(2) 探索性实验:从科学研究的角度来定义,探索性实验也可表述为利用现有条件和成果,以获得发现、提出新的见解、开拓领域、解决现实问题、创造新的事物和对已有的成果做出创造性的运用为目的的实验,一般由学生自行立题、设计并加以实现。探索性实验相较传统实验的教学特征如下。

① 目的不同:探索性实验是探索研究现实存在的未知或不明确的事实,传统实验大多是验证已知的原理、结论。

②要求不同:探索性实验要求基本操作规范、准确,能正确运用多种学科知识,独自分析、解决问题,传统实验则要求能按照既定的规程操作,得到与理论知识一致的实验结果。

③过程不同:探索性实验的实验过程是由学生自主设计的,教师在此过程中只起引导作用,传统实验的实验过程是教师设计并经充分验证的,在实验前是已知的。

④结果不同:探索性实验的结果事先不确定,传统实验的结果事先是明确的。探索性实验教学相较于实验结果,更注重学生在实验过程中对知识的综合应用和创新思维,以及对实验结果的科学分析推理,传统实验则注重实验结果。

三、实验室基本要求

(1)每次实验前要充分预习实验指导,明确本次实验的目的要求、原理和方法,并且完成预习报告,做到心中有数。

(2)实验操作过程中要细心谨慎,认真观察,做好实验记录。

(3)实验用过的菌种及带有活菌的各种器皿应先经高压蒸汽灭菌后才能洗涤,特别是检疫性实验材料,必须进行灭活处理,绝不能扩散出实验室。制片上的活菌应先浸泡于3%来苏尔或5%石炭酸溶液中半小时后再洗刷。

(4)进行高压蒸汽灭菌时,要求严格遵守操作规程,负责灭菌的人在灭菌过程中不得离开灭菌室。

(5)使用显微镜及其他贵重仪器时要按要求操作。取、放显微镜时应一手握住镜臂,另一手托住底座,使显微镜保持直立,防止镜头滑落地面而损坏。

(6)实验完毕应将仪器放回原处,擦净桌面,收拾整齐。离开实验室前要注意关闭门、窗、水、灯等,并用洗手液洗手。

四、考核与成绩评定

教师依据学生的实验态度、专业能力、综合素质和实验效果等进行考核与成绩评定。相较于理论教学环节,实验的考核与成绩评定应更突出对能力的考核,克服主观性,增强客观性,才能提高评价体系的可信度和有效度。针对不同的教学目的,我们分别建立了环境生物学基础型实验和综合应用型实验考核指标体系及权重(表1-1-1、表1-1-2),其设定主要遵循以下原则。

(1)过程与结果并重:将学生获取知识和掌握技能的过程与最终实验总结和报告的检查相结合,有利于形成积极的学习态度、科学的探究精神,注重学生在学习过程中的情感体验、价值观的形成,促进学生的全面发展。

(2)教师评价与学生自评相结合:教师是整个实验过程的指导者,学生是真正的参与者,让学生自我评价,可以提高学生的主体意识,实现学生的自我反思、自我教育和自我发展。在实验过程中,教师对学生评价,并把评价及时反馈给学生,可以使学生发扬优点,改正缺点,促进实验的顺利进行。

(3)定性分析与定量分析相结合:实习过程中对于学生的实验操作结果、实验报告的完成状态、出勤情况等可以定量考核,但对于学生的实习态度、主动性、创造性等方面则宜采用定性评价,这样才能尽量保证评价的客观性和全面性。

表 1-1-1　基础型实验考核指标体系及权重

一级指标/权重	二级指标/权重	具体要求	学生自评（0.2）	组内互评（0.2）	教师评价（0.6）
实验态度/0.3	预习情况/0.3	按时保质完成预习、思考题；预习报告的书写认真、规范			
	课堂表现/0.4	回答问题思路清晰、内容准确；积极、主动参与实验的各环节			
	出勤与纪律/0.3	不无故缺勤；听从教师指导，遵守实验室的规章制度			
专业技能/0.5	实验原理/0.2	理解原理，清楚实验各步骤的目的			
	实验操作/0.5	正确使用仪器设备，操作过程规范，结果正确；能发现并排除一般性的实验故障			
	数据分析/0.3	准确、翔实地记录原始数据；正确运用统计学方法分析数据			
实验效果/0.2	实验报告/0.5	实验报告完整、文字简洁、准确、论述合理			
	科学精神/0.5	富有批判和敢于挑战权威的精神			

表 1-1-2　综合应用型实验考核指标体系及权重

一级指标/权重	二级指标/权重	具体要求	学生自评（0.2）	组内互评（0.2）	教师评价（0.6）
实验态度/0.3	预习情况/0.3	按时保质完成实验设计；实验方案的书写认真、规范			
	课堂表现/0.4	回答问题思路清晰、内容准确；积极、主动参与实验的各环节			
	出勤与纪律/0.3	不无故缺勤；听从教师指导，遵守实验室的规章制度			
综合素质/0.6	自主学习能力/0.2	查找资料及文献全面、合理；归纳总结条理清晰、重点突出			
	分析能力/0.15	实验方案设计合理、可行；遇到问题能够分析原因，并解决问题			
	思维能力/0.15	实验方案设计准确性高、逻辑性强			
	动手操作能力/0.15	正确选择并操作实验仪器设备；操作过程规范；能发现并排除一般性的实验故障			

一级指标/权重	二级指标/权重	具体要求	学生自评(0.2)	组内互评(0.2)	教师评价(0.6)
综合素质/0.6	沟通协作能力/0.15	小组内分工合理；遇到问题小组内能及时协作解决；能与教师及时沟通			
	创新能力/0.2	设计实验、解决问题的方法有创意；实验方法新颖可行；实验报告构思独特			
实验效果/0.1	实验报告/0.5	实验报告完整、文字简洁、准确、论述合理；对不理想的结果给出合理的解释和改进建议			
	科学精神/0.5	富有批判和敢于挑战权威的精神			

第二节　环境生物学实验常用玻璃器皿和仪器设备

一、常用的玻璃器皿

1. 种类及用途

（1）培养皿：主要用于微生物的分离培养、纯化、鉴定、菌落形态观察等，也被用于种子萌发等相关实验。常用规格一般为直径 9 cm，高 1.5 cm，要求皿底平，明亮无杂色，能耐高温、高压。

（2）试管：主要用于常温或加热少量物质的反应容器，也常被用于分离培养、保存菌种、收集少量气体、盛放少量固体或液体等，可分为普通试管、具支试管、离心试管等多种。普通试管的规格以外径（mm）×长度（mm）表示，如 15 mm×150 mm、18 mm×180 mm 和 20 mm×200 mm 等。

（3）比色管：主要用于目视比色分析实验以及粗略测量溶液浓度。比色管的外形与普通试管相似，但比色管多一条精确的刻度线并配有玻璃塞或橡胶塞，且管壁比普通试管薄，常见规格有 10 mL、25 mL 和 50 mL 3 种。

（4）滴管：主要用于吸取或加少量试剂，以及吸取上层清液、分离出沉淀，分为胖肚滴管和常用滴管，由橡皮乳头和尖嘴玻璃管组成。

（5）滴定管：滴定分析法所用的主要量器，有带玻璃塞的酸式滴定管和带橡皮管的碱式滴定管，两种滴定管不能混用，即酸式滴定管不能盛装碱性滴定液，碱式滴定管不能盛装酸性滴定液。常用滴定管有 25 mL 和 50 mL 两种规格，最小刻度单位是 0.1 mL，滴定后读数时可以估计到小数点后 2 位。此外，还有半微量滴定管，最小可读单位是 0.01～0.02 mL，读数可以估计到小数点后 3 位。

（6）移液管：用来准确移取一定体积溶液的量器，是一种量出式仪器，只用来测量它所放出溶液的体积，常见规格有 1 mL、2 mL、5 mL 和 10 mL 等。

（7）锥形瓶：一般适用于滴定实验，也可用于盛装反应物、定量分析、回流加热等。其规格为 50 mL 至 250 mL 不等，也有小至 10 mL 或大至 2000 mL 的特制锥形瓶。

(8)滴瓶:瓶口内侧磨砂,瓶盖部分为滴管,主要用于盛装各种试剂及染液。常见规格有 30 mL、60 mL 和 125 mL,有无色透明的和棕色的。

(9)容量瓶:主要用于直接法配制标准溶液和准确稀释溶液以及制备样品溶液。通常有 25 mL、50 mL、100 mL、250 mL、500 mL 和 1000 mL 等规格,实验中常用的是 100 mL 和 250 mL 的容量瓶。在使用前,需检查容量瓶容积与所要求的是否一致,并检查瓶塞是否严密不漏水。使用时,应先用溶剂将溶质溶解在烧杯中,然后沿玻璃棒把溶液转移到容量瓶里,为保证溶质能全部转移到容量瓶中,要用溶剂多次洗涤烧杯,并把洗涤溶液全部转移到容量瓶里。当容量瓶内液体的液面离容量瓶刻度线 1~2 cm 时,应改用滴管小心滴加,最后使液体的凹液面与刻度线正好相切。最后盖紧瓶塞,用倒转和摇动的方法使瓶内的液体混合均匀。

(10)烧杯:用于化学试剂的溶解、混合、加热、煮沸、蒸发浓缩、稀释及沉淀等,常见规格有 10 mL、25 mL、50 mL、100 mL、250 mL、500 mL 和 1000 mL 等。

(11)量筒:粗量器,不需矫正,可粗略度量液体体积,常见规格有 10 mL、100 mL、500 mL 和 1000 mL。使用时应根据所量溶液的体积来选择合适量程的量筒,不可使用过大量程的量筒量取较小体积的溶液。读数时,视线必须和溶液凹液面相切,不可过高或过低。

(12)玻璃棒:又称玻棒,主要用于溶解、蒸发等情况下的搅拌,也可在过滤等情况下用于转移液体的导流。一般使用直径 0.5 cm 的玻璃棒较多,根据实际需要可配备长短不等的玻璃棒。

(13)载玻片:用于微生物的显微检查、临时性或永久性制片。环境生物学实验中常用的载玻片为普通载玻片,规格一般为 7.5 cm × 2.5 cm × 0.1 cm,以薄而无色的较好。

(14)盖玻片:用于微生物的显微检查、临时性或永久性制片,以薄而透明为好,若其上有白色斑点等杂质,会对显微观察造成极大影响。盖玻片规格通常为 18 mm × 18 mm,不宜过大或过小。

此外,广口瓶、细口瓶、漏斗、称量瓶等玻璃器皿也常用于环境生物学实验。

2.玻璃器皿的清洗

玻璃器皿是环境生物学实验的必备工具,清洁的玻璃器皿是做好实验的前提以及实验成功的关键因素之一。实验室的各种玻璃器皿,必须经过清洗后才能使用,而所用的洗涤剂和清洁的方法根据器皿的分类有所不同。需要注意的是玻璃器皿用过后,最好在未干燥之前清洗,尤其是滴管、移液管等,如不能立即清洗,应浸泡在水中;此外,接触过菌种以及带有活菌的各种玻璃器皿,必须经过高温灭菌或消毒(消毒可用 5% 福尔马林或漂白粉液浸泡)后才能进行清洗。

(1)洗涤剂的配制。水是用量最大的天然洗涤剂,但不溶于水的污物,需先用其他方法处理后再用水清洗。常见的几种化学洗涤剂配制方法如下。

①铬酸洗液:称取 10 g 重铬酸钾($K_2Cr_2O_7$)置于烧杯中,加入 20 mL 蒸馏水溶解后,缓缓加入 180 mL 浓硫酸(一定要把浓硫酸加入水中),边加边搅拌。配制好的溶液呈红棕色,待溶液冷却后转入玻璃瓶中备用。因浓硫酸易吸水,应用磨口塞塞好。配好的铬酸洗液可多次使用,每次用后收集于另一瓶中待用,直至溶液变为青绿色,即表明溶液失去效用,不可再用。

铬酸洗液的腐蚀性很强,溅到桌椅上应立即用水洗去,并用湿布擦净。若溅到皮肤上,应立即用水冲洗,再用苏打水(碳酸钠溶液)或氨水冲洗。

②碱性高锰酸钾洗液:称取 4 g 高锰酸钾($KMnO_4$)置于烧杯中,加入少量蒸馏水使之溶

解,再向该溶液中缓慢加入 100 mL 10% NaOH 溶液,混合后储存在带有橡皮塞的玻璃瓶中备用。

③碱性乙醇洗液:将 120 g NaOH 溶解于 150 mL 蒸馏水中,用 95%乙醇稀释至 1000 mL 即可。

④20%硝酸洗液:往 800 mL 蒸馏水中慢慢加入 200 mL 硝酸,边加边搅拌,搅拌均匀即可。

⑤酸性硫酸亚铁洗液:称取 20 g 硫酸亚铁($FeSO_4$)置于烧杯中,加入少量蒸馏水使之溶解,向该溶液中慢慢加入 10 mL 浓硫酸,边加边搅拌,然后再加入蒸馏水使之终体积为 100 mL,搅拌均匀,储存在棕色玻璃瓶中。

⑥盐酸-乙醇洗液:向 100 mL 95%乙醇溶液中缓慢加入 50 mL 浓盐酸,边加边搅拌,搅拌均匀即可。

(2)玻璃器皿的清洗方法。

①新购置玻璃器皿的清洗方法:新购置的玻璃器皿含游离碱较多,一般先用 2%的盐酸或洗涤液清洗,再用自来水冲洗干净,最后用蒸馏水冲洗 2~3 次,干燥,定区放置。

②使用过的玻璃器皿的清洗方法:根据实验类型,可将使用过的玻璃器皿的清洗分为一般性分析玻璃器皿的清洗、残留油类(皂化类实验)玻璃器皿的清洗、金属元素分析玻璃器皿的清洗、糖类实验玻璃器皿的清洗、盛装指示剂或染料的玻璃器皿的清洗和盛装黏性较大日化原料的玻璃器皿的清洗。一般清洗流程为自来水/热水冲洗,洗涤剂润洗或浸泡,自来水反复冲洗,蒸馏水或超纯水冲洗,干燥,定区放置。使用过的玻璃器皿的清洗流程见表 1-2-1。

表 1-2-1 使用过的玻璃器皿的清洗流程

序号	玻璃器皿种类	清洗流程		
		第 1 步	第 2 步	第 3 步
1	一般性分析玻璃器皿	自来水/热水冲洗	洗衣粉或洗洁精清洗	自来水反复冲洗;蒸馏水或超纯水冲洗 2~3 次;干燥;定区放置
2	残留油类玻璃器皿		碱性乙醇洗液(碱性高锰酸钾洗液)浸泡 8 h 以上	
3	金属元素分析玻璃器皿		20%硝酸洗液浸泡 8 h 以上	
4	糖类实验玻璃器皿		酸性硫酸亚铁洗液或 1∶1 盐酸洗液润洗	
5	盛装指示剂或染料的玻璃器皿		盐酸-乙醇洗液浸泡;洗衣粉或洗洁精清洗	
6	盛装黏性较大日化原料的玻璃器皿		石油醚等有机溶剂浸泡 8 h;自来水冲洗;洗衣粉或洗洁精清洗	

二、常用仪器设备

1. 分析天平

分析天平是实验工作中非常重要、非常常用的精密称量仪器(图 1-2-1)。每一项定量分析都需要直接或间接地使用分析天平,而分析天平称量的准确度对分析结果又有很大的影响。因此,掌握正确的操作规程,有助于避免因分析天平的使用或保管不当而影响称量的准确度。分析天平的操作规程如下。

(1)使用分析天平前应先观察水准器中气泡是否在水准器正中,如偏离中心,应调节地脚螺栓使气泡保持在水准器正中。机械式分析天平调整前面的地脚螺栓,电子式分析天平调整后面的地脚螺栓。

(2)分析天平内须放置变色硅胶等干燥剂,使用前应观察变色硅胶的颜色。如硅胶变色,必须及时更换干燥硅胶,将吸水失效的硅胶放入烘箱内烘干至恢复颜色,以备之后使用。

(3)分析天平使用前应先调零,电子式分析天平使用前还应用标准砝码校准。

图 1-2-1　分析天平

(4)开关分析天平门时动作要轻,防止震动影响分析天平精度和准确读数。

(5)分析天平称量时要将天平门关好,严禁开着天平门时读数,防止空气流动对称量结果造成影响。

(6)电子式分析天平的去皮键使用要慎重,严禁用去皮键使分析天平回"0"。

(7)如发现分析天平的托盘上有污物,要立即擦拭干净。分析天平要经常擦拭,保持洁净。擦拭分析天平内部时要用洁净的干布或软毛刷,若干布擦不干净可用95%乙醇擦拭。严禁用水擦拭分析天平内部。

(8)同一次分析应用同一台分析天平,避免系统误差。

(9)分析天平载重不得超过最大负荷。

(10)被称物应放在干燥清洁的器皿中称量,挥发性、腐蚀性物品必须放在密封加盖的容器中称量。

(11)电子式分析天平接通电源后应预热 2 h 才能使用。

(12)搬动或拆装分析天平后要检查其性能。

(13)称量完毕后将所用称量纸带走。

(14)称量完毕,保持分析天平清洁,物品按原样摆放整齐。

2. pH 计

pH 计是测定溶液 pH 的重要仪器。实验室常用的 pH 计见图 1-2-2,它是直读型 pH 计,可用于测定 pH 和电动势。使用时,若能够合理维护电极,按要求配制标准缓冲液,并正确使用仪器,可大大减小测量误差,从而提高实验数据的可靠性。

(1)电极的活化:第一次使用或长期停用的 pH 计,使用前必须将电极放在 3 mol/L 氯化钾溶液中浸泡 24 h 进行活化。

(2)校正:pH 计在使用前首先要进行校正,一般情况下仪器在连续使用时,每天要校正 1 次。

①打开电源开关,使仪器进入 pH 测量状态。

②按"温度"键,使仪器进入溶液温度调节状

图 1-2-2　pH 计

态(此时温度单位"℃"闪烁),按"△"键或"▽"键调节,使温度显示值和标定溶液温度一致,然后按"确认"键,仪器确认溶液温度值后回到 pH 测量状态。

③把用蒸馏水或去离子水清洗过的电极插入 pH 6.86 的标准缓冲溶液中,按"标定"键,此时显示实测的电压值,待读数稳定后按"确认"键(此时显示实测的电压值对应的该温度下标准缓冲溶液的标称值),然后再按"确认"键,仪器转入"斜率"标定状态。

④仪器在"斜率"标定状态下,把用蒸馏水或去离子水清洗过的电极插入 pH 4.00(或 pH 9.18)的标准缓冲溶液中,此时显示实测的电压值,待读数稳定后按"确认"键,然后再按"确认"键,仪器自动进入 pH 测量状态。

(3)测量:经校正过的仪器,即可用来测量被测溶液,根据被测溶液与标定溶液温度是否相同,其测量步骤也有所不同,具体操作步骤如下。

①被测溶液与标定溶液温度相同。

a.用蒸馏水清洗电极头部,再用被测溶液清洗 1 次,清洗后用滤纸吸干。

b.把电极浸入被测溶液中,用玻璃棒搅拌溶液,使溶液均匀,待数值稳定后,显示的读取即为 pH 值。

c.使用完毕,清洗电极,关掉开关,套上保护套。

②被测溶液与标定溶液温度不同。

a.用蒸馏水清洗电极头部,再用被测溶液清洗 1 次,清洗后用滤纸吸干。

b.用温度计测出被测溶液的温度值。

c.按"温度"键,使仪器进入溶液温度状态(此时温度单位"℃"闪烁),按"△"键或"▽"键调节温度使温度显示值和被测溶液温度值一致,然后按"确认"键,仪器确认溶液温度值后回到 pH 测量状态。

d.把电极浸入被测溶液中,用玻璃棒搅拌溶液,使溶液均匀,待数值稳定后,显示的读取即为 pH 值。

e.使用完毕,清洗电极,关掉开关,套上保护套。

(4)注意事项。

①小心使用电极,请勿将其用作搅拌器,在拿放时勿接触电极膜。

②勿使电极填充液干涸,须周期性地更换全部填充液。

③如果电极斜率下降很快,或响应缓慢、不精确,用蘸有丙酮或肥皂水的脱脂棉擦去电极膜表面的污垢,将电极浸在 0.1 mol/L HCl 中过夜。如果有蛋白质积聚,将电极浸入 0.1 mol/L HCl 和 10% 胃蛋白酶中去除沉淀物。

3.分光光度计

分光光度计,又称光谱仪,是利用物质对不同波长光的选择吸收原理来进行物质的定性和定量分析的仪器,可通过对吸收光谱的分析,判断物质的结构及化学组成。分光光度计是实验室常用的分析测量仪器,其型号较多,本书以 7200 型分光光度计(图 1-2-3)为例进行介绍。7200 型分光光度计有透射比、吸光度、已知标准样品溶液浓度值或斜率测量样品浓度等测量方式,操作步骤因测量方式不同而略有差异。

(1)基本操作:无论选用何种测量方式,都必须遵循以下基本操作步骤。

①连接仪器电源线,确保仪器供电电源有良好的接地性能。

②确认仪器样品室内没有物品挡在光路上(若光路上有阻碍物,将影响仪器自检甚至造成仪器故障)。

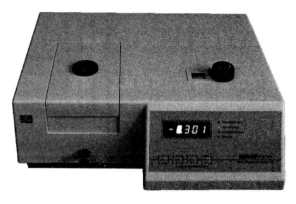

图 1-2-3 分光光度计

③接通电源,使仪器预热 20 min(不包括仪器自检时间)。

④用"MODE"键设置测试方式:透射比(T),吸光度(A),已知标准样品浓度值(C)和已知标准样品斜率(F)。

⑤用波长选择旋钮设置所需的分析波长。

⑥将%T校具(黑体)置入光路中,在 T 方式下按"%T"键,此时显示器显示"000.0"。

⑦将参比样品溶液和被测样品溶液分别倒入比色皿中,打开样品室盖,将盛有溶液的比色皿分别插入比色皿槽中,盖上样品室盖。一般情况下,参比样品溶液放在第一个槽位中。仪器所附的比色皿,其透射比是经过配对测试的,未经配对处理的比色皿将影响样品的测试精度。比色皿透光部分表面不能有指印、溶液痕迹,被测溶液中不能有气泡、悬浮物,否则将影响样品测量的精度。

⑧将参比样品溶液推(拉)入光路中,按"0A/100%T"键调节,此时显示器显示"BLA",直至显示"100.0"%T 或"000.0"A 为止。

⑨当仪器显示出"100.0"%T 或"000.0"A 后,将被测样品溶液推(拉)入光路,便可从显示器上得到被测样品溶液的透射比或吸光度。

(2)样品浓度的测量方法。

①已知标准样品浓度值的测量方法。

a. 按"MODE"键将测试方式设置为 A 状态。

b. 设置样品的分析波长,根据分析规程,每当分析波长改变时,必须重新调整 0%T 和 0A/100%T。

c. 将参比样品溶液和被测样品溶液分别倒入比色皿中,打开样品室盖,将盛有溶液的比色皿分别插入比色皿槽中,盖上样品室盖。一般情况下,参比样品溶液放在第一个槽位中。

d. 将参比样品溶液推(拉)入光路中,按"0A/100%T"键调节,此时显示器显示"BLA",直至显示"000.0"A 为止。

e. 用"MODE"键将测试方式设置为 C 状态。

f. 将标准样品溶液推(或拉)入光路中,按"INC"或"DEC"键将已知的标准样品浓度值输入仪器,当显示器显示样品浓度值时,按"ENT"键(浓度值只能输入整数,设定范围为 0~1999)。

g. 将被测样品溶液依次推(拉)入光路,可从显示器上分别得到被测样品溶液的浓度值。

h. 测定完毕后,将装有样品的比色皿从仪器中取出,并用清水冲洗干净。

注意：若标准样品溶液的浓度值与其吸光度的比值大于1999，将超出仪器测量范围，此时无法得到正确结果。如标准样品溶液的浓度值为150，其吸光度为0.065，二者之比约为2308，已大于1999。这时可将标准样品溶液的浓度值除以10后输入，即输入15进行测试，但是从显示器上得到的被测样品浓度值需要乘以10，即扩大10倍。

②已知标准样品溶液浓度斜率（K）的测量方法。

a～d. 同已知标准样品溶液浓度值的测量方法。

e. 按"MODE"键将测试方式设置为F状态。

f. 按"INC"或"DEC"键输入已知的标准样品溶液斜率值，当显示器显示标准样品溶液斜率（斜率只能输入整数）时，按"ENT"键。

g. 将被测样品溶液依次推（拉）入光路，可从显示器上分别得到被测样品溶液的浓度值。

h. 测定完毕后，将装有样品的比色皿从仪器中取出，并用清水冲洗干净。

4. 离心机

离心机是一种通过使样品绕离心转轴的中心高速旋转而在其上产生一个远大于地球重力的离心力的仪器。颗粒的沉降速度取决于离心机的转速及其自身与中心轴距离，不同大小、形状和密度的颗粒会以不同的速度沉降。常用的离心机类型有低速离心机、高速离心机、超速离心机、微量离心机等。

低速离心机是一种常规使用的台式仪器，最大速率为3000～6000 r/min，相对离心力（RCF）可达6000g，常用于收集细胞、较大的细胞器（如细胞核、叶绿体）及粗粒沉淀（如抗体-抗原复合物）。高速离心机通常为较大的立式仪器，最高速率可达25000 r/min，RCF可达60000g，用于分离微生物细胞和许多细胞器（如线粒体、溶酶体等）及蛋白质沉淀物，这类离心机经常具有一个制冷系统来冷却高速旋转的转子所产生的热量。超速离心机是一类速率非常高的离心机，最大转速超过了30000 r/min，RCF可达到600000g，具有精密的制冷和真空系统，用于沉淀小的细胞器（如核糖体、膜泡）及生物大分子等。一般情况下要由专门的管理人员操作。本书以800C型低速离心机为例，介绍离心机的使用方法，具体操作步骤如下。

(1)接通电源：将电源接入单相（220V，10A）三线插座，打开电源开关，机器通电，显示屏亮。

(2)打开上盖，在机器通电后按下"开门"键，听到"叭嗒"声即可打开上盖，将样品以对称平衡的方式放置在离心机内的离心管槽内，盖好上盖。

(3)在"转子选择"状态下按"△"或者"▽"键进入转子参数设定界面。在转子参数设定界面按"选择"键，在"设定转速"底面将出现灰色方框，再按"▽"键向下移动方框，移动到需要修改的这一项，按"记忆"键后，所选中的这一项后面的参数底面将出现灰色方框，按"△"或者"▽"键可以修改参数，修改完成后按"记忆"键保存数据，灰色方框消失，再按"选择"键，所修改项目灰色方框消失，转子参数修改完成。按"△"或者"▽"键返回转子选择界面。

(4)参数设置完毕后，按"离心"键进入运行界面。实际转速会从0升至设定转速，到设定转速后恒速运行。离心力会随着不同的转速而变化，恒速运行后离心状态会显示为"定时-运行"。

(5)离心时间到达后或者按下"停止"键，会进入减速停止界面。实际转速会从设定转速降至0。转速降至0后离心状态会显示"停止-开门"，此时可以打开上盖，取出离心样品。

(6)实验结束，清洁离心机和桌面，关闭电源。

5. 电热鼓风干燥箱

电热鼓风干燥箱简称烘箱,通过循环风机吹出热风,保证箱内温度恒定,一般是实验室必备的实验仪器,主要用来干燥样品,也可以提供实验所需的温度环境。根据箱体的结构,电热鼓风干燥箱可分为台式鼓风干燥箱和立式鼓风干燥箱;根据温度控制的高低,又可分为电热恒温鼓风干燥箱和高温鼓风干燥箱。本书以 DHG-9070 型电热恒温鼓风干燥箱(图 1-2-4)为例,介绍其操作规程,具体如下。

(1)将物品放进干燥箱后,关上干燥箱门。

(2)接通电源,开启电源开关,红灯即亮,表示电源接通。

(3)调节数显温控仪,根据烘干物品的要求设定温度和时间。

图 1-2-4　电热恒温鼓风干燥箱

①温度的设定:在工作模式下,按一下"SET"键,使 PV 屏显示"5P",按住"↑"或"↓"键,将 SV 屏显示的数值修改为所需要的工作温度值后放开。

②时间的设定:再按一下"SET"键,使 PV 屏显示"5P",按住"↑"或"↓"键,将 SV 屏显示的数值修改为所需要的时间值后放开。

③温度和时间设置好以后,在定时状态(如果只需设定温度不需要定时,此时应在设置温度状态下)再按一下"SET"键,回到工作模式,进入工作状态。

(4)温度设置好以后,绿灯即亮,表示开始升温,当温度升到设定温度时,绿灯熄灭,温控仪自动控温,并能自动恒温。

(5)为使箱内空气对流,可开启鼓风开关。

(6)干燥完毕后,关上电源开关,等箱内温度降低后拿出物品。

(7)注意事项如下。

①设置温度时,通常将温度设置得稍低于实验温度,待温度达到设置温度后,再设置到实验温度。

②新购电热鼓风干燥箱经校检合格方能使用,所有电热鼓风干燥箱每年校检一次。

③干燥箱安装在室内干燥和水平处,禁止震动和腐蚀。

④使用时注意安全用电,电源刀闸容量和电源导线容量要足够,并要有良好的接地线。

⑤箱内试品放置不能太密,散热板上不能放试品,以免影响热气向上流动。

6. 恒温培养箱

恒温培养箱简称培养箱,是一类恒温腔体的统称,广泛应用于医疗卫生、医药工业、生物化学、工业生产及农业科学等科研部门,主要作用为培养各种微生物或组织、细胞等生物体。根据加热方式不同,可分为水套式培养箱和电热膜式培养箱;根据控温方式不同,可分为自动恒温调节式(机械式)培养箱和计算机智能控制式(程控式)培养箱;根据培养环境不同,又可分为普通培养箱、二氧化碳培养箱、低氧培养箱和厌氧培养箱。本书以 DHP-9052 型电热恒温培养箱(图 1-2-5)为例,介绍恒温培养箱的操作规程,具体如下。

(1)开机前的准备:检查电源是否符合要求(($220\pm10\%$)V,($50\pm2\%$)Hz)。

(2)设备运行步骤:①将样品放入箱内,注意放置不宜过挤,应使空气流动通畅,保持箱内受热均匀;②接通电源,按"SET""↑""↓"键设置所需温度值,长按"SET"键(5 s),仪器自动进入工作状态;③若观察工作室内样品情况,可打开箱门,借箱内的玻璃门观察,但不宜长开;④培养结束后,取出样品,关闭仪器开关,若长时间停用,还需关闭电源开关。

图 1-2-5　电热恒温培养箱

7. 恒温振荡器

恒温振荡器又称恒温摇床,广泛用于各类生物的精密培养、基因工程的研究和石油化工的受热等。按组合件可分为水浴恒温摇床、气浴恒温摇床和油浴恒温摇床;按振荡方法可分为回旋式、往复式和双功能式(回旋又往复)。本书以实验室常备的 SHA-C 往复式水浴恒温摇床为例,介绍恒温振荡器的使用规程,具体如下。

(1)向水箱内加入适量的水(水位高度以超过弹簧夹具 2～3 cm 为宜),将样品装在弹簧夹上。需注意的是,水浴恒温振荡器在使用时严禁无水干烧。

(2)接通电源,打开加热开关,温控仪亮,点击温控仪上的"SET"键,此时温控仪上排显示"SP",下排显示设定温度,点击"△"或者"▽"键设置所需温度值,设定完毕后再次点击"SET"键进入恒温定时设定,此时温控仪上排显示"ST",下排显示设定时间,点击"△"或"▽"键选择恒温定时时间(若不需定时,将时间设定为 0 即可),设定完毕后再次点击"SET"键退出设定状态。此时箱体内的温度即按设定温度恒温运行,运行完毕蜂鸣器报警提示并停止加热。

(3)调节"振荡定时旋钮",选择振荡定时时间(如无须定时,将定时旋钮调至常开位置即可),然后缓慢调节"调速旋钮",调至所需振荡速率。

(4)使用完毕,将调速旋钮调至 0 位,关闭电源。若长时间不用,需拔下电源,将水放尽,及时清理并擦拭干净,以延长使用寿命。

8. 全自动高压蒸汽灭菌锅

图 1-2-6　全自动高压蒸汽灭菌锅

高压蒸汽灭菌锅用饱和水蒸气、沸水通过加热、高温、高压使蛋白质变性或凝固,最终导致微生物的死亡,以达到杀灭病毒、细菌、真菌及芽孢的效果。高压蒸汽灭菌锅可杀灭包括芽孢在内的所有微生物。在 103.4 kPa 蒸汽压下,温度达到 121.3 ℃,维持 15～20 min,适用于普通培养基、生理盐水、手术器械、玻璃容器及注射器、敷料等物品的灭菌。全自动高压蒸汽灭菌锅(图 1-2-6)采用微电脑控制,智能化自动控制灭菌循环程序,具有防干烧报警、超压自泄、超温保护、电力安全保护等功能,是实验室常用类型,其使用规程如下。

(1)在设备使用中,应对安全阀加以维护和检查。当设备闲置较长时间重新使用时,应扳动安全阀上的小扳手,检查阀芯是否灵活,防止因弹簧锈蚀影响安全阀起跳。

(2)设备工作时,当压力表指示超过 0.165 MPa 时,若安全阀不开启,应立即关闭电源,打开放气阀旋钮。当压力表指针回"0"时,稍等 1~2 min,再打开容器盖并及时更换安全阀。

(3)堆放灭菌物品时,严禁堵塞安全阀的出气孔,必须留出空间保证其能畅通放气。

(4)每次使用前必须检查外桶内水量是否保持在灭菌桶搁脚处。

(5)若高压蒸汽灭菌锅持续工作,在进行新的灭菌作业前,应留有 5 min 的时间打开上盖让设备冷却。

(6)灭菌液体时,应将液体灌装在硬质的耐热玻璃瓶中,以不超过体积的 3/4 为宜。瓶口选用棉花纱塞,切勿使用未开孔的橡胶或软木塞。特别注意:在灭菌结束时不准立即释放蒸汽,必须待压力表指针回"0"时方可排放残余蒸汽。

(7)切勿将不同类型、不同灭菌要求的物品,如敷料和液体等,放在一起灭菌,以免顾此失彼,造成损失。

(8)取放物品时注意不要被蒸汽烫伤。

第三节　实验室安全知识

在实验室中,经常会与毒性强、有腐蚀性、易燃烧和具有爆炸性的化学药品直接接触,常使用易碎的玻璃器皿和瓷质器皿,以及在有高温电热设备的环境下进行紧张而细致的工作。为了保证实验的顺利进行,确保人身安全及实验室财产安全,实验工作者必须严格遵守实验室使用规则和安全操作规范。在实验过程中容易不慎发生受伤事故,故应掌握实验室急救常识,能够采取适当的急救措施减少伤害。

一、实验室使用规则

(1)在实验室不能穿拖鞋、短裤、裙子,应穿白大褂,长发应扎好,不可佩戴隐形眼镜。

(2)实验室内禁止饮食、吸烟,一切化学药品禁止入口,接触过实验药品后及离开实验室之前要及时洗手。水、电等使用完毕后应立即关闭,离开实验室时,应检查水、电、门窗等是否关好。严禁将实验室的任何仪器和试剂带离实验室。

(3)实验过程中要集中精力,不得擅自离开实验岗位,严格按照操作规范进行每一步实验,仔细观察实验进行的情况并及时做好记录,尊重实验结果。

(4)虚心听取老师的指导,不得随意改变实验步骤和方法,严格按照教材规定的步骤、仪器、试剂、用量和规格进行实验。若要以新的路线和方法进行实验,应征得老师的同意。实验过程中若出现错误,不能随意结束实验,应积极主动请教老师,找出最佳的解决方案。

(5)确保仪器完好无损,正确安装实验装置,严格遵守操作规程。安装和使用各类玻璃器皿时,切忌对玻璃仪器的任何部分施加过度的压力或张力,以免导致玻璃破碎而造成割伤。

(6)使用精密仪器时,应严格遵守操作规程,仪器使用完毕后,将仪器各部分旋钮恢复到原来的位置,关闭电源,拔去插头。

(7)使用电器设备时,应特别小心,切不可用湿手去开启电闸和电器开关。凡是漏电的仪器,不要使用,以免触电。

(8)保持实验室整洁。禁止把固体废弃物,如毛刷、纸屑、玻璃碎片等扔入水槽,避免造成下水道堵塞。

二、实验室安全操作规范

(1)进入实验室后开始操作前,应了解煤气总阀门、水阀门及电闸所在处。

(2)使用煤气灯时,应先将火柴点燃,一手执火柴靠近灯口,另一手慢开煤气门。不能先开煤气门,后点燃火柴。灯焰大小和火力强弱应根据实验的需要来调节。用火时,应做到火着人在,人走火灭。

(3)使用电器设备(如烘箱、恒温水浴锅、离心机、电炉等)时,严防触电;绝不可用湿手或在眼睛旁视时开、关电闸和电器。用电笔检查电器设备是否漏电,凡漏电的仪器,一律不能使用。

(4)取用试剂药品前,应看清标签,不能用手接触化学试剂。使用汞盐、砷化物、氰化物等剧毒品时,要特别小心。应根据用量取用试剂,多取的试剂不允许倒回原试剂瓶内。取完试剂后,一定要把瓶塞盖严,不能将瓶盖盖错。

(5)使用浓酸、浓碱及其他强腐蚀性试剂时,操作要小心,切勿溅在衣服和皮肤上。使用浓盐酸、浓硝酸、浓硫酸、氨水时,应在通风橱中操作。用移液管量取这些试剂时,必须使用橡皮球,绝对不能用口吸取。若不慎溅在实验台或地面上,必须及时用湿抹布擦洗干净。如果溅到皮肤上,应立即治疗。

(6)使用有机溶剂,特别是易燃物(如乙醇、乙醚、丙酮、苯、三氯甲烷、四氯化碳、金属钠等)时,必须远离明火和热源,用后盖紧瓶盖,置阴凉处存放。低沸点、低熔点的有机溶剂不得在明火或电炉上直接加热,应在加热套或水浴锅中加热。

(7)使用有毒或有强烈腐蚀性的气体或易挥发液体;制备或反应产生具有刺激性的、恶臭的或有毒的气体,如硫化氢、二氧化氮、氯气、一氧化碳、二氧化硫等;加热或蒸发盐酸、硝酸等溶液时都需要在通风橱中进行。

(8)如果不慎打翻了相当量的易燃液体,立即关闭室内所有的火源和电加热器;立即关门,开启小窗及窗户;用毛巾或抹布擦拭撒出的液体,并将液体拧到大的容器中,然后再倒入带塞的玻璃瓶中。

(9)用过的废物、废液要妥善处理,无用的或污染的试剂、固体弃于废物缸内。无污染环境风险的液体用大量水冲入下水道,强酸和强碱等可能造成环境污染的液体不能直接倒入下水道中,应集中回收处理。易燃和易爆炸物质的残渣(如金属钠、白磷、火柴头)不得倒入污物桶或水槽中,应收集在指定容器内。

(10)毒物:应按实验室的规定办理审批手续后领取,使用时严格操作,用后妥善处理。

三、实验室急救常识

(1)割伤及其他机械损伤。首先必须检查伤口内有无玻璃或金属等异物碎片,然后用硼酸水洗净,再涂擦碘酒或碘伏,用纱布包扎或使用创可贴,必要时在包扎前撒些消炎粉。若伤口较大或过深而大量出血时,应迅速在伤口上部和下部扎紧血管,用纱布按住伤口止血,立即到医院治疗。

(2)烫伤。一般用乙醇(90%~95%)消毒后,涂上烫伤膏或苦味酸软膏。如果伤处红痛或红肿(一级灼伤),可擦医用橄榄油或用棉花蘸乙醇敷盖伤处;若皮肤起泡(二级灼伤),不要弄破水泡,防止感染;若伤处皮肤呈棕色或黑色(三级灼伤),应用干燥而无菌的消毒纱布轻轻包扎好,尽快送医院治疗。

(3)化学试剂灼伤。①强碱(如氢氧化钠、氢氧化钾)、金属钠、钾等其他碱性化学药品触及皮肤而引起灼伤时,要立即用大量自来水冲洗,再用5%硼酸溶液或2%乙酸溶液冲洗,然后用水冲洗,最后涂上硼酸软膏或氯化锌软膏。②强酸、氯、磷或其他酸性化学药品触及皮肤而致灼伤时,应立即用大量自来水冲洗,再以5%碳酸氢钠溶液或5%氢氧化钾溶液洗涤,然后用水冲洗,最后涂上烫伤膏。注意:浓硫酸烧伤时,要先用干毛巾拭去浓硫酸再做后续处理;如溴、酚触及皮肤引起灼伤,可用乙醇洗涤。③化学试剂溅入眼睛时,不要揉搓眼睛,应立即用大量清水冲洗。若为酸性溶液,用2%~3%的四硼酸钠溶液冲洗眼睛;若为碱性溶液,用3%的硼酸溶液冲洗眼睛,然后用水冲洗。④化学试剂灼伤严重时,应紧急处理后立即送至医院治疗。

(4)吸入刺激性气体与有害气体。吸入煤气、硫化氢气体时,立即到室外呼吸新鲜空气。吸入刺激性或有毒气体时,如氯气、氯化氢、溴蒸气时,可吸入少量的乙醇与乙醚的混合蒸气解毒。

(5)有毒物质入口。应立即内服5~10 mL硫酸铜的温水溶液,用手指伸入喉部促使呕吐,然后立即送医院治疗。

(6)触电。触电时可按下述方法切断电路:①关闭电源;②用干木棍使导线与触电者分开;③使触电者和地面分离。急救者必须做好防止触电的安全措施,手和脚必须绝缘。

(7)火灾。当实验室不慎发生火灾时,千万不要惊慌失措、乱叫乱窜,或置他人于不顾而只顾自己,或置小火于不顾而酿成大灾,应立即切断电源与气源。如果着火面积大,蔓延迅速,应选择安全通道逃生,同时大声呼叫同室人员撤离,并尽快拨打119。如果火势不大,且尚未对人造成很大的威胁,应根据起火原因采取针对性的灭火措施。常用灭火器的类型、药液成分及其适用范围见表1-3-1。

表1-3-1 常用灭火器的类型、药液成分及其适用范围

类型	药液成分	适用范围
酸碱式	$H_2SO_4 + NaHCO_3$	非油类及电器失火的一般火灾
泡沫式	$Al_2(SO_4)_3 + NaHCO_3$	油类失火
二氧化碳	液体CO_2	电器失火
四氯化碳	液体CCl_4	电器失火
干粉	粉末主要成分为Na_2CO_3等盐类物质,加入适量润滑剂、防潮剂	油类、可燃气体、电器设备、精密仪器、文件和遇水燃烧等物品的初起火灾
1211	CF_2ClBr	油类、有机溶剂、高压电器设备、精密仪器等失火

第四节 学生实验守则

一、严格遵守实验课有关规定

(1)遵守实验室规章制度,保持实验室安静,严禁大声喧哗、打闹嬉戏、饮食或吸烟、玩手机。

(2) 遵守实验室的安全守则，不穿拖鞋、短裤、裙子进入实验室；进入实验室后应先熟悉本实验室的水、电开关；实验过程中注意安全，如遇实验试剂、器皿打翻，仪器损坏或皮肤破伤等，要及时报告老师，及时处理。

(3) 尊敬老师，听从老师指导，不懂的及时咨询指导老师。严格按照实验操作过程进行实验，认真思考，细心操作，实验过程中不得擅自离开实验室。

(4) 爱护公物，公用的仪器药品用后放回原处。实验结束后应整理好仪器和台面、打扫实验室、清倒废物。实验室所用仪器、药品不得带出实验室。离开实验室时，谨记关好水、电、门、窗。

二、做好实验预习工作

实验课前，仔细阅读相关实验内容，了解实验的目的、原理、内容及步骤，对实验步骤做到心中有数。写好预习报告，上课前交给指导老师检查。未经预习者，指导老师有权停止其实验。对于设计性实验，应在认真阅读与实验相关的文献资料基础上，拟订好实验设计方案，经指导老师认可后，方可进行实验。

三、做好实验课内数据记录

实验时严格遵守操作规程，服从老师指导，认真观察、记录现象，应准备专用记录本，真实、规范、准确地记录实验数据，在实验结束后交给指导老师检查。实验数据有问题时需及时纠正重做。经指导老师同意后，方可离开实验室。

四、按规定完成实验报告

实事求是地记录实验过程、实验结果，对实验结果进行分析，并完成思考题，将完整的实验报告按时交给指导老师评阅，不得抄袭或臆造。实验报告不合格者，必须重写。

对不遵守本守则的学生，指导老师和实验员有权给予批评教育，情节严重者有权停止其实验。

第五节　实验报告撰写要求

实验报告是把实验的目的、要求、内容、方法、过程、结果、分析讨论等记录下来，经过整理写成的书面汇报。其主要用途是帮助实验者不断积累研究资料、总结研究成果，能够培养和锻炼学生的逻辑归纳能力、综合分析能力和文字表达能力，是科学论文写作的基础。因此，规范撰写实验报告是实验者一项重要的基本技能训练，参加实验的每位学生均应及时认真地书写实验报告并按时交给指导老师批改。

一、撰写原则

(1) 客观性：实验报告必须在科学实验的基础上进行撰写，实事求是地反映实验的过程和结果，着重陈述一项科学事实，不能弄虚作假。较少表明对某些问题的观点和意见，如需表明观点，需在该实验客观事实的基础上提出。对抄袭实验报告或编造原始数据的行为，一经发现，将严肃处理。

(2) 正确性：实验报告的写作对象是科学实验的客观事实，内容需科学，表述需真实，判断需恰当。

(3) 确证性：实验报告中记载的实验结果能被任何人重复和证实，也就是说，任何人按给定的条件重复这项实验都能观察到相同的科学现象，得到同样的结果。

(4) 可读性：实验报告要求字迹工整、文字简练、数据齐全、图表规范、计算准确，分析要充分、具体、定量和易于理解。除用文字叙述和说明外，还常借助列表、作图等方式说明实验的基本原理、各步骤之间的关系及分析讨论实验结果。

二、格式规范

(1) 实验报告用纸：一般使用学校统一的实验报告纸，抬头要写清楚院系、专业、班、组、课程名称、学号、姓名、实验日期和实验地点等。页面左右及上下方都要留出 2 cm 的页边距，页脚居中写上页码，上交时应用订书机装订好。

(2) 实验项目名称：用简练的语言反映实验的内容，居中。

(3) 实验目的和要求：明确实验的目的、内容和具体任务要求。

(4) 实验内容和原理：写出简要原理、公式及其应用条件。

(5) 实验试剂及仪器：记录主要试剂的名称，主要仪器的名称、型号和主要参数。

(6) 操作方法和实验步骤：①写出实验操作的总体思路、操作规范和操作主要注意事项，可画出实验的流程图；②个别内容应根据实际实验过程进行调整，如实记录；③公式、化学式等应居中。

(7) 实验数据记录和处理：①应翔实记录所有的原始数据和代号，并在实验报告中体现出来；②物理量、数字表示要规范；③科学、合理地设计原始数据和实验条件的记录表格，表格要求用三线表，表题位于上方居中。

(8) 实验结果与分析：①要给出详细的计算过程，写出公式和具体运算过程，并换算回原始样品中的浓度，明确地写出最后结果；②插图应与文字紧密结合，紧随数据处理过程；插图的位置应在页面居中，长度约占页面宽度的 2/3；插图的画法见下述插图要求；③最后要进行具体、定量的结果分析，说明其可靠性。

(9) 思考题或讨论心得：回答实验给出的思考题，总结实验过程和结果分析中存在的问题。如果本次实验失败，应找出失败的原因及以后实验应注意的事项、解决问题的方法与建议。避免抽象地罗列，笼统地讨论。如无讨论内容，可不写。

注意：实验报告的格式不是千篇一律的。由于实验类型和内容的不同，实验报告写作的重点应有所不同。以上只是实验报告的基本构成内容，在具体撰写时可以根据实际情况进行增删。

附插图要求：

① 每个图都要有图名，放在图的下方，居中。

② 坐标轴要标注物理量和单位，要有主要刻度单位和次要刻度单位。

③ 字体：图内为小五号，标题为五号。

④ 不要网格线和背景，不要边框。

⑤ 插图长宽比约为 5∶3。

第二章 基础规范型实验

实验 1 生活污水中细菌总数的测定

生活污水中细菌菌落总数是指 1 mL 水样在相应培养基中,于 37 ℃培养 24 h 后所生长的腐生性细菌菌落总数。它是有机物污染程度的指标,也是卫生指标。在饮用水中所测得的细菌菌落总数除说明其被生活废弃物污染程度外,还指示该饮用水能否饮用,但水中的细菌菌落总数不能说明污染的来源。因此,结合大肠菌群数判断水的污染源和安全程度更全面。

一、实验目的

(1)学习生活污水的采样方法。
(2)掌握生活污水水样细菌总数的测定方法以及平板菌落计数的原则。

二、实验原理

本实验应用平板菌落计数法测定生活污水中细菌总数。由于生活污水中细菌种类繁多,它们对营养和其他生长条件的要求差别很大,不可能找到一种培养基在一种条件下,使污水中所有的细菌均能生长繁殖。因此,以一定的培养基平板上生长出来的菌落数计算出来的生活污水中的细菌总数仅是一种近似值。目前一般是采用普通牛肉膏蛋白胨琼脂培养基。

三、实验仪器

灭菌三角烧瓶、灭菌的带玻璃塞瓶、灭菌培养皿、灭菌吸管、灭菌试管等。

四、材料与试剂

(1)牛肉膏蛋白胨琼脂培养基。
(2)无菌生理盐水:生理盐水的浓度为 0.9%(在每 1000 mL 蒸馏水中添加 9 g NaCl)。将蒸馏水和 NaCl 放入经过充分消毒的容器后,可以用经过消毒的玻璃棒充分搅拌,为避免外界污染,有条件的情况下可以用无菌、有盖的容器进行配制,盖盖后充分摇匀,直到 NaCl 完全溶解。利用滤纸过滤配制好的生理盐水,并将其放入高压蒸汽灭菌锅中进行灭菌处理。

五、实验步骤

1. 生活污水的采样

应取距污水水面 10~15 cm 的深层水样,先将灭菌的带玻璃塞瓶的瓶口向下浸入水中,然后翻转过来,除去玻璃塞,污水即流入瓶中,盛满后,将瓶塞盖好,再从污水中取出,最好立即检查,否则需放入冰箱中保存。

2. 生活污水细菌总数的测定

(1)稀释污水水样:取 3 个灭菌空试管,分别加入 9 mL 灭菌水。取 1 mL 污水水样注入第一管 9 mL 灭菌水内,并摇匀。再自第一管内取 1 mL 至下一管灭菌水内,如此稀释到第三管,稀释度分别为 10^2、10^3 与 10^4。稀释度视污水水样的污浊程度而定,以培养后平板的菌落数在 30~300 个之间的稀释度较为合适,若 3 个稀释度的菌落数均多到无法计数或少到无法计数,则需继续稀释或减小稀释度。一般中等污秽水样取 10^1、10^2、10^3 三个连续稀释度,污秽严重的取 10^2、10^3、10^4 三个连续稀释度。

(2)自最后 3 个稀释度的试管中各取 1 mL 稀释水加入空的灭菌培养皿中,每个稀释度做 2 个培养皿。

(3)各倾注 15 mL 已熔化并冷却至 45 ℃ 左右的牛肉膏蛋白胨琼脂培养基,立即放在桌上摇匀。

(4)凝固后倒置于 37 ℃ 培养箱中培养 24 h。

六、数据记录与处理

1. 数据记录或具体指标名称

先计算相同稀释度的平均菌落数。若其中一个平板有较大片状菌苔生长,则不应采用,而应以无片状菌苔生长的平板作为该稀释度的平均菌落数。若片状菌苔的大小不到平板的一半,而另一半菌落的分布又很均匀,则可将此一半的菌落数乘 2 以代表全平板的菌落数,然后再计算该稀释度的平均菌落数。

2. 数据处理或具体数据指标的计算方法

(1)首先选择平均菌落数在 30~300 之间的平板,当只有 1 个稀释度的平均菌落数在此范围内时,则以该平均菌落数乘其稀释度,即为该水样的细菌总数。

(2)若有 2 个稀释度的平均菌落数均在 30~300 之间,则以两者菌落总数的比值来决定。若比值小于 1,应取两者的平均数;若比值大于 1,则取其中较小的菌落总数(表 2-1-1 例 2 和例 3)。

(3)若所有稀释度的平均菌落数均大于 300,则应按稀释度最高的平均菌落数乘稀释度(表 2-1-1 例 4)。

(4)若所有稀释度的平均菌落数均小于 30,则应按稀释度最低的平均菌落数乘稀释度(表 2-1-1 例 5)。

(5)若所有稀释度的平均菌落数均不在 30~300 之间,则以最接近 300 或 30 的平均菌落数乘稀释度(表 2-1-1 例 6)。

表 2-1-1 菌落计数例表

例次	不同稀释度的平均菌落数			两个稀释度菌落总数之比	菌落总数（个/mL）	备注
	10^1	10^2	10^3			
1	1365	164	20	—	16400 或 1.6×10^4	
2	2760	295	46	1.6	29500 或 3.0×10^4	采取四舍五入的方法,只保留小数点后 1 位
3	2890	271	60	2.2	27100 或 2.7×10^4	
4	无法计数	1650	513	—	513000 或 5.1×10^5	
5	27	11	5	—	270 或 2.7×10^2	
6	无法计数	305	12	—	30500 或 3.1×10^4	

七、思考题

(1)生活污水采样时需要注意哪些事项?

(2)采用平板菌落计数法则需要注意哪些事项?

实验 2　水质总大肠菌群和粪大肠菌群的测定

总大肠菌群指 37 ℃培养 24 h,能产生 β-半乳糖苷酶(β-galactosidase),分解选择性培养基中的邻硝基苯-β-D-吡喃半乳糖苷(ONPG)生成黄色的邻硝基苯酚的肠杆菌科细菌。粪大肠菌群又称耐热大肠菌群,指 44.5 ℃培养 24 h,能产生 β-半乳糖苷酶,分解选择性培养基中的邻硝基苯-β-D-吡喃半乳糖苷生成黄色的邻硝基苯酚的肠杆菌科细菌。总大肠菌群和粪大肠菌群是显示水、土壤、乳品或清凉饮料直接或间接受人、畜粪便污染程度的一种指标。

一、实验目的

(1)学习不同水质总大肠菌群和粪大肠菌群的测定方法。
(2)了解并掌握总大肠菌群和粪大肠菌群的存在和数量对人类健康的影响。

二、实验原理

在特定温度下培养特定的时间,总大肠菌群和粪大肠菌群都能产生 β-半乳糖苷酶,将选择性培养基中的无色底物邻硝基苯-β-D-吡喃半乳糖苷(ONPG)分解为黄色的邻硝基苯酚。统计阳性反应出现的菌落数量,查最可能数(most probable number,MPN)表,分别计算样品中总大肠菌群和粪大肠菌群的浓度值。

最可能数又称稀释培养计数,是一种基于泊松分布的间接计数法。利用统计学原理,根据一定体积不同稀释度样品经培养后产生的目标微生物的阳性数,查表估算一定体积样品中目标微生物存在的数量(单位体积存在目标微生物的最可能数)。

三、实验仪器

(1)采样瓶:具螺旋帽或磨口塞的 100 mL、250 mL、500 mL 广口玻璃瓶。
(2)高压蒸汽灭菌锅:可调至 121 ℃。
(3)恒温培养箱:允许温度偏差(37±1)℃、(44.5±0.5)℃。
(4)程控定量封口机:用于 97 孔定量盘的封口。
(5)三角瓶、试剂瓶、量筒、移液管等。

四、材料与试剂

(1)培养基:本实验采用 Minimal Medium ONPG-MUG 培养基。每 100 mL 样品需使用培养基粉末(2.7±0.5)g,培养基成分:硫酸铵[$(NH_4)_2SO_4$]0.5 g、硫酸锰($MnSO_4$)0.05 mg、硫酸锌($ZnSO_4$)0.05 mg、硫酸镁($MgSO_4$)10 mg、氯化钠(NaCl)1 g、氯化钙($CaCl_2$)5 mg、亚硫酸钠(Na_2SO_3)4 mg、两性霉素 B 0.1 mg、邻硝基苯-β-D-吡喃半乳糖苷(ONPG)50 mg、4-甲基伞形酮-β-D-葡萄糖醛酸苷(MUG)7.5 mg、茄属植物萃取物 50 mg、N-2-羟乙基哌嗪-N'-2-乙磺酸钠盐(HEPES 钠盐)0.53 g、N-2-羟乙基哌嗪-N'-2-乙磺酸(HEPES)0.69 g。
(2)乙二胺四乙酸二钠溶液:$\rho(C_{10}H_{14}N_2O_8Na_2 \cdot 2H_2O) = 0.15$ g/cm³,此溶液保质期为 30 天。
(3)97 孔定量盘:含 49 个大孔、48 个小孔。其中,每个小孔可容纳 0.186 mL 样品,大孔中 48 个大孔每个可容纳 1.86 mL 样品,1 个顶部大孔可容纳 11 mL 样品。

(4)硫代硫酸钠溶液：$\rho(Na_2S_2O_3)=0.10$ g/cm³，临用现配。

(5)标准阳性比色盘。

(6)硫代硫酸钠($Na_2S_2O_3 \cdot 5H_2O$)。

(7)乙二胺四乙酸二钠($C_{10}H_{14}N_2O_8Na_2 \cdot 2H_2O$)。

(8)无菌水：取适量实验用水，经 121 ℃ 高压蒸汽灭菌 20 min，备用。

五、实验步骤

1. 样品采集

采集微生物样品时，采样瓶不得用样品洗涤，采集样品于灭菌的采样瓶中。

采集河流、湖库等地表水样品时，可握住瓶子下部直接将带塞采样瓶插入水中，距水面 10~15 cm 处，瓶口朝水流方向时拔瓶塞，使样品灌入瓶内然后盖上瓶塞，将采样瓶从水中取出。如果没有水流，可握住瓶子下部水平往前推。采样量一般为采样瓶容量的 80% 左右。样品采集完毕后，迅速扎上无菌包装纸。

从龙头装置采集样品时，不要选用漏水龙头。采样前将龙头打开至最大，放水 3~5 min，然后将龙头关闭，用火焰灼烧约 3 min 灭菌或用 70%~75% 乙醇对龙头进行消毒，开足龙头，再放水 1 min，以充分去除水管中的滞留杂质。采样时控制水流速度，小心接入采样瓶内。

采集地表水、废水样品及一定深度的样品时，也可使用灭菌过的专用采样装置采样。在同一采样点进行分层采样时，应自上而下进行，以免不同层次搅扰实验结果。

如果采集的是含有活性氯的样品，需在采样瓶灭菌前加入硫代硫酸钠溶液，以除去活性氯对细菌的抑制作用（每 125 mL 容积加入 0.1 mL 硫代硫酸钠溶液）；如果采集的是重金属离子含量较高的样品，则在采样瓶灭菌前加入乙二胺四乙酸二钠溶液，以消除干扰（每 125 mL 容积加入 0.3 mL 乙二胺四乙酸二钠溶液）。

2. 样品保存

采样后应在 2 h 内检测，否则，应 10 ℃ 以下冷藏，但不得超过 6 h。实验室接样后，不能立即开展检测的，将样品于 4 ℃ 以下冷藏，并在 2 h 内检测。

3. 样品稀释

根据样品污染程度确定接种量（表 2-2-1），避免接种样品培养后 97 孔定量盘出现全部阳性或全部阴性。接种量小于 100 mL 时，应稀释样品后接种；接种量为 10 mL 时，取 10 mL 样品加入盛有 90 mL 无菌水的三角瓶中混匀制成 1∶10 的稀释样品；其他接种量的稀释样品依次类推。对于未知样品，可选用多个接种量进行检测。

表 2-2-1 样品接种量参考表

样品类型		接种量/mL				
		10^2	1	10^0	10^{-1}	10^{-2}
地表水	水源水	△				
	湖泊(水库)	△				
	河流	△	△	△		
废水	生活污水	△	△	△	△	
	工业废水 处理前		△	△	△	△
	工业废水 处理后	△				
地下水		△				

4. 接种

量取 100 mL 样品或稀释样品于灭菌后的三角瓶中,加入(2.7±0.5)g 培养基粉末,充分混匀完全溶解后,全部倒入 97 孔定量盘内,以手抚平 97 孔定量盘背面,赶除孔内气泡,然后用程控定量封口机封口。观察 97 孔定量盘颜色,若出现类似或深于标准阳性比色盘的颜色,则需在排查样品、培养基、无菌水等一系列因素后,终止实验或重新操作。

5. 培养

测定总大肠菌群时,将封口后的 97 孔定量盘放入恒温培养箱中(37±1)℃下培养 24 h;测定粪大肠菌群时,将封口后的 97 孔定量盘放入恒温培养箱中(44.5±0.5)℃下培养 24 h。

6. 对照实验

(1)空白对照:每次实验都要用无菌水按照上面步骤 3~5 进行实验室空白测定。培养后的 97 孔定量盘不得有任何颜色反应,否则,该次样品测定结果无效,应查明原因后重新测定。

(2)阴性和阳性对照:总大肠菌群、粪大肠菌群的阳性、阴性菌种参考表 2-2-2。

表 2-2-2 总大肠菌群、粪大肠菌群的阳性、阴性菌种参考表

检测指标	阳性菌种	阴性菌种
总大肠菌群	大肠埃希菌、产气肠杆菌	金黄色葡萄球菌、假单胞菌属
粪大肠菌群	大肠埃希菌(耐热型)、克雷伯菌属(耐热型)	产气肠杆菌、粪链球菌、假单胞菌属

将标准菌株制成 300~3000 个/mL 的菌悬液,将菌悬液按接种和培养要求操作,阳性菌种应呈现阳性反应,阴性菌种呈现阴性反应,否则,该次样品测定结果无效,应查明原因后重新测定。

7. 结果判读与计数

对培养 24 h 后的 97 孔定量盘进行结果判读,样品变黄色判断为总大肠菌群或粪大肠菌群阳性。如果结果可疑,可延长培养至 28 h 再进行结果判读,超过 28 h 后出现的颜色反应不作为阳性结果,可使用保质期内的标准阳性比色盘以辅助判读,分别记录 97 孔定量盘中大孔和小孔的阳性孔数量。

六、数据记录与处理

1. 结果计算

从 97 孔定量盘法 MPN 表(参见《中华人民共和国国家环境保护标准》(HJ 1001-2018)附录 B)中查得每 100 mL 样品中总大肠菌群、粪大肠菌群数的 MPN(置信区间参见《中华人民共和国国家环境保护标准》(HJ 1001-2018)附录 C)后,再根据样品不同的稀释度,按照式(2-2-1)换算样品中总大肠菌群、粪大肠菌群浓度(MPN/L)。

$$C = \frac{(MPN \times 1000)}{f} \qquad (2\text{-}2\text{-}1)$$

式中:C——样品中总大肠菌群、粪大肠菌群浓度,MPN/L;

MPN——每 100 mL 样品中总大肠菌群、粪大肠菌群数,MPN/100 mL;

f——最大接种量,mL;

1000——将 C 单位由 MPN/mL 转换为 MPN/L。

2. 结果表示

测定结果保留 2 位有效数字,当测定结果≥100 MPN/L 时,以科学计数法表示;若 97 孔均为阴性,可报告为总大肠菌群、粪大肠菌群未检出或<10 MPN/L。

3. 质量保证和质量控制

每批样品按对照实验进行空白对照测定,定期使用有证标准菌株进行阳性和阴性对照实验。每 20 样品或每批次样品(≤20 个/批)测定一个平行双样,对每批次培养基需使用有证标准菌株进行培养基质量检验,定期使用有证标准菌株/标准样品进行质量控制。

七、注意事项

(1)活性氯具有氧化性,能破坏微生物细胞内的酶活力,导致细胞死亡,可在采样瓶灭菌前加入硫代硫酸钠溶液消除干扰。

(2)重金属离子具有细胞毒性,能破坏微生物细胞内的酶活性,导致细胞死亡,可在采样瓶灭菌前加入乙二胺四乙酸二钠溶液消除干扰。

(3)三角瓶、移液管、采样瓶等玻璃器皿及采样器具要在实验前按无菌操作要求包扎,121 ℃高压蒸汽灭菌 20 min,烘干,备用。

(4)15.7 mg 硫代硫酸钠可去除样品中 1.5 mg 活性氯,硫代硫酸钠用量可根据样品实际活性氯量调整。

(5)在野外操作时应避开明显局部污染源,建议使用一次性手套、口罩、酒精灯等。

(6)可先制备较高浓度菌悬液,采用血细胞计数器在显微镜下对其浓度进行初步测定,然后根据实际情况用无菌水稀释至 300～3000 个/mL。

八、思考题

(1)判别总大肠菌群、粪大肠菌群的依据是什么?

(2)为什么大肠杆菌群数可作为水源污染的指示菌?

实验3　空气中微生物的测定

空气是人类赖以生存的重要外界环境因素,空气中没有可为微生物直接利用的营养物质和足够的水分,它不是微生物生长繁殖的天然环境,因此空气中没有固定的微生物种类。但空气是微生物借以扩散的媒介,空气中存在着相当数量的微生物,如细菌、真菌、病毒、放线菌等,主要通过气溶胶、尘埃、小水滴、人和动物体表的干燥脱落物、呼吸道的排泄物等方式被带入空气中。由于微生物能产生各种休眠体,故可在空气中存活相当长的时间。微生物也是空气污染物的重要组成部分,对人体健康的影响非常大。空气中微生物的含量是衡量空气质量的重要标准之一,《室内空气质量标准》(GB/T 18883—2022)使用细菌总数作为生物性指标。

一、实验目的

(1)熟悉和掌握空气中微生物的采集、测定步骤。
(2)掌握无菌操作技术和微生物实验的基本操作。
(3)认识微生物细胞的群体结构,了解空气中微生物的分布状况。

二、实验原理

微生物个体微小、种类繁多且无处不有,但肉眼不可见。当空气中的微生物落到适合它们生长繁殖的培养基表面时,在适宜温度下培养一段时间后,每一个分散的菌体或孢子就会形成一个肉眼可见的细胞群体,即菌落。通过观察菌落的形状、大小、色泽、隆起度、透明度、表面光滑或粗糙、边缘整齐或不规则等特征,就可大致判断空气中存在的微生物种类。

空气中微生物的采集方法很多,主要有自然沉降采样法和使用空气微生物采样器采样法。空气微生物采样器主要有撞击式采样器、过滤式空气采样器、离心式空气采样器、气旋式采样器、静电沉降采样器等。本实验使用的是自然沉降采样法。

三、实验仪器

无菌培养皿、超净工作台、恒温培养箱、灭菌锅、冰箱、酒精灯、pH 计等。

四、材料与试剂

牛肉膏蛋白胨琼脂培养基(培养细菌):牛肉膏 5.0 g、蛋白胨 10.0 g、NaCl 5.0 g、琼脂 20.0 g、蒸馏水 1000 mL。

五、实验步骤

1.培养基的制备

将蛋白胨、牛肉膏、NaCl、琼脂和蒸馏水混合,加热溶解,调节 pH 至 7.4,过滤分装于三角瓶中,121 ℃高压蒸汽灭菌 20 min 备用。

2.倒平板

临用前将琼脂培养基熔化,冷却至 50 ℃左右,倾注约 15 mL 于无菌培养皿内,制成琼脂平板,盖上皿盖。

注意:此步骤需在无菌操作台上操作,通常同时准备好若干个无菌培养皿备用。

3.样品采集

用自然沉降法采样时,取上述倒好的琼脂平板 5 个,编号 1~5,放置在室内不同位置,打开皿盖,分别暴露于空气中 5 min 和 10 min,盖上皿盖。

注意:此步骤也可以设置不同的采集方法来对比分析。

4.培养

将采集了空气微生物的琼脂平板(1~5)和一个未采集空气微生物的培养基平板(CK)置 37 ℃培养箱中,倒置培养 1~2 天。

5.观察

从培养箱取出琼脂平板和培养基平板,仔细观察各平板中的菌落特征,统计每个平板中的菌落数。注意不同类别菌落出现的顺序及菌落的大小、形状、颜色、干湿等的变化,做好记录。

六、数据记录与处理

1.数据记录

将空气中微生物检测结果填入表 2-3-1。

表 2-3-1　空气中微生物检测结果

编号	菌落总数 (个/皿)	优势类群菌落特征							
		形状	大小/mm	色泽	光泽	高度	透明度	边缘	表面
1									
2									
3									
4									
5									
CK									

细菌菌落形态描述方法如下,图例可参考图 2-3-1。

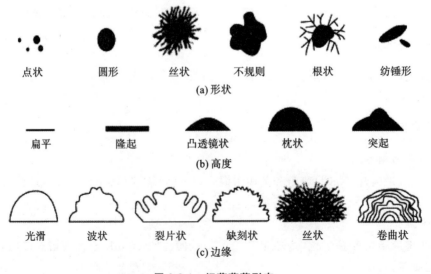

图 2-3-1　细菌菌落形态

(1)形状:圆形、丝状、不规则等。
(2)大小:以直径(mm)表示。
(3)色泽:玻璃状、蜡质状、油脂状等。
(4)高度:扁平、隆起、突起等。
(5)透明度:透明、半透明、不透明等。
(6)边缘:波状、裂片状、丝状、卷曲状。
(7)表面:湿润、干燥、皱褶等。

2. 数据处理

计算每立方米空气中微生物的数量。根据奥梅梁斯基定义:面积为 100 cm² 的培养基平板,暴露在空气中 5 min 相当于 10 L 空气中的细菌数,计算公式见式(2-3-1)。

$$X = \frac{N \times 100 \times 100}{\pi r^2} \quad (2\text{-}3\text{-}1)$$

式中:X——1 m³ 空气中的细菌数,CFU/m³;
N——平板上的平均菌落数,CFU;
r——平板半径,cm。

七、注意事项

(1)设置采样点时,应根据现场大小,选择有代表性的位置作为空气中微生物检测的采样点,通常设置 5 个采样点,即室内墙角对角线的交点为一采样点,该交点与四墙角连线的中点为另外 4 个采样点。采样的高度通常为 1.2~1.5 m。采样点应远离墙壁 1 m 以上,并避开空调、门窗等空气流通处。

(2)如果平板上出现链状菌落,菌落间没有明显的界线,这可能是琼脂与检样混匀时,一个细菌块被分散所造成的,这一条链作为 1 个菌落计数。若培养过程中遭遇昆虫侵入,在昆虫爬行过的地方也会出现链状菌落,也不应分开计数。

(3)如果平板上菌落太多,不能计数,不建议采用。

(4)每个样品从开始稀释到倾注最后一个平板的时间不得超过 15 min,目的是使菌落能在平板上均匀分布,否则,时间过长样液可能由于干燥而贴在平板上,倾注琼脂后不易摇开,容易产生片状菌落,影响菌落的计数。另外,琼脂凝固后不要在室温长时间放置,应及时将平板倒置培养,可避免菌落的蔓延生长。

八、思考题

(1)检测空气中微生物的意义是什么?
(2)试比较各琼脂平板的菌落特征有何异同。
(3)影响空气中微生物检测结果的因素有哪些?
(4)如何利用空气中微生物的检测结果来评价环境空气质量?

实验 4 发光细菌法测定水质急性毒性

20 世纪 70 年代末,科学家从海鱼体表分离出发光细菌并用于检测水体的生物毒性,与传统水质急性毒性检测相比,发光细菌法因检测快速、简便、灵敏、稳定和经济等特点已成为评价水质污染的重要手段之一。

一、实验目的

(1)掌握发光细菌法测定水质急性毒性的标准方法。
(2)根据发光细菌发光强度的变化判断受试化合物的毒性。
(3)初步了解发光细菌法测试水质急性毒性的影响因素。

二、实验原理

发光细菌是革兰氏阴性、兼性好氧、化能自养型细菌,最适生长温度为 20～30 ℃,最适生长 pH 为 6.0～9.0,是水生态系中的分解者。发光细菌在生长的一定时间内,能够发射可见光是其特别的生理代谢特征。其发光的代谢过程可以概括为发光细菌体内合成一种荧光素酶,这种酶可以催化还原型核苷酸($FMNH_2$)和长链脂肪醛(RCHO,至少含 8 个 C)在 O_2 的参与下发生氧化反应而放出光子(图 2-4-1)。

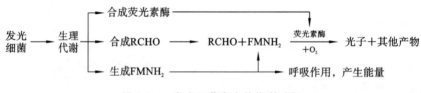

图 2-4-1 发光细菌发光的代谢过程

发光细菌的发光属于自诱导型,只有细菌浓度达到一定水平时才发光,具有密度依赖性,因而进行毒性实验时需对发光细菌的初始密度或者相对发光数进行设定。当发光细菌暴露于污染物中时,外源化合物透过细胞膜的磷脂双分子层进入细胞,影响细菌内部生理生化水平的代谢反应,引起发光强度的改变。在一定范围内,污染物的浓度和发光强度具有相关性。因此,发光细菌发光强度的变化,可以用来表征水体受污染的程度。

三、实验仪器

(1)生物发光光度计:配制 2 mL 或 5 mL 测试管,当氯化汞标准液浓度为 0.10 mg/L 时,发光细菌的相对发光度为 50%,其误差不超过 10%。
(2)2 mL 或 5 mL 测试样品管:具标准磨口塞,由制造比色管的玻璃制作而成,由专业玻璃仪器厂制造,分别对应于相应型号的生物发光光度计。
(3)注射器(1 mL)、微量注射器(10 μL)、定量加液瓶(5 mL)、吸管(2 mL、10 mL、25 mL)、试剂瓶(100 mL)、量筒(100 mL、500 mL)、棕色容量瓶(50 mL、250 mL、1000 mL)、半微量滴定管(配磨口试液瓶,全套仪器均为棕色,10 mL)等。

四、材料与试剂

1. 菌种

明亮发光杆菌 T3 小种（*Photobacterium phosphoreum* T3 spp）冻干粉，安瓿瓶包装，在 2～5 ℃冰箱内保存期为 6 个月。新制备的发光细菌休眠细胞（冻干粉）密度不低于每克 800 万个细胞，冻干粉复苏 2 min 后即发光，可在暗室内检验，肉眼可见微光，稀释成工作液后，经稀释平板法测定，每毫升菌液不低于 1.6 万个细胞（5 mL 测试管）或 2 万个细胞（2 mL 测试管）。

2. 3% 氯化钠溶液

称取 30 g 氯化钠于玻璃容器内，加蒸馏水定容至 1000 mL。

3. 2% 氯化钠溶液

称取 20 g 氯化钠，加蒸馏水定容至 1000 mL，于 2～5 ℃保存。

4. 氯化汞母液（2000 mg/L）

用分析天平（精度 0.0001 g）称密封保存良好的无结晶水氯化汞 0.1000 g 后置于 50 mL 容量瓶中，用 30 g/L 氯化钠溶液稀释至刻度线，置于 2～5 ℃冰箱保存备用，保存期 6 个月。

5. 氯化汞工作液（2.0 mg/L）

用移液管吸取氯化汞母液 10 mL 于 1000 mL 容量瓶，用 30 g/L 氯化钠溶液定容，即得 20 mg/L 氯化汞溶液。用移液管吸取该溶液 25 mL 于 250 mL 容量瓶，用 30 g/L 氯化钠溶液定容。

6. 氯化汞标准溶液

将氯化汞工作液倒入配有半微量滴定管的试液瓶，然后用 30 g/L 氯化钠溶液将氯化汞工作液按表 2-4-1 稀释成系列浓度（稀释至 50 mL 容量瓶中），配制的稀释液保存期不超过 24 h。

表 2-4-1　氯化汞工作液稀释成系列浓度

氯化汞工作液体积/mL	0.5	1.0	1.5	2.0	2.5	3.0	3.5	4.0	4.5	5.0	5.5	6.0
配制氯化汞浓度/(mg/L)	0.02	0.04	0.06	0.08	0.10	0.12	0.14	0.16	0.18	0.20	0.22	0.24

五、实验步骤

1. 样品的处理

(1) 样品的采集和保存。

① 采样瓶使用带有聚四氟乙烯衬垫的玻璃瓶，务必清洁、干燥。采集水样时，瓶内应充满水样，不留空气。采样后，用塑胶带将瓶口密封。

② 毒性测定应在采样后 6 h 内进行，否则应在 2～5 ℃下保存样品，但不得超过 24 h。

③ 对于含固体悬浮物的样品必须离心或过滤去除固体悬浮物，以免干扰测定。

(2) 样品液的稀释。

① 取事先加氯化钠至 3% 浓度的样品母液 2 mL，装入样品管，并设一支空白对照管（3% 氯化钠溶液），按步骤 3 所述测定相对发光度。若样品相对发光度低于 50% 乃至 0，欲以 EC_{50} 表示结果，则须稀释；若样品相对发光度在 1% 以上，欲以与相对发光度相当的氯化汞浓度表

示结果,则不须稀释。

②为确定样品液的稀释度,须先进行探测实验,即按梯度将样品液稀释成 5 个浓度:100%、10%、1%、0.1%和 0.01%。按步骤 3 所述粗测一遍,据 1%～100%相对发光度落在哪一浓度范围,再在该浓度范围内增配 6～9 个浓度。一律用蒸馏水稀释样品液,在定容前一律按构成 3%氯化钠浓度添加氯化钠固体或浓溶液(样品母液只能加固体)。

2. 发光细菌冻干菌剂的复苏

从冰箱内取出含有 0.5 g 发光细菌冻干粉的安瓿瓶和氯化钠溶液,置于含有冰块的小号保温瓶,用 1 mL 注射器吸取 0.5 mL 冷的 2%氯化钠溶液(适用于 5 mL 的测试管)或 1 mL 冷的 2.5%氯化钠溶液(适用于 2 mL 的测试管)注入已开口的冻干粉安瓿瓶中,务必充分混匀。2 min 后菌液即复苏发光(可在暗室观察,肉眼可见微光)。

3. 测定步骤

(1)打开生物发光光度计电源,预热 15 min,调零,备用。

(2)取空测试管一支,加 2 mL 或 5 mL 3%氯化钠溶液,再加 10 μL 复苏发光菌液,盖上瓶塞,用手颠倒 5 次以达均匀。拔去瓶塞,将该管放入生物发光光度计内进行测定,若发光量立即显示(或经过 5～10 min 上升到)600 mV 以上(600～1900 mV),则此瓶冻干粉可用于测试;低于 600 mV 可将倍率调至"×2"档,高于 1900 mV 可将倍率调至"×0.5"档,若仍然不达标,则须更换冻干粉重新复苏。此外,满 4 h 的发光量应不低于 400 mV,若低于此值,也须更换冻干粉重新复苏。

(3)向含有 2 mL 或 5 mL 样品液、3%氯化钠溶液(空白管)和氯化汞标准溶液的各测试管中逐一加入 10 μL 复苏发光菌液,盖上瓶塞,用手颠倒 5 次,拔去瓶塞,放回试管架(每管加菌液间隔时间勿短于 30 s)。每管在加菌液时务必精确计时,即为样品与发光细菌反应起始时间,15 min 后(即反应终止时间)立即将测试管放入生物发光光度计内读出其发光量(以光信号转化的电信号——电压(mV)表示)。注意样品设 3 个重复。

六、数据记录与处理

1. 数据记录

准确、真实地记录发光量值。

2. 数据处理

(1)计算样品相对发光度(%)(式(2-4-1)),并算出其平均值(式(2-4-2))。

$$相对发光度(\%) = \frac{样品液管或氯化汞管发光量(mV)}{空白管发光量(mV)} \times 100\% \qquad (2\text{-}4\text{-}1)$$

$$相对发光度(\%)平均值 = \frac{(重复1)(\%) + (重复2)(\%) + (重复3)(\%)}{3}$$

$$(2\text{-}4\text{-}2)$$

(2)欲以 EC_{50} 表达结果:建立并检验样品稀释浓度(c)与其相对发光度(T)平均值的相关方程 $T = a + bc$,绘制关系曲线,检验相关系数 r 显著水平(P 值)。若 $P \leqslant 0.05$,则所求相关方程成立;反之,则不成立,须重测样品稀释系列浓度的发光量。

(3)欲以与相对发光度相当的氯化汞浓度表达结果:建立并检验氯化汞浓度($c_{氯化汞}$)与其相对发光度(T)平均值的相关方程 $T = a + bc_{氯化汞}$,绘制关系曲线,检验相关系数 r 显著水平(P 值)。若 $P \leqslant 0.01$,且 $EC_{50氯化汞} = (0.1 \pm 0.02)$ mg/L,则所求相关方程成立;反之,不能成立,须重测氯化汞稀释系列浓度的发光量。氯化汞溶液配制过夜者,须重配后再测定。

将测得的样品相对发光度代入上述相关方程,求出与样品急性毒性相当的氯化汞浓度(mg/L)。

七、实验报告

实验报告中除包含实验过程、结果记录(表 2-4-2)外,还应包含以下内容。
(1)相关方程、相关系数 r 显著水平(P 值)的检验过程。
(2)对实验现象及实验结果的阐述及分析。
(3)思考题的解答。

表 2-4-2 发光细菌法测定水质急性毒性实验记录

水样采集日期:　　　　　测定日期:　　　　　测定人:

编号	加菌液时间	测定时间	发光量/mV	相对发光度/(%)	相对发光度平均值/(%)	备注

八、注意事项

(1)实验前判断发光细菌冻干粉是否符合实验要求。
(2)平行或批量样品的处理与测试应注意操作时间的一致性。
(3)用本实验方法测定须满足以下条件。
①室温:20～25 ℃。同一批样品在测定过程中要求温度波动不超过±1 ℃,且所有测试器皿及试剂、溶液在测定前 1 h 均置于控温的测试室内。
②pH:若须测定包括 pH 影响在内的急性毒性,不应调节水样 pH;若须测定排除 pH 影响在内的急性毒性,须在测定前调节水样和空白组 3%氯化钠溶液的 pH,主要含 Cu 水样为4.5,主要含其他金属水样为 5.4,主要含有机物水样为 7.0。
③溶解氧:本实验方法只能测定包括溶解氧影响在内的水样的急性毒性。

九、思考题

(1)如何提高本实验的重复性和稳定性?
(2)测定过程中,暴露时间、温度及体系的 pH 等对发光细菌的发光特性是否有影响?如有影响,如何影响?

实验 5　固定化酶制备及酶活力的测定

通过物理吸附法或化学键合法将水溶性酶和固态的不溶性载体相结合,使酶变成不溶于水但仍保持催化活性的衍生物。该衍生物称为固定化酶(immobilized enzyme)。酶活力是指酶催化某些化学反应的能力。酶活力的大小可以用在一定条件下它所催化的某一化学反应的速度来表示。测定酶活力实际就是测定被酶所催化的化学反应的速率。

酶促反应速率可以用单位时间内反应底物的减少量或产物的增加量来表示,为了测量结果的准确性,通常是测定单位时间内产物的生成量。由于酶促反应速率会随时间的推移而逐渐降低其增加值,所以,为了正确测得酶活力,就必须测定酶促反应的初速率。

一、实验目的

(1)掌握包埋法固定化酶的操作技术。
(2)掌握测定碱性蛋白酶活力的原理和酶活力的计算方法。
(3)学习测定酶促反应速率的方法和基本操作。

二、实验原理

碱性蛋白酶在碱性条件下,可以催化酪蛋白水解生成酪氨酸。酪氨酸为含有酚羟基的氨基酸,可与福林试剂(磷钨酸与磷钼酸的混合物)发生福林酚反应。福林酚反应:福林试剂在碱性条件下极其不稳定,易定量地被酚类化合物还原,生成钨蓝和钼蓝的混合物,而呈现出不同程度的蓝色。利用比色法即可测定酪氨酸的生成量,用碱性蛋白酶在单位时间内水解酪蛋白产生酪氨酸的量来表示酶活力。

三、实验仪器

(1)721 型分光光度计。
(2)电子天平、振荡器、培养箱、离心机、磁力搅拌器、恒温水浴锅等。
(3)注射器、烧杯、布式漏斗、容量瓶、移液管等。

四、材料与试剂

(1)海藻酸钠。
(2)3.0%氯化钙。
(3)碱性蛋白酶:称取干酶粉 1 g,加入 10 mL pH 10 硼砂氢氧化钠缓冲液,并用玻璃棒搅拌,使其溶解。静置片刻后,将上层清液小心倒入 100 mL 容量瓶中,再加入少量缓冲液进行搅拌溶解,反复操作几次,最后全部移入 100 mL 容量瓶中。用缓冲液定容至刻度线,充分摇匀,再用纱布过滤。吸取滤液 10 mL,移入 100 mL 容量瓶中,用蒸馏水稀释至刻度线,所得液为稀释 1000 倍的酶液(1.0 mg/mL)。
(4)福林试剂:向 2000 mL 的磨口回流瓶加入 100 g 钨酸钠($Na_2WO_4 \cdot 2H_2O$)、25 g 钼酸钠($Na_2MoO_4 \cdot 2H_2O$)、700 mL 蒸馏水、50 mL 85%磷酸及 100 mL 浓盐酸,文火充分混匀后回流 10 h。回流完毕,再加 50 g 硫酸锂(Li_2SO_4)、50 mL 蒸馏水,混匀,再加数滴液体溴,沸腾 15 min,以驱除残余的溴及除去颜色,冷却后定容至 1000 mL。过滤,置于棕色瓶中暗处保存。

使用前加 2 倍体积的蒸馏水稀释,即成已稀释的福林试剂。

(5) pH 7.2 磷酸盐缓冲液:称取磷酸二氢钠($NaH_2PO_4 \cdot 2H_2O$)31.2 g,定容至 1000 mL,即得 0.2 mol/L 溶液(A 液);称取磷酸氢二钠($Na_2HPO_4 \cdot 12H_2O$)71.63 g,定容至 1000 mL,即得 0.2 mol/L 溶液(B 液)。取 A 液 28 mL 和 B 液 72 mL,再用蒸馏水稀释 1 倍,即得 0.1 mol/L pH 7.2 的磷酸盐缓冲液。

(6) pH 10 硼砂氢氧化钠缓冲液:甲液为 0.05 mol/L 硼砂溶液,取硼砂($Na_2B_4O_7 \cdot 10H_2O$)19.00 g,用蒸馏水溶解并定容至 1000 mL;乙液为 0.2 mol/L NaOH 溶液。配制 pH 10 硼砂氢氧化钠缓冲液时,吸取甲液 50 mL,再加入乙液 21 mL,用蒸馏水定容至 200 mL。

(7) 2%酪蛋白溶液:准确称取干酪蛋白 2 g,精确至 0.002 g,加入 0.1 mol/L NaOH 10 mL,在水浴中加热使其溶解,然后用 pH 7.2 磷酸盐缓冲液定容至 100 mL。配制完成后应及时使用或放入冰箱内保存,防止变质。

(8) 100 μg/mL 酪氨酸溶液:精确称取在 105 ℃烘箱中烘至恒重的酪氨酸 0.1000 g,逐步加入 6 mL 1 mol/L 盐酸使其溶解,再用 0.2 mol/L 盐酸定容至 100 mL,则其浓度为 1000 μg/mL。再吸取此溶液 10 mL,以 0.2 mol/L 盐酸定容至 100 mL,即得 100 μg/mL 酪氨酸溶液。此溶液配制完成后应及时使用或放入冰箱内保存,防止变质。

(9) 0.4 mol/L 碳酸钠溶液。

(10) 0.4 mol/L 三氯醋酸溶液。

五、实验步骤

1. 酶的固定化

称取 1.00 g 海藻酸钠于盛有 30 mL 蒸馏水的烧杯中,加热至沸腾使其完全溶解后,室温下渐冷至 38 ℃左右,加入预先制备好的碱性蛋白酶溶液 20 mL。用注射器抽取海藻酸钠和碱性蛋白酶混合物,将混合物缓慢滴入盛有 200 mL 3.0%氯化钙溶液的烧杯中,同时烧杯置于磁力搅拌器上匀速搅拌,滴完后静置硬化 30 min,倾去氯化钙溶液,用适量蒸馏水洗涤 2~3 次,除去漂浮的珠状颗粒后,即得固定化的碱性蛋白酶。

2. 酶活力测定

(1)标准曲线的绘制:按表 2-5-1 配制梯度浓度的酪氨酸溶液。

表 2-5-1 配制梯度浓度的酪氨酸溶液

试剂	管号					
	1	2	3	4	5	6
蒸馏水/mL	10	8	6	4	2	0
100 μg/mL 酪氨酸溶液/mL	0	2	4	6	8	10
酪氨酸最终浓度/(μg/mL)	0	20	40	60	80	100

取 6 支试管编号,按表 2-5-1 分别吸取不同浓度酪氨酸溶液 1 mL,分别加入 5 mL 0.4 mol/L 碳酸钠、已稀释的福林试剂 1 mL。摇匀后置于 40 ℃水浴保温 20 min,再用 721 型分光光度计进行测定(波长 660 nm)。以 1 号管作为对照,以吸光度为纵坐标,酪氨酸含量

(μg/mL)为横坐标,绘制标准曲线,每管做3个重复。

(2)固定化酶活力测定:将上述固定化的碱性蛋白酶或相当量的游离蛋白酶(20 mL)置于盛有 20 mL pH 7.2 磷酸盐缓冲液的三角瓶中,加入 20 mL 2% 酪蛋白溶液,于 40 ℃水浴保温 15 min 后,取样于试管中,加 3 mL 0.4 mol/L 三氯醋酸溶液。对于对照管,按顺序加入 1 mL pH 7.2 磷酸盐缓冲液、1 mL 固定化的碱性蛋白酶液、3 mL 0.4 mol/L 三氯醋酸溶液、1 mL 2% 酪蛋白溶液,于 40 ℃水浴保温15 min。摇匀后,各管分别过滤,吸取滤液 1 mL,加入 5 mL 0.4 mol/L 碳酸钠溶液、已稀释的福林试剂 1 mL,充分摇匀,于 40 ℃水浴保温 15 min,然后每管各加入 3 mL 蒸馏水,摇匀,每管做 2 个重复。用 721 型分光光度计在波长 660 nm 处,以对照管为对照,测定吸光度。

六、数据记录与处理

1. 实验结果计算

在 40 ℃的条件下,将每分钟水解酪蛋白能产生 1 μg 酪氨酸定义为一个酶活力,样品蛋白酶活力按式(2-5-1)计算。

$$样品蛋白酶活力 = A/T \times N \quad (2-5-1)$$

式中:A——由样品的 OD(吸光度)值,查标准曲线上对应的酪氨酸含量;
N——酶液稀释的倍数;
T——酶促反应的时间(15 min)。

2. 数据记录

标准曲线的数据记录见表 2-5-2。

表 2-5-2 标准曲线的数据记录表

试剂	管号					
	1	2	3	4	5	6
梯度浓度酪氨酸/mL	1	1	1	1	1	1
0.4 mol/L Na_2CO_3/mL	5	5	5	5	5	5
已稀释的福林试剂/mL	1	1	1	1	1	1
OD_{660} 1						
2						
3						
平均						
净 OD 值						

固定化酶活力的测定数据记录见表 2-5-3。

表 2-5-3 固定化酶活力的测定数据记录表

试剂	管号					
	1	(1)	2	(2)	3	(3)
滤液/mL	1	1	1	1	1	1
0.4 mol/L Na_2CO_3/mL	5	5	5	5	5	5

续表

试剂	管号					
	1	(1)	2	(2)	3	(3)
已稀释的福林试剂/mL	1	1	1	1	1	1
OD 值						
平均 OD 值						
净 OD 值						

七、注意事项

(1)酶液与加热溶解的海藻酸钠混合时,海藻酸钠溶液一定要冷却至 38 ℃ 左右时再加入酶液,以免高温导致碱性蛋白酶失活。

(2)在制备固定化酶过程中,将海藻酸钠-酶混合物向 $CaCl_2$ 溶液滴加的速率不要过快,混合物要呈颗粒状进入 $CaCl_2$ 溶液,以免形成念珠状颗粒。

八、思考题

(1)4 种固定化酶的方法各自的优缺点是什么?
(2)酶活力测定过程中应注意哪些事项?
(3)影响酶活力测定的主要因素包括哪些?

实验6　蛋白酶的发酵及酶活力的测定

蛋白酶作为一种生物催化剂,具有催化反应速度快、无工业污染、催化反应条件适应性宽等性质和优点,是一类重要的工业酶,被广泛应用于食品、医药等行业。蛋白酶来源广泛,从动植物及微生物中都可获得。与从动植物中提取相比,从微生物中提取蛋白酶具有易培养、繁殖快、成本低、易操控、易获得、可以大规模制备、无须高昂的人力物力等特点。因此,微生物蛋白酶备受人们青睐。

一、实验目的

(1)了解蛋白酶的性质及蛋白酶活力的测定原理。
(2)掌握蛋白酶的发酵原理及酶活力的测定方法。

二、实验原理

蛋白酶(protease)是催化蛋白质肽键水解的一类酶的总称。微生物蛋白酶是从细菌、酵母菌、霉菌或放线菌等微生物中获得的酶,根据其适应环境的差异性,可分为适应极端条件的蛋白酶、碱性蛋白酶、中性蛋白酶、嗜盐蛋白酶及酸性蛋白酶等。除此之外,还包括一些具有其他功能特性的蛋白酶。另外,蛋白酶由于水解蛋白质的作用位点不同,又可分为内肽酶和外肽酶。内肽酶将蛋白质分子内部肽键水解,形成相对分子质量较小的肽。外肽酶从蛋白质分子的游离氨基末端或羧基末端逐个将肽键水解而游离出氨基酸,前者为氨肽酶,后者为羧肽酶。随着基因工程、发酵技术的发展和新型发酵设备的开发,微生物逐渐成为工业酶制剂的核心来源。

福林-酚试剂法(Lowry法)常用于蛋白酶活力的测定。福林-酚试剂是磷钼酸盐与磷钨酸盐的杂多酸溶液,在碱性条件下易被酚类化合物还原,生成钼蓝与钨蓝,在波长680 nm处有最大吸收。而在一定温度和pH条件下,蛋白酶水解酪蛋白生成含酚基的氨基酸(如酪氨酸、色氨酸等),碱性条件下加入福林-酚试剂即可显色,蓝色的深浅与含酚基的氨基酸的含量成正比,通过测定其在680 nm波长处的吸光度,可得到蛋白酶水解产生的含酚基的氨基酸的量,从而计算出其酶活力。

三、实验仪器

分光光度计、恒温振荡培养箱、恒温水浴锅、高压蒸汽灭菌锅、离心机、分析天平、量筒、容量瓶、漏斗、试剂瓶、锥形瓶、移液枪、枪头、吸管、离心管等。

四、材料与试剂

1. 菌种

产蛋白酶的芽孢杆菌。

2. 培养基

(1)牛肉膏蛋白胨培养基:将0.3 g牛肉膏、1.0 g蛋白胨和0.5 g NaCl溶于蒸馏水或去离子水中,稀释至1 L,pH 7.0~7.2,121 ℃高压蒸汽灭菌20 min。

(2)酪素培养基:取 10 g 酪素,用少量 0.5 mol/L NaOH 溶液润湿,玻璃棒搅动,再加适量蒸馏水,在沸水浴中加热搅拌至完全溶解(10~15 min),向上述溶液中加入 3 g 牛肉膏或 5 g 酵母浸粉和 4~5 g NaCl,待完全溶解后稀释至 1 L,pH 7.2~7.4,分装,121 ℃高压蒸汽灭菌 20 min。

3. 福林-酚试剂

向 2000 mL 的磨口回流瓶中加入 100 g 钨酸钠($Na_2WO_4 \cdot 2H_2O$)、25 g 钼酸钠($Na_2MoO_4 \cdot 2H_2O$)及 700 mL 蒸馏水,再加入 50 mL 85%的磷酸及 100 mL 浓盐酸,充分混合后,接上回流冷凝管,以文火回流 10 h,结束后再加入 150 g 硫酸锂($LiSO_4$)、50 mL 水及数滴溴水,再继续沸腾 15 min,以驱除过量的溴,冷却后滤液呈黄绿色(如仍呈绿色,需再重复滴加溴水的步骤),加水定容至 1000 mL,过滤,滤液置于棕色试剂瓶中,置于冰箱中可长期保存备用。此溶液使用时可按 1∶3 比例用水稀释。

4. 0.4 mol/L 三氯乙酸(TCA)溶液

将 65.4 g TCA 完全溶于蒸馏水后,定容至 1 L,备用。

5. 0.4 mol/L Na_2CO_3 溶液

将 42.4 g Na_2CO_3 完全溶于蒸馏水后,定容至 1 L,备用。

6. 0.5 mol/L NaOH 溶液

将 20.0 g NaOH 完全溶于蒸馏水后,定容至 1 L,备用。

7. 1 mol/L HCl 溶液和 0.1 mol/L Hcl 溶液

用水将浓盐酸(12 mol/L)分别稀释至 1 mol/L 和 0.1 mol/L,备用。

8. pH 7.5 磷酸盐缓冲液(适用于中性蛋白酶)

将 6.02 g 磷酸氢二钠($Na_2HPO_4 \cdot 12H_2O$)和 0.5 g 磷酸二氢钠($NaH_2PO_4 \cdot 2H_2O$)完全溶于蒸馏水后,定容至 1 L,备用。

9. 10 g/L 酪素溶液

将 1.000 g 酪素用少量 0.5 mol/L NaOH 溶液湿润后,加入约 80 mL pH 7.5 磷酸盐缓冲液,在沸水浴中加热边搅拌,直至完全溶解,冷却后,转入 100 mL 容量瓶中,用 pH 7.5 磷酸盐缓冲液稀释至刻度线。4 ℃储存备用,有效期为 3 天。

10. 100 μg/mL 酪氨酸溶液

精确称取 0.100 g 酪氨酸,逐步加入 6 mL 1 mol/L HCl 溶液溶解后,用 0.1 mol/L HCl 溶液定容至 100 mL,得到 1 mg/mL 酪氨酸溶液。再取此溶液 10 mL,用 0.1 mol/L HCl 溶液定容至 100 mL,4 ℃储存备用。

五、实验步骤

1. 培养基的制备

按"四、材料与试剂"所述制备培养基。

2. 菌种的活化

在无菌环境下,接种产蛋白酶的芽孢杆菌 2 环于含 150 mL 牛肉膏蛋白胨培养基的锥形瓶中,置于恒温振荡培养箱,30~32 ℃振荡培养 16~18 h,获得处于对数生长期的菌种。

3. 微生物蛋白酶的发酵

(1)用移液枪吸取 5 mL 上述活化好的菌种加入含 150 mL 酪素培养基的锥形瓶(A 瓶)

中,剩下的活化后的菌种置于 4 ℃储存。将 A 瓶置于恒温振荡培养箱,30～32 ℃振荡发酵。

(2)将 A 瓶振荡发酵 12 h 后,取 5 mL 置于 4 ℃储存的活化后的菌种接种到另一个含 150 mL 酪素培养基的锥形瓶(B 瓶)中,并置于恒温振荡培养箱,30～32 ℃振荡发酵。

(3)将 A 瓶振荡发酵 24 h 后,再取 5 mL 置于 4 ℃储存的活化后的菌种接种到另一个含 150 mL 酪素培养基的锥形瓶(C 瓶)中,同时立即分别从 A、B、C 瓶中取 5 mL 发酵液于对应离心管中。随后,将 A、B、C 瓶均置于恒温振荡培养箱,30～32 ℃振荡发酵 12 h,每 2 h 取发酵液一次,4 ℃封存。

(4)从 A 瓶取样,分别编号 12、13、14、15、16、17、18,对应培养的时间为 24 h、26 h、28 h、30 h、32 h、34 h、36 h;从 B 瓶取样,分别编号 6、7、8、9、10、11,对应的培养时间为 12 h、14 h、16 h、18 h、20 h、22 h;从 C 瓶取样,分别编号 0、1、2、3、4、5,对应的培养时间为 0 h、2 h、4 h、6 h、8 h、10 h。

4.蛋白酶液的提取

将上述编号 0～18 的离心管从 4 ℃冰箱中取出,以 3500 r/min 离心 10 min,收集上清液,并做好标记。此上清液即为待测蛋白酶液。

5.酶活力的测定

(1)标准曲线的绘制:按表 2-6-1 进行操作。

表 2-6-1 酪氨酸标准曲线的绘制

试剂	管号					
	0	1	2	3	4	5
100 μg/mL 酪氨酸溶液/mL	0.00	0.10	0.20	0.30	0.40	0.50
蒸馏水/mL	1.00	0.90	0.80	0.70	0.60	0.50
0.4 mol/L Na_2CO_3 溶液/mL	5.00	5.00	5.00	5.00	5.00	5.00
福林-酚试剂/mL	1.00	1.00	1.00	1.00	1.00	1.00
充分混匀,(40±0.2)℃水浴 20 min,以 10 mm 比色皿在 680 nm 波长处测定吸光度						

以酪氨酸浓度(μg/mL)为横坐标,吸光度为纵坐标,绘制标准曲线,计算出 $OD_{680}=1$ 时酪氨酸的浓度,即为吸光常数 K 的值。

(2)样品的测定:向洁净试管内加入 1 mL 待测蛋白酶液,置于(40±0.2)℃水浴 2 min,再加入经同样水浴加热的 10 g/L 酪素溶液 1 mL,摇匀,(40±0.2)℃水浴 10 min,再向试管内加入 0.4 mol/L TCA 溶液 2 mL,混匀,(40±0.2)℃水浴 20 min,取出静置 10 min,过滤,取滤液 1 mL 于新的洁净试管内,依次加入 0.4 mol/L Na_2CO_3 溶液 5 mL 和福林-酚试剂 1 mL,摇匀,(40±0.2)℃水浴 20 min,以 10 mm 比色皿于 680 nm 波长处测定其吸光度。同时,需做对照,其操作方法同上所述,唯添加酪素溶液和 TCA 溶液顺序互换。各样品需做 3 个重复。

六、数据记录与处理

1.数据记录

准确记录各样品的 OD_{680} 值。

2.数据处理

将在 40 ℃下每分钟水解酪蛋白产生 1 μg 酪氨酸,定义为 1 个酶活力。样品的酶活力按式(2-6-1)计算。

$$X = \frac{K \times A \times 4}{10} \times N \tag{2-6-1}$$

式中：X——样品的酶活力(U/mL)；
K——吸光常数；
A——样品的平均吸光度；
4——从 4 mL 反应液取出 1 mL 测定(即 4 倍)；
10——反应时间 10 min；
N——酶液稀释的倍数。

七、实验报告

实验报告中除包含酪氨酸标准曲线记录表(表 2-6-2)、蛋白酶活力测定实验记录表(表 2-6-3)外，还应有酪氨酸标准曲线图、对实验结果的分析与讨论以及思考题的解答。

表 2-6-2 酪氨酸标准曲线记录表

项目	酪氨酸溶液体积/mL					
	0.00	0.10	0.20	0.30	0.40	0.50
酪氨酸溶液浓度/(μg/L)						
吸光度(OD_{680})						
标准曲线方程						
相关系数 r						

表 2-6-3 蛋白酶活力测定实验记录表

项目		发酵时间/h						
		0	2	4	6	8	…	34	36
OD_{680}	1								
	2								
	3								
平均酶活力 /(U/mL)									

八、注意事项

(1) 酶促反应过程中，只有最初一段时间内酶促反应速率与酶浓度成正比，随着反应时间的延长，酶促反应速率逐渐减小。

(2) 要规定一定的反应条件，如时间、温度、pH 等，并在酶活力测定过程中保持这些反应条件的恒定，如温度不得超过规定温度的 ±1 ℃，pH 应恒定。

(3) 配制的底物浓度应准确且足够大，底物中应加入不抑制该酶活力的防腐剂并保存于 4 ℃ 冰箱中，以防止底物被分解。

(4) 样品要新鲜，因为绝大多数酶可因久置而活力降低，如无法及时测定，应保存于 4 ℃ 冰箱中。用血浆时，应考虑到抗凝剂对酶促反应速率的影响，有些酶在血细胞、血小板中的浓度比血清中高,因此在采血、分离血清时,应注意防止溶血和白细胞破裂等现象的发生。

(5)在测定过程中,所用仪器应绝对洁净,不应含有酶的抑制物,如酸、碱、蛋白质沉淀剂等。

九、思考题

(1)酶活力测定实验的总体设计思路是什么？你认为实验设计的关键是什么？为什么？

(2)本实验最易对结果产生较大影响的操作有哪些？为什么？怎样的操作方法可以尽量减小误差？

实验 7 Ames 法检测环境中致癌物

化学物质被认为是诱发癌症的主要因素。目前,世界上的化学物质有数万种,并且还在迅速增加。若采用传统的动物实验法对数量如此庞大的化学物质逐一进行致癌性检测,显然是难以做到的。因此,一些快速准确的微生物检测法应运而生,Ames 法就是其中被广泛应用的一种。

一、实验目的

(1)了解 Ames 法检测环境中致癌物的基本原理。
(2)学习 Ames 法检测环境中致癌物的方法。

二、实验原理

鼠伤寒沙门菌(*Salmonella typhimurium*)回复突变实验是应用最广泛的一种检测基因突变的方法,它是由 Ames B. N. 等于 1975 年建立的,又称 Ames 实验。其基本原理:鼠伤寒沙门菌组氨酸营养缺陷型突变菌株在缺乏组氨酸的培养基上,只有发生突变的少数菌落才能生长。当与某种受试化合物接触后,如该化合物具有致突变性,则可使突变率增加,表现为在缺乏组氨酸的培养基上生长的菌落数大大增加。Ames 法的一个显著优点是实验时间短、快速、成本低,能够对混合污染物进行系统实验;另一个优点是不需要对混合污染物进行分离,可以检测多种污染物混合后的致突变性。

实验中常用的测试菌株有 TA97、TA98、TA100、TA102、TA1537、TA1538 等,为了提高菌株对致突变物的敏感性,TA 系列菌株都带有多种附加突变,例如,rfa 突变(脂多糖屏障丢失)可导致细菌细胞壁合成缺陷,使细胞对某些化合物的通透性增加;uvrB 突变(紫外线切除修复系统缺失)可引起 DNA 损伤修复功能下降,使细胞受紫外线照射后死亡率大大增加。另外,带有抗药性质粒(如抗氨苄青霉素的质粒 pKM101、抗四环素的 pAQ1 质粒)的菌株对致突变物的敏感性也增强。

有些致突变物或致癌物需经哺乳动物细胞代谢活化后才能表现其致突变作用,这类物质称为间接致突变物。Ames 法可以通过在体外将待测物经鼠肝微粒体酶(S9)活化后再检测该物质是否诱发鼠伤寒沙门菌突变,从而增加 Ames 法的检测范围。

Ames 法菌落计数的常用方法有平板掺入法、点试法和预培养法等。

三、实验仪器

恒温水浴锅、培养箱、恒温振荡器、高压蒸汽灭菌锅、超净工作台、高速离心机、制冰机、pH 计、培养皿、试剂瓶、量筒、试管、烧杯、匀浆管、血清瓶、注射器、镊子、剪刀等。

四、材料与试剂

1. 菌种

一般诱变实验选用 TA97、TA98、TA100、TA102 4 种菌株。TA97 菌株和 TA98 菌株可检测移码型诱变剂;TA100 菌株可检测碱基置换型诱变剂;TA102 菌株既可检测移码型诱变剂,又可检测碱基置换型诱变剂。为了谨慎,在做出阴性结论之前可加试 TA1537 菌株和

TA1538菌株。4种标准测试菌株必须进行基因型鉴定、自发突变数鉴定及对鉴别性致突变物的反应鉴定，鉴定合格后才能用于致突变实验。

2. 待测样品

可选致癌性化工厂排放液作为待测样品。将待测样品溶于无菌水，配成系列浓度（几十到几百 μg/L），最高浓度不得超过该物质的抑制浓度。若待测样品不溶于水，则需用其他溶剂，如二甲基亚砜、95%乙醇、丙酮、甲酰胺、四氢呋喃等溶解。二甲基亚砜每次用量以不超过 0.5 mL 为宜。

3. 营养肉汤培养基

牛肉膏 2.5 g、胰蛋白胨 5.0 g、NaCl 2.5 g，用蒸馏水溶解并定容至 500 mL，调 pH 至 7.4，分装后于 121 ℃、0.103 MPa 灭菌 20 min，密封保存于 4 ℃冰箱备用。

4. 营养肉汤琼脂培养基

将 1.5 g 琼脂粉和 100 mL 营养肉汤培养基混合，加热溶解后调 pH 至 7.4，于 121 ℃、0.103 MPa 灭菌 20 min，密封保存于 4 ℃冰箱备用。

5. 底层培养基（基本培养基）

(1) Vogel-Bonner 培养基 E：柠檬酸（$C_6H_8O_7 \cdot H_2O$）2.0 g、磷酸氢二钾（K_2HPO_4）10 g、磷酸氢铵钠（$NaNH_4HPO_4 \cdot 4H_2O$）3.5 g、硫酸镁（$MgSO_4 \cdot 7H_2O$）0.2 g，蒸馏水定容至 200 mL，于 121 ℃、0.103 MPa 灭菌 20 min。

(2) 葡萄糖溶液：20 g 葡萄糖用蒸馏水溶解并定容至 100 mL，于 121 ℃、0.103 MPa 灭菌 20 min。

(3) 15 g 琼脂粉溶于蒸馏水并定容至 100 mL，于 121 ℃、0.103 MPa 灭菌 20 min。

将上述(1)(2)(3)所得溶液趁热混匀，待冷却至 80 ℃左右时倒入无菌培养皿（内径 90 mm）中，每个培养皿 20~25 mL，37 ℃培养过夜以除去水分，并检查有无污染。

6. 组氨酸-生物素混合液

31 mg/L 组氨酸（相对分子质量 155.16）或 39 mg/L 盐酸组氨酸（相对分子质量 191.17）、49 mg/L 生物素（相对分子质量 244），用蒸馏水溶解并定容至 40 mL，于 121 ℃、0.103 MPa 灭菌 20 min，密封保存于 4 ℃冰箱备用。

7. 顶层培养基

将 0.5 g NaCl 和 0.6 g 琼脂溶于 80 mL 蒸馏水中，然后加入 10 mL 组氨酸-生物素混合液，混匀后用蒸馏水定容至 100 mL（组氨酸和生物素终浓度为 0.5 mmol/L）。分装，于 121 ℃、0.103 MPa 灭菌 20 min。

8. 各测试菌株鉴定用试剂（无菌配制）

(1) 0.1 mol/L 组氨酸-0.5 mmol/L 生物素溶液：191.17 mg 盐酸组氨酸或 155.16 mg 组氨酸、1.22 mg 生物素，用蒸馏水溶解定容至 10 mL，于 121 ℃、0.103 MPa 灭菌 20 min，密封保存于 4 ℃冰箱备用。

(2) 0.8% 氨苄青霉素溶液：40 mg 氨苄青霉素用 0.02 mol/L 氢氧化钠溶液溶解定容至 5 mL，密封保存于 4 ℃冰箱备用。

(3) 0.8% 四环素溶液：40 mg 四环素用 0.02 mol/L 盐酸溶解定容至 5 mL，密封保存于 4 ℃冰箱备用。

(4) 0.1% 结晶紫溶液：10 mg 结晶紫用蒸馏水溶解定容至 10 mL。

9. S9 混合液

(1) 大鼠肝 S9 的诱导和制备:选成年健康雄性 Wistar 大鼠(每只体重 250 g 左右),按体重腹腔注射诱导物五氯联苯油溶液 2.5 mL/kg(五氯联苯用玉米油配制,质量浓度为 200 mg/mL)以提供酶活力。注射后第 5 天断头处死大鼠(处死前大鼠禁食 24 h),取 3 只大鼠的肝脏合并后称重,用预冷的 0.15 mol/L KCl 溶液洗涤数次,剪碎,按每克肝(湿重)加 3 mL 预冷的 0.15 mol/L KCl 溶液进行离心,4 ℃、9000g 离心 10 min,收集上清液(即 S9 组分)分装于小试管,保存于液氮或 −80 ℃ 冰箱中。S9 应经无菌检查、蛋白质含量测定(考马斯亮蓝法或 Lowry 法)以及间接致突变物鉴定,证明其生物活性合格后方可使用。

(2) 10% 的 S9 混合液:每 10 mL 含有以下成分(表 2-7-1),混合后冰浴备用。需现用现配。

表 2-7-1 每 10 mL 10% 的 S9 混合液成分

试剂	用量
无菌蒸馏水	3.8 mL
灭菌的磷酸盐缓冲液(0.2 mol/L,pH 7.4)	5.0 mL
灭菌的 KCl(1.65 mol/L)-$MgCl_2$(0.4 mol/L)溶液	0.2 mL
过滤除菌的葡萄糖-6-磷酸溶液(0.05 mol/L)	40 μmol
过滤除菌的辅酶Ⅱ(NADP)溶液(0.05 mol/L)	50 μmol
大鼠肝 S9	1.0 mL

10. 黄曲霉毒素 B1 溶液

将黄曲霉毒素 B1 标准品溶解于 70% 甲醇溶液中,经稀释配制成 5 μg/L 和 50 μg/L 两种浓度。

五、实验步骤

1. 实验用菌液制备

无菌条件下,刮取测试菌株少许,接入含 5 mL 营养肉汤培养基的试管内,于 37 ℃ 培养 12~16 h,活菌数在 $1 \times 10^9 \sim 3 \times 10^9$ 个/mL 范围内可供诱变实验用。

2. 菌株鉴定和保存

(1) 组氨酸营养缺陷(his^-)鉴定:取两组底层培养基,其中一组于培养基表面涂加 0.1 mL 0.1 mol/L 组氨酸-0.5 mmol/L 生物素溶液,另一组只加入 0.1 mL 0.5 mmol/L 生物素溶液。将测试菌株在此两组培养基上划线接种,经 37 ℃ 培养 24~48 h,观察菌株生长情况。his^- 菌株应在有组氨酸的培养基上生长,在无组氨酸的培养基上不能生长;而野生型菌株在两种培养基上都能很好生长。

(2) 深粗糙型(rfa)突变鉴定(结晶紫抑菌实验):将 20 μL 0.1% 结晶紫溶液在营养肉汤琼脂培养基平板表面涂成一条带,待溶液干后,再与结晶紫带垂直的方向上划线接种测试菌株,经 37 ℃ 培养 24~48 h,观察细菌生长情况。如在结晶紫溶液渗透区出现抑菌带,则表明有 rfa 突变型菌株存在。

(3) uvrB 缺失鉴定(紫外线敏感实验):取测试菌株在营养肉汤琼脂培养基平板上做平行

划线。用黑纸覆盖培养皿的一半,未被覆盖的一半在距离 33 cm 处用一个 15 W 的紫外灯照射 8 s。在暗室内红灯下操作,照射好后用黑纸包好培养皿,37 ℃培养 12~24 h,观察细菌生长情况。对紫外线敏感的 3 个菌株(TA97、TA98、TA100)仅在没有照射过的一半生长,而菌株 TA102 和野生型在没有照射过的一半和照射过的一半均能生长。

(4) R 因子(pKM101 质粒)鉴定(抗氨苄青霉素实验):在营养肉汤琼脂培养基中心加入 10 μL 0.8%氨苄青霉素溶液,用接种环轻轻涂一条带,置于 37 ℃待干。用笔做好记号,分别挑取一环测试菌株,按与氨苄青霉素带垂直的方向划线,每皿间隔划两种菌株,每种菌株划两个培养皿,在 37 ℃培养 12~24 h,观察细菌生长情况。无 R 因子的菌株(如野生型)在两线交叉处出现抑菌,有 R 因子菌株(如 TA97、TA98、TA100、TA102)则无抑菌现象。

(5) pAQ1 质粒鉴定(抗四环素实验):方法类似 R 因子鉴定,以 0.8%四环素溶液代替 0.8%氨苄青霉素溶液。TA102 菌株生长应不受四环素抑制,表明其带有 pAQ1 质粒。

(6) 自发回复突变鉴定:加 0.1 mL 测试菌液于含有 2 mL 顶层培养基的试管中,混匀后倒在底层培养基上。37 ℃培养 48 h,计数每个培养皿自发回复突变的菌落数(表 2-7-2)。

表 2-7-2 四种标准菌株自发突变的菌落数(不加 S9)

测试菌株	TA97	TA98	TA98	TA100	TA102
自发突变菌落数/个	90~180	30~50	120~200	240~300

(7) 对鉴别性致突变物的反应:测试菌株对不同致突变物的反应不同,有条件的话应该在有代谢活化和没有代谢活化的情况下分别鉴定各测试菌株对致突变物的反应。

(8) 菌株保存:鉴定合格的菌种加入二甲基亚砜作为冷冻保护剂,保存在 −80 ℃冰箱中。

3. 诱变作用的初检(点试法)

在底层培养基平板上做记号。取已融化并在 45 ℃水浴中保温的顶层培养基 1 管(2 mL),加入测试菌液 0.2 mL(需活化 10%的 S9 混合液 0.5 mL,如黄曲霉毒素等诱变剂需经肝匀浆酶系统活化后才能被测出),迅速混匀,倒在底层培养基上,转动培养皿,使顶层培养基均匀分布在底层培养基上,平放待其固化。取无菌滤纸圆片(直径 6 mm)小心放在已固化的顶层培养基的适当位置上,用移液器取适量受试物(如 10 μL)点在纸片上,37 ℃培养 48 h,观察细菌生长情况。

4. 突变频率的测定(平板掺入法)

该方法为定量方法,是检验化学物诱变性的标准 Ames 法。

每个培养皿中加 20~25 mL 底层培养基,待其凝固。取融化并在 45 ℃水浴中保温的顶层培养基 1 管(2~3 mL),依次加入 0.1 mL 菌液、0.1 mL 受试物,若需要则加入 0.5 mL 10%的 S9 混合液,混匀,迅速倒在底层培养基上,使之均匀。另外,分别吸取 0.2 mL 菌液加入顶层培养基管中,混匀后立即倒在底层培养基上作为对照。待凝固后,翻转培养皿,37 ℃培养 48~72 h,观察细菌生长情况。计算自发突变率和诱发突变率。

为了计算突变率,必须同时测定各菌液的活菌数,因此需将测试菌株稀释后取 0.1 mL 在营养肉汤琼脂培养基中培养,每种菌株接种 4 个培养基,37 ℃培养相同时间后计数。

5. 对照设计

(1) 自发突变对照:实验操作与突变频率的测定相同(设置 2 个重复),在顶层培养基中只加 0.1 mL 菌液和 0.5 mL 10%的 S9 混合液,不加样品液。经 37 ℃培养 48 h 后,在底层培养基上长出的即为该菌自发突变后生成的菌落。记录各培养皿上的菌落数,并计算2个重复的平均数,用于评估菌落自发突变率。

(2) 阴性对照:为了排除样品所呈现的 Ames 法阳性与配制样品液所用的溶剂有关,需以配制样品的溶剂做平行实验(设2个重复)。

(3) 阳性对照:为了确认 Ames 法的敏感性和可靠性,需在检测样品的同时,检测一种已知具有致突变性的化学物质作为平行实验(设2个重复)。

六、数据记录与处理

1. 数据记录

真实准确地记录各平板的菌落数,并翔实地记录实验过程中观察到的现象。

2. 数据处理

(1) 点试法:点样纸片周围长出一圈密集的 his^+ 突变菌落,则为阳性,说明待测物具有致突变性;如点样纸片周围只出现少数散在菌落,则为阴性。

(2) 掺入法:计数各平板的突变菌落数,按式(2-7-1)计算突变率:

$$突变率 = \frac{诱发突变 his^+ 菌落数}{自发突变 his^+ 菌落数} \tag{2-7-1}$$

确认待测物具有致突变性,必须具有以下几点。

① 诱发突变 his^+ 菌落数为自发突变 his^+ 菌落数的2倍或2倍以上。

② 突变菌落数随剂量增加而增加,并在一定剂量范围内剂量-诱变效应曲线呈直线。

③ 致突变有可重复性。

④ 经统计学处理有显著性差异。

七、实验报告

实验报告中除包含 Ames 法实验结果记录(突变菌落数)(表 2-7-3)外,还应包含以下内容。

(1) 待测物诱变效应曲线图。

(2) 对实验现象及实验结果的阐述及分析。

(3) 思考题的解答。

表 2-7-3 Ames 法实验结果记录(突变菌落数)

组别	剂量/(μg/皿)	TA97菌株		TA98菌株		TA100菌株		TA102菌株	
		加S9	不加S9	加S9	不加S9	加S9	不加S9	加S9	不加S9
待测物									
阴性对照									
阳性对照									
自发突变									

八、注意事项

(1) 所有操作均应在无菌条件下进行。

(2) 应建立专门的实验室,并配备良好的通风设施,在操作中必须注意个人防护,尽量减少接触污染的机会,尤其是实验中的阳性物质,如黄曲霉毒素等,操作时要小心谨慎,用过的器皿放入 0.5 mol/L 硫代硫酸钠溶液中解毒后再进行清洗。

(3) 加 S9 时,上层培养基温度不应超过 45 ℃,且加入 S9 后 20 s 内应立即摇匀,并迅速倒在底层培养基上,以免 S9 的活性降低。

(4) 鼠伤寒沙门菌是条件致病菌,所以与之接触的器皿应进行煮沸灭菌,用过的培养基应煮沸后再倒弃。

九、思考题

(1) Ames 法所用菌株为何要附加几种突变特性及抗氨苄青霉素的 R 因子?对这些菌株的性状如何进行鉴定?

(2) Ames 法具有哪些优点?

(3) 若用 Ames 法检测某水源和自来水的致癌毒性,你认为还需补充哪些实验步骤?

实验 8　HgCl₂ 对藻类的生长抑制实验

藻类是最简单的光合营养有机体,种类多、分布广、单细胞、体积小、生长周期短,是水生生态系统的初级生产者,对外界环境条件的变化反应较灵敏,可在短期内获得化学物质。藻类的死亡会影响次级生产者,如浮游动物和鱼类等的生存,进而对整个水生生态系统产生破坏。污染物对藻类生长的抑制作用,能反映污染物对水体中初级生产者的作用情况。在环境监测工作中,常将特定的敏感藻类接种于含有某种化学受试物的培养基中培养,然后通过测定藻类细胞的生长情况,确定该化学受试物的毒性。

一、实验目的

(1) 掌握藻类对 $HgCl_2$ 的毒性反应。
(2) 学习藻类的培养。
(3) 掌握化学物质对藻类生长抑制的评价方法。

二、实验原理

汞具有持久性、易迁移性和高度生物富集性等特点,对生物具有很强毒性。在我国渔业生态环境监测中,汞是常规的监测项目,目前水环境中汞含量超过渔业水质标准的问题仍然普遍存在。汞能抑制藻类光合作用,影响叶绿素合成,使藻类细胞发生畸变并改变水环境中藻类的种类及分布特征。所以,实验室内重金属如 $HgCl_2$ 常用藻类来鉴定毒性。

将不同浓度的受试化合物(如 $HgCl_2$ 溶液)加到处于对数生长期的藻类中,在规定的实验条件下继续培养,每隔 24 h 测定藻类种群的浓度或生物量,以观察受试化合物对藻类生长的抑制作用。经方差分析或 t 检验,显著低于对照($P < 0.05$)的生长率表明藻类生长受到抑制。通过实验数据还可以进一步求出受试化合物对藻类生长抑制的 EC_{50},阐明受试化合物的剂量-效应关系与生长抑制特征。

三、实验仪器

电子天平、高压蒸汽灭菌锅、人工气候箱、pH 计、显微镜、超净工作台、离心机、三角瓶、试剂瓶、量筒、移液管、血细胞计数器、离心管、一次性注射器、无菌滤头等。

四、材料与试剂

1. 供试生物

推荐采用普通小球藻、斜生栅藻或羊角月芽藻等。

2. 受试化合物

本实验使用 $HgCl_2$ 溶液,根据需要可以使用其他化合物。对难溶于水的受试化合物,可用少量对藻类毒性小的有机溶剂、乳化剂或分散剂助溶,用量不得超过 0.1 mL(g)/L。

3. 培养基

斜生栅藻使用水生 4 号培养基,普通小球藻和羊角月芽藻使用 OECD 培养基,水生 4 号、OECD 培养基的配方分别参见本实验附录表 2-8-2、表 2-8-3。

4. HgCl$_2$溶液

0.1 g HgCl$_2$溶于 100 mL 蒸馏水中,需在超净工作台中过滤灭菌。

5. 0.18 mmol/L NaHCO$_3$溶液

15 mg NaHCO$_3$溶于 1 L 蒸馏水中,需在超净工作台中过滤灭菌,每瓶分装 60 mL 备用。

五、实验步骤

1. 培养基的配制

按本实验附录表 2-8-2、表 2-8-3 配制培养基。配制培养基时可将营养盐类按所需浓度直接加入无菌蒸馏水或去离子水中。应按顺序逐个加入,待一种盐完全溶解后再加另一种。亦可先配制营养盐类的浓缩储液,经灭菌后避光冷藏保存。当需要配制培养基时,将一定量的浓缩储液摇匀,依次加入蒸馏水或去离子水中即可。

2. 藻种母液的准备

在无菌环境下,将实验藻种移种至盛有培养基的三角瓶中,置于人工气候箱中培养。培养温度(24±2)℃,光照 4440~8880 lx,光暗比 12 h∶12 h。自接种之日起,每天轻轻振摇 3 次,以便交换空气。培养 96 h 后转种 1 次,反复 2~3 次,使藻种达到同步生长阶段。

将达到同步生长的藻种培养物分装于无菌离心管中,1000 g、4 ℃离心 10 min,弃去上清液,用 10 mL 0.18 mmol/L NaHCO$_3$溶液重悬藻细胞,反复操作 2 次后,将沉淀细胞重悬于 0.18 mmol/L NaHCO$_3$溶液中,即制成藻种母液。

注意:使用前用血细胞计数器在显微镜下计数,以确定藻种的细胞浓度。每次转种均需进行显微镜观察,检查藻细胞的生长情况和是否保持纯种。

3. 受试液的配制

实验分不含 HgCl$_2$溶液的空白对照组和含 HgCl$_2$溶液的实验组。实验组分为 6 组,即向装有 60 mL 培养液的三角瓶中加入一定量 HgCl$_2$溶液,使实验组瓶中 HgCl$_2$的质量浓度分别为 0.05 mg/L、0.10 mg/L、0.25 mg/L、0.50 mg/L、1.00 mg/L 和 1.50 mg/L。每组至少设置 3 个重复和 1 个空白对照。实验前应测定 HgCl$_2$的 pH,必要时用盐酸或氢氧化钠溶液将 pH 调至 7.5±0.2。实验结束时应测定 HgCl$_2$的实际浓度。

4. 接种

在无菌环境下,吸取已知浓度的藻种母液至装有培养液的三角瓶中,使各瓶初始藻细胞浓度为 1×10^6 个/mL。

5. 培养

将接种后的三角瓶置于人工气候箱中培养,培养方法与藻种母液的培养方法相同,实验周期为 96 h。

6. 生长测定

自接种之日起,每 24 h 采样一次,用血细胞计数器在显微镜下计数,每份样品计数 2 次,取 2 次计数的平均值来计算各瓶中藻细胞浓度。

六、数据记录与处理

1. 数据记录

在规定时间内到实验室观察、计数,并记录实验数据,将实验结果填入表 2-8-1。

表 2-8-1 　HgCl$_2$ 对藻类生长的影响

HgCl$_2$ 浓度 /(mg/L)	瓶号	24 h		48 h		72 h		96 h	
		Y	I_y	Y	I_y	Y	I_y	Y	I_y
0.05	CK								
	1								
	2								
	3								
	均值								
0.10	CK								
	1								
	2								
	3								
	均值								
0.25	CK								
	1								
	2								
	3								
	均值								
0.50	CK								
	1								
	2								
	3								
	均值								
1.00	CK								
	1								
	2								
	3								
	均值								
1.50	CK								
	1								
	2								
	3								
	均值								

2. 数据处理

实验组藻类生物量的抑制百分率按式(2-8-1)计算。

$$I_y = \frac{Y_c - Y_t}{Y_c} \times 100\% \qquad (2\text{-}8\text{-}1)$$

式中：I_y——实验组藻类生物量的抑制百分率，%；
Y_c——空白对照组计数的藻细胞浓度，个/mL；
Y_t——实验组计数的藻细胞浓度，个/mL。

在半对数坐标纸上，以 Y_t 为横坐标，以 I_y 为纵坐标，求出使藻类生物量下降50%的 $HgCl_2$ 浓度，即为 96 h-EC_{50}。

七、注意事项

(1) 实验用玻璃器皿一般不用重铬酸钾等洗液洗涤，以防其他重金属离子影响实验结果。
(2) 由于光照、通气等条件对藻类生长影响甚大，因此各组必须保持一致。
(3) 实验藻种的选择和预培养应注意：藻细胞大小均匀，颜色鲜绿，处于对数生长期。实验开始3天内，对照组藻细胞浓度至少应增加16倍。
(4) 在正式实验前需进行预实验。
(5) 要明确受试化合物的理化特性，有针对性地进行实验。

八、思考题

(1) 测定藻细胞生长量的方法有哪几种？比较各种方法的优缺点。
(2) 污染物抑制藻类生长的因素有哪些？
(3) 受试化合物对藻类的生长在不同时期起的作用有何不同？是否存在促进作用？

九、附录

水生4号、OECD培养基配方分别参见表2-8-2、表2-8-3。

表2-8-2 水生4号培养基配方

序号	组分	用量
1	$(NH_4)_2SO_4$	2.00 g
2	过磷酸钙饱和液	10.00 mL
3	$MgSO_4 \cdot 7H_2O$	0.80 g
4	$NaHCO_3$	1.00 g
5	KCl	0.25 g
6	1% $FeCl_3$ 溶液	1.50 mL
7	土壤提取液 a	5.00 mL

水生4号培养基组分1~6：用蒸馏水溶解并定容至1000 mL，经高压蒸汽灭菌(121 ℃、15 min)后密封并贴好标签，4 ℃保存，有效期2个月。该培养基组分用经高压蒸汽灭菌(121 ℃，15 min)的蒸馏水稀释10倍后即可使用。

水生4号培养基土壤提取液a：取未施过肥的花园土200 g置于烧杯或锥形瓶中，加入蒸馏水1000 mL，用透气塞封口，在沸水中水浴加热3 h，冷却，沉淀24 h。此过程连续进行3次，然后过滤，取上清液，高压蒸汽灭菌后于4 ℃保存备用。

表 2-8-3 OECD 培养基配方

营养盐		浓缩储液浓度	培养基中的最终浓度
储备液 1 常量营养盐	NH_4Cl	1.5 g/L	15 mg/L
	$MgCl_2 \cdot 6H_2O$	1.2 g/L	12 mg/L
	$CaCl_2 \cdot 2H_2O$	1.8 g/L	18 mg/L
	$MgSO_4 \cdot 7H_2O$	1.5 g/L	15 mg/L
	KH_2PO_4	0.16 g/L	1.6 mg/L
储备液 2 Fe-EDTA	$FeCl_3 \cdot 6H_2O$	80 mg/L	80 μg/L
	$Na_2EDTA \cdot 2H_2O$	100 mg/L	100 μg/L
储备液 3 微量元素	H_3BO_3	185 mg/L	185 μg/L
	$MnCl_2 \cdot 4H_2O$	415 mg/L	415 μg/L
	$ZnCl_2$	3 mg/L	3 μg/L
	$CoCl_2 \cdot 6H_2O$	1.5 mg/L	1.5 μg/L
	$Na_2MoO_4 \cdot 2H_2O$	7 mg/L	7 μg/L
	$CuCl_2 \cdot 2H_2O$	0.01 mg/L	0.01 μg/L
储备液 4 $NaHCO_3$	$NaHCO_3$	50 g/L	50 mg/L

将以上各成分配制成相应浓缩储液,经高压蒸汽灭菌(121 ℃、15 min)后密封并贴好标签,4 ℃保存,有效期 2 个月。该培养基组分用经高压蒸汽灭菌(121 ℃、15 min)的蒸馏水稀释后即可使用。

实验9　叶绿素a法测定富营养化湖泊中的藻量

水体富营养化是指在人类活动的影响下,氮、磷等营养元素大量进入湖泊、河口、海湾等缓流水体,引起藻类及其他浮游生物迅速繁殖,水体溶氧量下降,水质恶化,鱼类及其他生物大量死亡的现象。在自然条件下,湖泊也会从贫营养状态过渡到富营养状态,不过这种过程非常缓慢。而人为排放含营养元素的工业废水和生活污水则可以在短时间内引起水体富营养化。水体出现富营养化现象时,藻类大量繁殖,形成水华。因占优势的藻类颜色不同,水面往往呈现蓝色、红色、棕色、乳白色等,这种现象在海洋中则称为赤潮或红潮。

一、实验目的

(1)掌握叶绿素a的测定原理及方法。
(2)根据叶绿素a的测定结果,评价水体的富营养化程度。
(3)了解富营养化水体的评价方法。

二、实验原理

湖泊水体出现富营养化现象时,藻类大量繁殖。叶绿素a存在于所有藻类中,是光合作用中起主要作用的色素。测定水体中藻类叶绿素a的含量,可推测该水体绿色植物存在量,评价水体的富营养化程度。将一定量样品用滤膜过滤截留藻类,研磨使藻类细胞破碎,用丙酮溶液提取叶绿素a,离心分离后分别于750 nm、664 nm、647 nm和630 nm波长处测定提取液的吸光度,根据公式计算水体中叶绿素a的含量。

三、实验仪器

(1)采样瓶:1 L或500 mL具磨口塞的棕色玻璃瓶。
(2)过滤装置:配真空泵和玻璃砂芯的过滤装置。
(3)研磨装置:玻璃研钵或其他组织研磨器。
(4)离心机:相对离心力可达到1000g(转速3000~4000 r/min)。
(5)玻璃刻度离心管:15 mL,旋盖材质不与丙酮反应。
(6)可见光分光光度计:配10 mm石英比色皿。
(7)针式过滤器:0.45 μm聚四氟乙烯有机相针式过滤器。
(8)冰箱。
(9)真空泵等。

四、材料与试剂

1. 实验用水
新制备的去离子水或无菌蒸馏水。
2. 90% 丙酮溶液
在900 mL丙酮(CH_3COCH_3,分析纯)中加入100 mL实验用水。
3. 碳酸镁悬浊液
称取1.0 g碳酸镁($MgCO_3$,分析纯),加入100 mL实验用水,搅拌成悬浊液(使用前充分摇匀)。

4. 玻璃纤维滤膜

直径 47 mm,孔径为 0.45~0.7 μm。

五、实验步骤

1. 采样

一般使用有机玻璃采样器或其他适宜的采样器采集水面下 0.5 m 水样。对于湖泊、水库,根据需要可进行分层采样或混合采样,当水深不超过 2 m 时,可不分层采样;当水深 2~3 m 时,在水面下 0.5 m 与距水底 0.5 m 处分别采样;水深 3~10 m 时,可按表、中、下三层取样,超过 10 m 深可不采样。如果水深不足 0.5 m,在水深 1/2 处采样,但不得混入水面漂浮物。

浮游植物细胞密度低于 500 个/mL 时,应采 6 L 水或更多;在富营养化程度较高的湖泊水体,采水 1~2 L。如果样品中含沉降性固体(如泥沙等),应将样品摇匀后倒入 2 L 量筒,避光静置 30 min,取水面下 5 cm 样品,转移至采样瓶。在每升样品中加入 1 mL 碳酸镁悬浊液,以防止酸化引起色素溶解。样品采集后应在 0~4 ℃ 避光保存、运输,24 h 内运送至检测实验室过滤(若样品 24 h 内不能送达检测实验室,应现场过滤,滤膜避光冷冻运输,样品滤膜于 −20 ℃ 避光保存),14 天内分析完毕。

2. 水样过滤

在过滤装置上装好滤膜,取一定体积混匀后的样品进行过滤,最后用少量蒸馏水冲洗过滤器壁。过滤时负压不超过 50 kPa,在样品刚刚完全通过滤膜时结束抽滤,用镊子将滤膜取出,将有样品的一面对折,用滤纸吸干滤膜水分。当富营养化水体的样品无法通过玻璃纤维滤膜时,可采用离心法浓缩样品,但转移过程中应保证提取效率,避免叶绿素 a 的损失及水分对丙酮溶液浓度的影响。

水样过滤的体积可根据水体的富营养化状态确定,富营养或中营养的水体过滤体积为 100~200 mL,贫营养的水体过滤体积为 500~1000 mL。

3. 提取

将样品滤膜剪碎,置于研钵内,加入 3~4 mL 90% 丙酮溶液,充分研磨,重复 1~2 次,保证研磨 5 min 以上。用移液管将细胞提取液转移至刻度离心管中,用 90% 丙酮溶液冲洗研钵及研磨杵,一并转入离心管中,定容至 10 mL。

将离心管中细胞提取液充分振荡混匀后,用铝箔包好,置于 4 ℃ 避光保存,浸泡提取 2 h 以上,不超过 24 h。在浸泡过程中要颠倒摇匀 2~3 次。

4. 离心

将提取完毕的装有细胞提取液的离心管放入离心机,以相对离心力 $1000g$(转速 3000~4000 r/min)离心 10 min,然后用针式过滤器过滤上清液,获得叶绿素 a 的丙酮提取液。

5. 吸光度测定

将离心、过滤后的样品移至比色皿中,以 90% 丙酮溶液作为对照溶液,于波长 750 nm、664 nm、647 nm 和 630 nm 处测量吸光度。750 nm 波长处的吸光度应小于 0.005,否则需重新用针式过滤器过滤后测定。

6. 空白样品处理

用实验用水代替样品,步骤与样品处理相同。

六、数据记录与处理

1. 实验结果计算

(1) 试品中叶绿素 a 的质量浓度按照式(2-9-1)进行计算。

$$\rho_1 = 11.85 \times (A_{664} - A_{750}) - 1.54 \times (A_{647} - A_{750}) - 0.08 \times (A_{630} - A_{750}) \quad (2\text{-}9\text{-}1)$$

式中：ρ_1——试样中叶绿素 a 的质量浓度，mg/L；
A_{664}——试样在 664 nm 波长处的吸光度；
A_{647}——试样在 647 nm 波长处的吸光度；
A_{630}——试样在 630 nm 波长处的吸光度；
A_{750}——试样在 750 nm 波长处的吸光度。

(2) 样品中叶绿素 a 的质量浓度按照式(2-9-2)进行计算。

$$\rho = (\rho_1 \cdot V_1)/V \times 1000 \quad (2\text{-}9\text{-}2)$$

式中：ρ——样品中叶绿素 a 的质量浓度，μg/L；
ρ_1——试样中叶绿素 a 的质量浓度，mg/L；
V_1——试样的定容体积，mL；
V——取样体积，L；
1000——毫克与微克之间的换算进率。

2. 数据记录

将实验结果记录于表 2-9-1 中，根据实验结果，评价被测水体的富营养化程度。

表 2-9-1　叶绿素 a 法测定水体富营养化的实验结果表

水样	吸光度				水体叶绿素 a 浓度/(μg/L)	富营养化程度
	A_{750}	A_{664}	A_{647}	A_{630}		
空白样品						
A						
B						
C						
D						
……						

七、注意事项

叶绿素对光及酸性物质敏感，实验室光线应尽量微弱，所有器皿不能用酸浸泡或洗涤。

八、思考题

(1) 比较两种水样的叶绿素 a 浓度，分析污染程度不同的原因。

(2) 为保证水样叶绿素 a 浓度测定结果的准确性，应注意哪些方面？

实验 10　水葫芦对水体中重金属的富集作用

水葫芦,又名凤眼莲,生长旺盛,生物量大,根系吸收力强,对污水有很强的净化作用。近年来我国对水葫芦净化重金属污水的研究表明,水葫芦对重金属有很强的富集作用,除此之外,对一些有机污染物,如酚、农药等也有良好的净化效果,因此在利用它消除污水中污染物的同时,还可将其作为饲料、饵料、肥料等加以合理利用。

一、实验目的

(1) 了解水生植物水葫芦对重金属的富集作用。
(2) 熟悉并掌握研究重金属富集作用的实验方法。

二、实验原理

在可控范围内,水葫芦是一种理想的水质污染修复植物,对于水体中的 Cr、Cd、Pb、Hg、As 等有良好的富集作用,其中效果最好的是 Pb 和 Cd。水葫芦根系对重金属的富集能力比茎、叶高几倍至几十倍。

三、实验仪器

(1) 测汞仪:国产 590 型测汞仪。
(2) UV-3000 型紫外分光光度计。
(3) PE-703 型原子吸收仪。
(4) 试管、烧杯、瓷钵、电热板等。

四、材料与试剂

(1) 采集水域中不同区域的水葫芦及水样。
(2) 盐酸、硝酸、高氯酸,均为优级纯;硫酸、高锰酸钾等。
(3) Cr、Cd、Pb、Hg 及 As 标准储备液(1000 mg/L)。

五、实验步骤

1. 样品预处理

取回的水葫芦用自来水清洗干净,再用去离子水冲洗。清洗后分成根和茎叶两部分,在 115 ℃烘箱中烘 10 min,然后将烘箱温度调至 70 ℃,烘至恒重。用瓷钵研细过筛后装瓶,保存在干燥器中备用。水样中滴入 5 滴 1∶1 盐酸,置冰箱内冷藏待分析。

2. 水样处理及测定

(1) 用于测定 Cu、Cd、Pb 的水样:吸取 100.0 mL 水样,用硝酸酸化,再加适量高氯酸继续加热消化,用 1% 硝酸冲洗定容至 10 mL,以原子吸收分光光度法测定(仪器为 PE-703 型原子吸收仪)。

(2) 用于测定 Hg 的水样:水样用硫酸、高锰酸钾溶液氧化,使水中的汞转变为汞离子,再被还原为汞,然后用原子吸收法进行汞含量的测定(国产 590 型测汞仪)。

(3) 用于测定 As 的水样:用二乙基二硫代氨基甲酸银比色法测定,以 UV-3000 型紫外分光光度计分析。

3. 植物样品的测定

(1) Cu、Cd、Pb 的测定：分别取 0.5000 g 植物干粉，用硝酸和高氯酸消化处理，再用 1% 硝酸冲洗定容至 10 mL，以原子吸收分光光度法测定。

(2) Hg 与 As 的测定：与水样的测定步骤相同。

六、数据记录与处理

1. 水样分析

分别记录测定的不同水域水样中 Cu、Cd、Pb、Hg、As 的含量，记录于表 2-10-1 中。

表 2-10-1　不同水域水样中重金属的含量

测定水域	Cu	Cd	Pb	Hg	As
水域 1					
水域 2					
……					

2. 植物样品分析

分别记录不同水域采集的水葫芦根、茎叶中 Cu、Cd、Pb、Hg、As 的含量，并计算其浓缩系数记录于表 2-10-2 中。

生物富集是指生物通过非吞食方式，从周围环境（水、土壤、大气）蓄积某种元素或难降解的物质，使其体内浓度超过周围环境中浓度的现象。生物富集用生物浓缩系数可表示为

$$K_{BCF} = \frac{c_b}{c_e} \tag{2-10-1}$$

式中：K_{BCF}——生物浓缩系数；

c_b——某种元素或难降解物质在生物体中的浓度，mg/kg；

c_e——某种元素或难降解物质在生物周围环境中的浓度，mg/kg。

表 2-10-2　不同水域水葫芦样品重金属含量测定及分析记录

测定水域及植物体部位		测定结果	Cu	Cd	Pb	Hg	As
水域 1	地上部（茎叶）	含量/(mg/kg)					
		生物浓缩系数（K_{BCF}）					
	地下部（根）	含量/(mg/kg)					
		生物浓缩系数（K_{BCF}）					
水域 2	地上部（茎叶）	含量/(mg/kg)					
		生物浓缩系数（K_{BCF}）					
	地下部（根）	含量/(mg/kg)					
		生物浓缩系数（K_{BCF}）					
……							

七、注意事项

(1) 严格遵守各检测仪器的使用标准，避免造成系统误差以及仪器的损伤。

(2)实验过程中严格遵循实验步骤,避免造成不必要的损害。

八、思考题

(1)水葫芦对于水体中重金属的富集作用是否效果明显?请分析阐述其原因。

(2)水葫芦对于水体重金属的富集作用受到哪些因素的影响?

实验 11　种子发芽的毒性实验

种子发芽的毒性实验是检测土壤重金属等污染程度的重要方法之一,具有简便、廉价的特点,在环境污染生物学评价等方面具有重要意义。通过观测种子的发芽等情况,就可以评价和预测环境污染物对植物的潜在毒性和生物有效性。

一、实验目的

(1) 理解污染物对种子发芽产生毒性的基本原理,熟悉重金属镉(Cd)对植物生命活动的影响。

(2) 掌握种子发芽的毒性实验的操作程序和基本步骤。

(3) 能够独立进行实验数据的计算和处理,并对结果进行分析。

二、实验原理

重金属污染已成为当今污染面积较广、危害较大的环境问题之一。土壤中的重金属污染不仅会导致农作物产量下降,且进入食物链中会对人类健康产生有害影响。其中,重金属 Cd 的化合物毒性极大,而且属于积蓄型。Cd 对植物的危害表现在其破坏叶绿素,降低光合作用效率,还能使花粉败育,从而影响植物的生长、发育和繁殖。水中 Cd 含量为 0.1 mg/L 时,可轻度抑制地表水的自净作用。用 Cd 含量为 0.04 mg/L 的水进行农业灌溉时,土壤和稻米会受到明显污染。Cd 主要导致人的肾受损,钙、磷和维生素 D 代谢障碍,进而造成骨质软化和疏松,并发生病理性骨折,同时还可出现神经、免疫、生殖系统等损害及致畸和致癌。Cd 沉积在体内的半衰期长达 10～30 年。日本的痛痛病就是 Cd 污染所致。Cd 是我国实施排放总量控制的指标之一。

植物种子在适宜的条件(水分、温度和氧气等)下,吸水膨胀发芽,在多种酶的催化作用下,发生一系列的生理、生化反应。但是,当有污染物存在时,污染物会抑制一些酶的活性,从而使种子发芽受到影响,破坏发芽过程。因此,通过测定种子发芽情况,如种子的发芽势和发芽率,就可以评价和预测环境污染物对植物的潜在毒性和生物有效性。

种子发芽的毒性实验通常采用的是小麦、水稻、黄瓜、玉米、苜蓿、小白菜、芥菜、萝卜、莴苣、辣椒、番茄、绿豆、黄豆及一些树木等的种子。不同植物或同种植物不同品种之间对重金属的敏感性是有差异的,而且不同的重金属在相同的浓度范围内对种子发芽的影响程度也是不同的,这与重金属对不同种子的作用机制以及不同种子对重金属的毒性反应程度不同有关。有研究表明,种子的种皮是阻止重金属侵入抑制胚发芽的主要壁垒,所以重金属对植物种子发芽的影响与不同种子的自身结构有很大的关系,特别是种皮结构。另外,关于重金属影响种子发芽的研究还不能完全说明它的影响机理和作用,最好对该植物的整个生长期进行跟踪实验,得出进一步的数据以指导实践。

三、实验仪器

恒温培养箱、镊子、发芽床(培养皿)、滤纸、测量尺等。

四、材料与试剂

1. 种子

选择发育正常、无霉、无蛀、完整而没有任何损坏的种子，品种不限，但是要求所选取种子具有代表性，较易发芽。本实验可选用的种子有小麦、水稻、油菜、白菜、芥菜、甘蓝、萝卜、苜蓿、绿豆等。

2. 发芽床

本实验以铺有两层 9~15 cm 滤纸的培养皿作为发芽床。发芽床的湿润程度对种子发芽有很大影响，水分过多妨碍空气进入种子，水分不足会使发芽床变干，这两种情况都影响种子的发芽过程，使实验结果不准确。

3. $CdCl_2$ 母液

精确称取 0.8 g 分析纯 $CdCl_2$ 溶于 100 mL 去离子水中，待完全溶解后移入 1000 mL 容量瓶中，用去离子水稀释到刻度线，摇匀。

4. $CdCl_2$ 使用液

分别取一定量的 $CdCl_2$ 母液配制 25 mg/L、50 mg/L、100 mg/L、200 mg/L、400 mg/L 梯度浓度的 $CdCl_2$ 使用液。

五、实验步骤

1. 制作发芽床

在培养皿底部放 2 张等径滤纸做发芽床，加入 8~10 mL 对应浓度的 $CdCl_2$ 使用液染毒，加溶液时避免滤纸间及滤纸与培养皿间产生气泡，可用镊子进行调整。在实验过程中，严格防止 $CdCl_2$ 溶液接触皮肤，不要甩移液管，用完横端至水池，立即冲洗。

2. 摆放种子

用镊子将浸泡好的种子小心地摆放在发芽床上，每皿 50~100 粒，种子之间的距离要均匀，避免相互接触，剔除有虫蛀、霉斑等的不良种子，以防感染健康种子，然后盖上标好对应浓度、编号的培养皿盖。

3. 培养种子

将摆放好种子的发芽床置于 25 ℃ 左右的恒温培养箱中或 25~30 ℃ 室温，正常光照下室内培养。

4. 观察种子生长情况

为了保证适宜种子发芽的条件，在发芽期需每天观察发芽情况及发芽床的湿润情况，必要时适当补充相应浓度的 $CdCl_2$ 使用液。不同植物种子发芽时间有所不同，每组每天至少派 1 人到实验室观察，记录发芽种子数、温度、湿度，及时除去感染霉菌的种子，补充相应浓度的 $CdCl_2$ 使用液时应防止开盖污染、培养皿盖错位等问题。

5. 测定种子的发芽势和发芽率

不同植物种子的发芽势和发芽率有所不同，通常每天观察，分两期进行测定统计，第一期内发芽种子数量为种子的发芽势，第二期内发芽种子数量为发芽率。不同植物种子具体的发芽实验条件可以参照《农作物种子检验规程　发芽实验》(GB/T 3543.4—1995)。

种子发芽后应具备的特征：一般蔬菜种子，在正常发育的幼根中，其主根长度不短于种子长度，幼芽长度不短于种子长度时，为具有发芽能力的种子，以此标准观察、计数。本实验有关种子发芽的特征（胚根、胚轴）可以参见图 2-11-1。

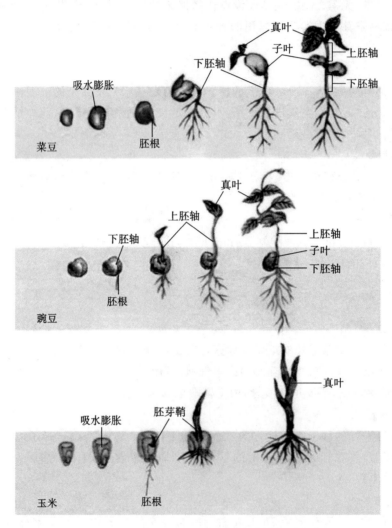

图 2-11-1　菜豆、豌豆、玉米种子的发芽过程

六、数据记录与处理

1. 数据记录

（1）在规定时间内到实验室观察。本实验中，小麦等种子的发芽势为 3 天，发芽率为 7 天，因此，一般在第 3 天和第 7 天计数和测量胚根。

（2）计数和胚根测量：将皿盖揭开，先按照低浓度到高浓度的顺序拍照，然后仔细计数，统计发芽种子数，最后用镊子从每皿中选取整齐一致的种芽 30 个，放置在一张白纸上，用直尺测量胚根长度（mm），将观察到的现象和数据记录到表 2-11-1。

表 2-11-1　种子发芽的毒性实验记录表(第 3 天、第 7 天)

种子名称：　　　　　　　　　　　　　　　种子来源：

每种浓度处理的种子数：　　　　　　　　　培养条件：

CdCl₂使用液浓度/(mg/L)	实验组										对照组	
	25		50		100		200		400			
重复样	1	2	1	2	1	2	1	2	1	2	1	2
发芽种子数												
平均值												
发芽率/(%)												
发芽抑制率/(%)												
胚根长度(30 个的平均值，保留 1 位小数)/ cm												
平均值												
胚根抑制指数/(%)												

2.数据处理

发芽率、发芽抑制率及胚根抑制指数分别按式(2-11-1)、式(2-11-2)和式(2-11-3)计算。

$$发芽率(\%) = \frac{发芽种子数}{供试种子数} \times 100\% \tag{2-11-1}$$

$$发芽抑制率 = \frac{对照组发芽率 - 处理组发芽率}{对照组发芽率} \tag{2-11-2}$$

$$胚根抑制指数 = \frac{对照组胚根长度 - 处理组胚根长度}{对照组胚根长度} \tag{2-11-3}$$

七、实验报告

实验报告中除包含种子发芽实验记录表(表 2-11-1)外，还应包含以下内容。

(1)根据实验数据，以 CdCl₂使用液的浓度为横坐标，发芽抑制率和胚根抑制指数为纵坐标，分别做剂量-反应关系图，需用 Excel 作图，然后打印出来附在实验报告后面，并对图进行简单分析。

(2)对实验结果进行拍照，在实验报告后面附上有代表性的照片。

(3)思考题的解答。

八、注意事项

(1)用镊子摆放种子时，应该先放含低浓度 CdCl₂使用液的培养皿，再放含高浓度 CdCl₂使用液的培养皿。

(2)摆放种子时，种子之间的距离要均匀，避免相互接触。

(3)将培养皿放置到恒温培养箱时，要轻拿轻放，如发现种子相互接触，需用镊子将其摆放均匀。

(4)测量胚根长度时,要用镊子小心夹取,不要用手接触胚根和胚芽。测量完毕,镊子要用清水冲洗干净。

(5)实验过程要注意安全,避免皮肤接触到重金属溶液,如不小心接触到,立即用大量清水冲洗。

九、思考题

(1)影响种子发芽的主要因素是什么?试从植物种子发芽生理的角度进行分析。

(2)本实验的结果说明了什么?如果要研究重金属对植物种子发芽的影响,你觉得还可以进一步测定哪些指标?

十、知识拓展

1. 种子的含义

在植物学上,种子指由种子植物胚珠发育成的繁殖器官,一般须经配子体所产生的雌、雄配子融合而形成,即有性生殖的产物。它包含亲代的各种遗传物质,能够保证植物的"传宗接代"。

在农业生产中,种子是最基本的生产资料,它的含义也比植物学上的种子广泛得多,可以直接作为播种材料的植物器官都称为种子。当前世界各国栽培作物播种材料的种类很多,大体上可以分为以下三类。

第一类是真种子,即植物学上所指的种子,由胚珠发育而成,如豆类(少数例外)、棉花、油菜、蓖麻、亚麻、烟草等作物的种子。

第二类是类似种子的干果,即在植物学上属于果实,种子包在果实内部,在外形上与真种子很相似,习惯上也称为种子,如小麦、玉米的颖果,向日葵、荞麦、大麻的瘦果,甜菜、菠菜的坚果等。

第三类是无性繁殖作物的某些营养器官,如甘薯的块根、马铃薯的块茎。虽然有时它们也开花结子,但在农业生产上一般利用其营养器官进行播种,只有在进行杂交育种时才直接利用种子作为播种材料。

2. 种子的形态

种子的形态特征是鉴别种和品种的重要依据。在检验种子时,要判断一批种子中是否混有异种种子,常从种子的外部形态特征入手,主要包括外形、色泽和大小等。

(1)外形:一种植物或一种作物的种子外形通常是相对稳定的,以球形(豌豆)、椭圆形(大豆)、肾形(菜豆)、牙齿形(玉米)、纺锤形(大麦)、扁椭圆形(蓖麻)、卵形或圆锥形(棉花)、扁卵形(瓜类)、扁圆形(兵豆)、楔形或不规则形(黄麻)等较为常见,而三棱形(荞麦)、盾形(葱)、钱币形(榆树)、螺旋形(黄花苜蓿的荚果)、近似方形(豆薯)、头颅形(椰子)等较少见。除此之外,还有细小如鱼卵(苋菜)、如尘埃(兰花)等奇异形状的种子。一般情况下,种子的外形通过肉眼即可观察,但有些细小的种子则须借助放大镜或显微镜等仪器才能观察清楚。

(2)色泽:种子由于含有各种不同的色素,因而呈现出品种所固有的颜色和斑纹,例如,大豆种子的颜色有浅黄、淡绿、棕褐以及深黑色等。种子所含色素可存在于种子不同部位,如紫稻的紫色、荞麦的黑褐色存在于果皮内,而红米稻的红褐色、高粱的棕褐色则存在于种皮内,玉米的黄色存在于胚乳内。种子的色泽是一种作物非常明显的遗传特性,是比较稳定的,在实践中可根据不同的色泽来鉴别作物的种和品种,但色泽的深浅明暗会在不同程度上受到气候条件、栽培措施、成熟程度和储藏时间等的影响。

(3)大小:种子的大小常用籽粒的平均长、宽、厚或千粒重来表示。在农业生产上,通常以千粒重或百粒重作为种子重量和大小的一个重要衡量指标,并常常根据籽粒大小、形状和重量对种子进行筛选和分级,还有的作为农产品贸易的价格标准。不同植物的种子,大小相差悬殊。有些大粒种子,如热带的复椰子,每颗重达 10~15 kg;而小粒种子,如兰科植物的种子却小如尘埃,甚至几十万粒还不到 1 g。

3.种子的基本构造

不同植物的种子虽然在形状、色泽、大小等各方面存在差异,但其基本结构却是一致的,一般由种皮、胚和胚乳 3 部分组成(图 2-11-2)。

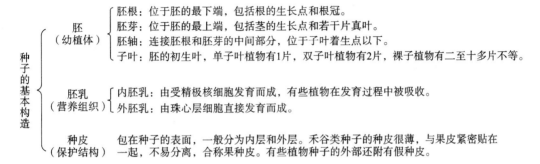

图 2-11-2 种子的基本构造

(1)种皮:种子外面的保护层,包被于胚和胚乳之外,具有保护种子不受外力机械损伤和防止病虫害入侵的作用,常由好几层细胞组成,其表皮层细胞内一般含有有色物质,使种皮具有各种不同的颜色。有的种子具有内、外两层种皮,如油菜、蓖麻和苹果等的种子;有的种子只有一层种皮,如大豆、蚕豆和菜豆等的种子。因此,种皮的厚薄、色泽和层数因植物种类的不同而存在差异。成熟的种子种皮上通常可见种脐(种子从果实上脱落后留下的痕迹)和种孔(原胚珠的珠孔留下的痕迹)。

(2)胚:构成种子最重要的部分,由胚芽、胚轴、胚根和子叶 4 部分组成,是形成植物新个体的原始体。

①胚根:位于胚的基部,是新植物体的初生根,种子发芽后长成幼苗的主根。

②胚轴:又称胚茎,是连接子叶和胚根的过渡部分。

③胚芽:胚的顶端部分,包括生长点和真叶的原始体,通常叫作幼芽。

④子叶:着生在胚轴上的原始叶,是大多数双子叶植物种子中养料的储藏器官。豆类、瓜类、向日葵等种子的子叶非常发达,出土初期子叶还能进行光合作用。单子叶植物的子叶称为盾片或子叶盘,位于胚和胚乳之间,当种子萌发时,对胚起营养物质的传递作用。

(3)胚乳:按来源不同分为外胚乳和内胚乳 2 种。由珠心层细胞直接发育成的,称为外胚乳。由胚囊中受精极核细胞发育而成的,称为内胚乳。有的胚乳在种子发育过程中被胚吸收而消耗殆尽,仅留下一层薄膜,因而成为无胚乳种子。在无胚乳种子中,营养物质主要储藏在子叶内。在有胚乳种子中,一般内胚乳比较发达,仅有少数种子的外胚乳比较发达。胚乳的营养对幼苗健壮程度有重要的影响。

4.种子的植物学分类

(1)根据有无胚乳分类:有胚乳种子和无胚乳种子。

①有胚乳种子:根据胚乳和子叶发达程度及胚乳组织的来源,又可分为内胚乳发达型(胚只占种子的小部分,绝大部分为内胚乳,如水稻、小麦、玉米、高粱等)、内胚乳和外胚乳同时存在型(如胡椒、姜等)和外胚乳发达型(内胚乳在种胚形成发育过程中被消耗,由珠心层细胞发育而成的外胚乳被保留下来,如甜菜和菠菜)。

②无胚乳种子:在种子发育的过程中,营养物质由内胚乳和珠心转移到子叶中,因此这类植物种子的胚较大,有发达的子叶,而内胚乳和外胚乳则不存在或几乎不存在,只有内胚乳及珠心残留下来的1~2层细胞,其余部分完全被成长的胚所吸收,如大豆、油菜、棉花、向日葵等的种子。

(2)根据植物形态学分类:农业生产中的种子从植物形态学上看往往包括种子以外的许多构成部分,可以归纳为以下几种类型。

①包括果皮及其外部的附属物:颖果外部包有稃的,如水稻、皮大麦、谷子、黍稷等,植物学上称为假果;坚果外部附着花被及苞叶,如甜菜、菠菜等;瘦果外萼不脱落,成翅状,附着在果实基部,称为宿萼,如荞麦。

②包括果实的全部:如普通小麦、玉米、高粱、黑麦、裸大麦的颖果、向日葵的瘦果。

实验 12　紫外线(UVC)辐射对植物叶绿素含量的影响

叶绿素是植物体内一类与光合作用有关,起着吸收、传递和光能转化作用的重要色素,直接影响植物有机物合成和植物生长状况。叶绿素含量易受各种环境胁迫的影响,环境胁迫不仅会阻碍植物叶片叶绿素的正常合成,甚至还会使原有叶绿素加速降解,导致叶绿素含量降低,进而影响光合作用进程。叶绿素含量是农业、植物学及环境科学等相关领域经常需要监测的重要生理指标之一。

一、实验目的

(1) 了解紫外线辐射对植物作用的剂量效应关系和毒害机理。
(2) 掌握叶绿素含量的测定方法。

二、实验原理

紫外线是波长为 10~400 nm 的电磁辐射,是非电离辐射的组成部分,根据波长大小将其分为长波紫外线(UVA,320~400 nm)、中波紫外线(UVB,280~320 nm)、短波紫外线(UVC,200~280 nm)和真空紫外波段(10~200 nm)。波长小于 200 nm 的紫外线由于大气的吸收,在空气中不能传播。在 UVA、UVB 和 UVC 这三个波段里,穿透力由小到大的顺序是 UVC<UVB<UVA,但是辐射能量的大小却是 UVC>UVB>UVA。大气中的臭氧层能够阻挡波长小于 306.3 nm 的紫外线,因此只有 UVA 和部分 UVB 能辐射到地面,从而保护地球上的人类和动植物免遭短波紫外线的伤害。自南极臭氧空洞被报道以来,人们对到达地面的紫外线辐射增强所导致的生态环境破坏问题极为关注,UVA 和 UVB 成为学者争相研究的对象,而辐射能量最强、对组织细胞损伤最大的 UVC 却未引起人们的重视。

植物对于紫外线辐射的敏感性具有种间、品种间的差异,不同植物对于紫外线辐射的反应机理不同,单子叶植物似乎比双子叶植物受到的影响小。叶绿素是高等植物和其他能进行光合作用的生物体含有的一类绿色色素,其含量可用于判断光合作用的强弱,也可作为衡量环境胁迫的一个指标。当紫外线辐射超过一定值时,植物叶子就会表现出一定的损伤症状,其中之一就是叶绿素含量及叶绿素 a、b 的比例(叶绿素 a/叶绿素 b)发生变化。不少研究表明,紫外线辐射降低叶绿素含量,是因为叶绿素膜系统受损,阻碍了叶绿素的合成,致使叶绿素含量下降,叶绿素 a/叶绿素 b 的值下降。因此,植物叶绿素 a/叶绿素 b 值的变化可用于评估大气紫外线辐射的污染程度,也可以作为筛选抗紫外线辐射植物的一个指标。

叶绿素不溶于水,溶于有机溶剂,可用多种有机溶剂,如丙酮、乙醇或二甲基亚砜等研磨提取或浸泡提取。叶绿素在特定提取溶液中对特定波长的光有最大吸收,用分光光度计在该波长下测定叶绿素的吸光度,根据朗伯-比尔定律(某有色溶液的吸光度 A 与其中溶质浓度 c 和液层厚度 b 成正比,即 $A=Kbc$,K 为比吸收系数)和吸光度的加和性(如果溶液中有数种吸光物质,则此混合液在某一波长下的吸光度等于各组分在相应波长下吸光度的总和),即可计算获得叶绿素 a 和叶绿素 b 的含量。

本实验采用丙酮提取法测定植物叶绿素含量,叶绿素 a、叶绿素 b 的丙酮溶液在可见光范围内的最大吸收峰分别位于 663 nm 和 645 nm 处。

三、实验仪器

紫外灯管(30 W)、分光光度计、电子天平(0.01 g)、研钵、滴管、漏斗、容量瓶、玻璃棒、定量滤纸、剪刀、吸水纸等。

四、材料与试剂

1. 材料

处于生长旺盛时期的单子叶植物绿萝和双子叶植物圆叶椒草(豆瓣绿)。

2. 试剂

90%丙酮、石英砂、碳酸钙粉末等。

五、实验步骤

1. UVC 辐射处理

将植物绿萝和豆瓣绿统一置于培养架上,用紫外灯管照射,叶片距离灯管约 30 cm。实验采取短期紫外线照射,分别在照射 0 h、2 h、4 h、6 h 和 8 h 时取样,进行叶绿素的提取和测定。每种照射剂量设 2 个平行(可根据实验室的具体条件而定)。

2. 取样

在设定的时间剪取长势相近且较成熟叶片,洗净,擦干,除去中脉,称取 1 g 左右,剪碎。

3. 叶绿素的提取

(1) 取剪碎后新鲜叶片 0.25 g 左右,置于研钵中,加少量石英砂和碳酸钙粉末(中和植物中的有机酸,防止叶绿素被破坏),再加少许 90%丙酮,将其磨成匀浆。再加 10 mL 90%丙酮,搅拌后,静置 3~5 min,将上层液沿玻璃棒倒入漏斗(滤纸用 90%丙酮润湿)中,过滤到 50 mL 棕色容量瓶中,残渣再加 10 mL 90%丙酮研磨,过滤,经两次提取后,残余组织应无绿色。若尚存绿色,重复上述操作,直至残余组织无绿色。

(2) 用少量 90%丙酮冲洗研钵、研棒及残渣数次,连同残渣一起倒入漏斗中,再用滴管吸取丙酮,将滤纸上的叶绿素全部洗入容量瓶中,直至滤纸和残渣中无绿色为止。

(3) 用 90%丙酮定容至 50 mL,摇匀,避光静置 1 h。

4. 叶绿素含量的测定

将上述提取液倒入光径 1 cm 的比色皿中,以 90%丙酮为空白对照,用分光光度计分别于 663 nm 和 645 nm 处测定其吸光度。

六、数据记录与处理

1. 数据记录

准确、真实地记录每次测定的叶绿素提取液在 663 nm 和 645 nm 处的吸光度,将数据记录于表 2-12-1。

2. 数据处理

叶绿素 a 和叶绿素 b 的浓度可由式(2-12-1)和式(2-12-2)计算得出。

$$c_a = 12.72 A_{663} - 2.59 A_{645} \tag{2-12-1}$$

$$c_b = 22.88 A_{645} - 4.67 A_{663} \tag{2-12-2}$$

式中：A_{663} 和 A_{645}——叶绿素提取液在 663 nm 和 645 nm 处的吸光度；
c_a 和 c_b——叶绿素 a 和叶绿素 b 的浓度，mg/L；

按式(2-12-1)和式(2-12-2)分别计算出 c_a 和 c_b 后，可按式(2-12-3)进一步求得叶绿素在叶片中的含量。

$$叶绿素含量(\text{mg/g}) = \frac{叶绿素浓度 \times 提取液最终体积 \times 稀释度}{叶片鲜重} \quad (2\text{-}12\text{-}3)$$

七、实验报告

实验报告中除包含紫外线辐射对植物叶绿素含量的影响实验记录表(表 2-12-1)外，还应包含以下内容。

(1)根据实验所得数据，分别绘制叶绿素 a、叶绿素 b 和叶绿素 a/b 值与紫外线辐射之间的剂量-效应关系图，并进行分析。

(2)实验后的几天再次观察用紫外灯管照射过的植物的生长状态，拍照，描述观察到的现象并分析。

表 2-12-1　紫外线辐射对植物叶绿素含量的影响实验记录表

植物样品名称：_____　　　　　　　　　　紫外灯功率：_____ W
紫外辐射距离：_____ cm　　　　　　　　叶片鲜重：_____ g

紫外辐射时间/h	0		2		4		6		8	
平行样	1	2	1	2	1	2	1	2	1	2
663 nm 校正吸光度										
645 nm 校正吸光度										
叶绿素 a 的浓度/(mg/L)										
叶绿素 b 的浓度/(mg/L)										
叶绿素 a/b 值										
叶绿素 a 的含量/(mg/g)										
叶绿素 b 的含量/(mg/g)										

八、注意事项

(1)加入少量的石英砂和碳酸钙粉末即可，各约四分之一小勺，量不能太多。

(2)为避免叶绿素的光分解，操作应在弱光下进行，研磨应尽量迅速。

(3)过滤时，为避免石英砂和碳酸钙粉末使过滤变慢，应先倒滤液，后倒滤渣。

(4)过滤时，必须将滤纸及叶片残渣洗至无绿色为止。比色时，提取液不能浑浊。

(5)用分光光度计前仪器要先预热 20 min。

(6)比色皿使用前、后，都要用乙醇清洗干净。

(7)比色皿属于易碎品，一定要轻拿轻放。

(8)比色皿容易被刮花，用纸巾擦拭的时候，请朝一个方向擦拭，不要来回擦。

(9)测样之前，一定要分别测定装样品的比色皿在两个波长下的校正值，表中填的是样品的校正吸光度，即样品吸光度－比色皿校正值。

九、思考题

(1)影响叶绿素 a、叶绿素 b 和叶绿素 a/b 值的主要因素是什么?
(2)比较阴生植物和阳生植物的叶绿素 a/b 值的差异。

实验 13　二氧化硫对植物生长的影响

二氧化硫(SO_2)是一种有刺激性气味的无色酸性气体,是形成"酸雨"的主要成分,也是大气主要污染物之一。SO_2接触植物叶片时,从气孔扩散至叶肉组织,进入细胞后和水发生反应生成亚硫酸和亚硫酸根离子,从而对叶肉组织造成破坏,使叶片水分减少,叶绿素 a/叶绿素 b 值变小,糖类和氨基酸减少,叶片失绿,叶面出现黄褐色、土黄色、浅黄色等伤斑,严重时细胞发生质壁分离,叶片逐渐枯焦,导致植物死亡。

一、实验目的

(1)加深对二氧化硫性质和危害的认识。
(2)了解二氧化硫对植物生长的影响。
(3)掌握人工模拟熏气法研究大气污染物对植物影响的操作和应用。

二、实验原理

当 SO_2 在大气中超过一定浓度后,植物就会受到伤害,可以通过观察植物叶片颜色变化和受害症状来研究其对植物的影响。将同种、长势相同的植物幼苗分别放在同样大小的玻璃罩内,并且在玻璃罩内生成不同浓度的二氧化硫,观察植物幼苗接触一段时间二氧化硫后的变化。

本实验利用亚硫酸钠和稀硫酸反应制备 SO_2 气体,并通过观察植物叶片颜色变化和受害症状来研究 SO_2 对植物幼苗的影响,化学方程式如下:

$$Na_2SO_3 + H_2SO_4(稀) \longrightarrow Na_2SO_4 + H_2O + SO_2 \uparrow$$

三、实验仪器

电子天平、计时器、透明玻璃罩、小烧杯等。

四、材料与试剂

1. 受试植物

选择获取方便、对大气污染敏感的植物叶片,如菠菜、油菜等。

2. 用品

白纸、凡士林、标签等。

3. 试剂

无水亚硫酸钠(Na_2SO_3,分析纯)、稀硫酸(1∶2)等。

五、实验步骤

1. 实验前准备

(1)根据透明玻璃罩的体积计算好 Na_2SO_3 和稀硫酸的用量,使反应产生的 SO_2 浓度约为 0.01 g/L、0.05 g/L、0.10 g/L。

(2)准备透明玻璃罩 4 个,其中空白对照组 1 个,实验组 3 个,贴上标签,做好标记。在瓶口处均匀涂上凡士林,以防漏气。

(3) 选取同种、长势相同的植物幼苗 4 株,实验前浇足水,在光照下放置 10 min,再放入玻璃罩中,每个玻璃罩放置 1 株植物。

2. 生成 SO_2

在玻璃罩内分别放置 1 个小烧杯,在 3 个实验组小烧杯中加入相应量的无水 Na_2SO_3,再各注入 2 mL 的稀硫酸。立刻盖紧玻璃罩,实验过程给予光照。

3. 观察

观察植物叶片的变化情况,直至 SO_2 浓度为 0.01 g/L 的玻璃罩内的植物幼苗叶片枯萎死亡,并记录实验现象与数据。

4. 回收 SO_2

实验结束后要将玻璃罩内 SO_2 气体用水或 NaOH 充分吸收,以减少 SO_2 对大气的污染,影响师生健康。

六、数据记录与处理

1. 实验结果记录

将观察到的实验现象记录到表 2-13-1 中。

表 2-13-1 SO_2 对植物的影响

实验日期:　　　　　实验植物:　　　　　实验人员:

Na_2SO_3 浓度/(g/L)	观察时间/min						
	10	15	20	25	30	35	40
0 (空白对照组)							
0.01							
0.05							
0.10							

2. 实验结论

通过分析实验现象得出实验结论,在实验报告中体现。

七、注意事项

(1) 加入稀硫酸时应注意不要将稀硫酸溅到植物幼苗上。

(2) 实验前检查实验装置的气密性,避免 SO_2 气体外泄。实验后要进行吸收 SO_2 的处理,以减少 SO_2 对大气的污染。

八、思考题

(1) 实验前为什么要将植物叶片在光照下放置一会儿?实验中为什么要给予光照?

(2) 根据本实验可进一步拓展哪些实验以实现不同的研究目的?

实验 14　重金属废水对蚕豆根尖的微核效应

重金属污染物可通过各种途径进入水体,导致水体的污染,其中有许多可能对遗传物质产生损害的致突变物,对人类健康和生存构成严重危害。虽然常规的化学方法监测工业废水能得到准确的污染成分及浓度,但是不能直接反映出废水所引起的生物学效应及其潜在危害,尤其是污染物的遗传毒性。蚕豆根尖细胞微核实验为检测和筛选环境污染物提供了有价值的遗传测试系统。微核技术是一个非常有用的监测有毒物质(重金属、除草剂、放射性物质等)对生物细胞遗传损伤的方法,具有灵敏、快速、经济、不需精尖设备、可操作性强的优点。

一、实验目的

(1)掌握蚕豆根尖细胞微核实验中根尖处理、染色、压片及制片观察的方法,熟悉微核的基本特征。

(2)了解蚕豆根尖在不同水平重金属废水中暴露后微核率的变化情况。

二、实验原理

微核是细胞的染色体发生断裂后,细胞进入下一次分裂时,染色体片段不能随有丝分裂进入子细胞,而在细胞质中形成的直径小于主核的1/3、着色与主核一致、且与主核分离或相切的圆形小核。微核率(micronucleus frequency,MNF)的大小常用 1000 个细胞中所含的微核数表示。

许多化学毒性物质可使细胞的 DNA 复制和染色体分裂受到破坏,纺锤丝的功能受到影响,由此产生的微核是染色体在间期的一种损伤类型。在一定范围内,污染物浓度与微核率之间存在显著的剂量-效应关系,通过微核率可以反映污染物对细胞的损伤程度,并用于评价水环境的污染程度。高等植物有丝分裂主要发生在根尖、茎尖生长点及幼叶等器官的分生组织。蚕豆是经典的遗传学研究材料,细胞中的 DNA 含量高,染色体数目少且大,其遗传物质对环境污染物较敏感,微核效应易于观察。因此,蚕豆根尖是最常用的微核实验材料。

将经过浸种催根后长出的蚕豆初生根在试样中暴露一定时间,经恢复培养、固定、染色后,制片镜检,统计蚕豆根尖初生分生组织区(本实验附录图2-14-1)细胞微核率。致突变物可作用于细胞核物质,导致有丝分裂期染色体断裂形成断片,整条染色体脱离纺锤丝,纺锤丝牵引染色体移动的功能受损。这些移动受到影响的染色体断片或不能随正常染色体移向细胞两极形成子细胞核的整条染色体,滞留在细胞质中形成子细胞微核并引起其数量增加。比较试样相比空白试样蚕豆根尖细胞微核率是否显著增加,以此可判定试样品是否存在致突变性。

三、实验仪器

显微镜、恒温培养箱、水浴锅、冰箱、电子天平、冷藏采样箱、计时器、培养皿、50 mL 烧杯、10 mL 试管、载玻片、盖玻片、镊子、剪刀、胶头滴管、解剖针、吸水纸、纱布、标签、带橡皮头的铅笔等。

四、材料与试剂

除非另有说明,分析时均使用符合国家标准的分析纯试剂,实验用水为新制备的去离子水或蒸馏水,电导率(25 ℃)<0.50 mS/m、pH(25 ℃)5.5～7.5。

1. 受试蚕豆

选取敏感性、稳定性都好的蚕豆品种——松滋青皮豆。

2. 模拟重金属废水(含镉废水)

准确称取 0.0203 g 分析纯氯化镉($CdCl_2 \cdot 2.5H_2O$),用少量蒸馏水溶解,然后定容至 1000 mL,得到 Cd^{2+} 浓度为 10.0000 mg/L 的储备液。使用前,将此储备液用蒸馏水依次稀释,得到浓度分别为 0.10 mg/L、0.25 mg/L、0.50 mg/L、1.00 mg/L 和 2.00 mg/L 的模拟废水各 100 mL。其他重金属模拟废水可按照上面的步骤进行配制,如汞(0.0005~1.0 mg/L)、砷(0.005~1.0 mg/L)、六价铬(0.005~2.0 mg/L)、铅(0.05~5 mg/L)。

3. 卡诺氏固定液(乙酸-无水乙醇混合液)

将乙酸和无水乙醇按 1∶3 的体积比混合,即 75 mL 无水乙醇和 25 mL 冰乙酸充分混合,临用现配。

4. 1.0 mol/L HCl 溶液

吸取密度 1.18 g/mL、所含 HCl 质量分数为 37.0% 的盐酸 83.5 mL,加蒸馏水定容至 1000 mL。

5. 1.0 mol/L NaOH 溶液

称取 4.0 g NaOH,加入少量蒸馏水,搅拌溶解后用蒸馏水定容至 100 mL。

6. 70% 乙醇

取 70 mL 无水乙醇,用蒸馏水定容至 100 mL。

7. 席夫(Schiff)试剂

可使用市售的成品试剂,也可按照以下方式配制:在 100 mL 烧瓶中加入 5.0 mL 无水乙醇和 0.5 g 碱性品红,振荡溶解 10 min。将 2.5 g 偏重亚硫酸钠或偏重亚硫酸钾溶于 93 mL 蒸馏水后,加入上述烧瓶中,混匀。继续加入 1.5 mL 浓盐酸,避光振荡至完全溶解,此时溶液呈浅黄色。再加入 0.2 g 活性炭粉,振荡 3 min,过滤溶液使之无色,保存备用。此溶液在 4 ℃以下冷藏避光可保存 6 个月,如溶液呈粉红色或出现沉淀,则不可使用。

8. SO_2 漂洗液(ω[$Na_2S_2O_5$ 或 $K_2S_2O_5$]=0.5%)

称取 10.0 g 偏重亚硫酸钠或偏重亚硫酸钾溶于蒸馏水中并定容至 100 mL,得到 ω($Na_2S_2O_5$ 或 $K_2S_2O_5$)为 10% 的溶液。吸取该溶液和 1.0 mol/L HCl 溶液各 5.0 mL 于 100 mL 容量瓶中,用蒸馏水定容至刻度线,临用现配。

9. 45% 乙酸分散液

量取 45 mL 冰乙酸,用蒸馏水定容至 100 mL,临用现配。

10. 调温水

用于浸种、催根和处理根尖的实验用水,需提前放置于恒温培养箱中,(25±1)℃恒温备用。

五、实验步骤

1. 浸种和催根

按照每个 1000 mL 烧杯中最多 300 粒豆种的数量浸种,在烧杯中加调温水至 1000 mL 刻度线,于恒温培养箱中(25±1)℃避光浸泡至豆种充分吸胀。浸种需 26~30 h,可在 18 h 和 24 h 时换水,若出现浑浊,则增加换水频次。将豆种于 25 ℃ 恒温培养箱中浸种 30 h 后催根,于恒温培养箱中(25±1)℃避光催根 62~66 h。待初生根长至 1.5~2.0 cm,选取生长发育良好的种子。

2. 预处理

挑选初生根长至 1.5~2.0 cm 且生长发育良好的豆种,放入盛有重金属溶液的根尖处理皿中,每个根尖处理皿中插入 10~12 粒豆种,确保豆种根尖没入溶液至少 1.0 cm,于恒温培养箱中(25±1)℃避光放置 6 h。取出豆种,用调温水浸洗 3 次(每次 5 min)后,置恒温培养箱中恢复培养 24 h。空白实验组采用蒸馏水代替重金属溶液。为便于实验操作,可自制根尖处理皿(本实验附录图 2-14-2)。

3. 固定

切取顶端 1.0 cm 左右根尖置于具盖指管内(同一试样处理的根尖放入一个指管),加卡诺氏固定液固定 2 h,固定时间最长不超过 24 h。如不能及时染色制片,则弃去卡诺氏固定液,用蒸馏水洗净,加入 70% 乙醇浸没,于冰箱内冷藏,72 h 内染色镜检。固定的目的是将材料迅速杀死,并使染色体形态、结构尽可能保持不变和便于染色。

4. 解离

蒸馏水浸洗根尖 2 次,每次 5 min。取 60 ℃ 水浴后的 1 mol/L HCl 溶液,快速加入指管内直至浸没根尖,指管加盖后放入 60 ℃ 水浴加热,水解约 10 min,具体时间以根尖软化,呈白色略带透明,镊子轻捏不破、有弹性为准。水解完成后快速弃去 HCl 溶液。

5. 染色

立即用蒸馏水浸洗解离后的根尖 2 次,每次 5 min。在指管中加入席夫试剂直至浸没根尖,在暗室或避光条件下染色 1~2 h。弃去染液,用 SO_2 漂洗液浸洗根尖 2 次,每次 5 min;再用蒸馏水浸洗根尖 2 次,每次 5 min。

如不能立即制片,将根尖浸泡于新换的蒸馏水中,冰箱内冷藏,48 h 内制片镜检。

6. 制片

用镊子轻取染色效果良好的根尖,在滤纸上吸净表面水分,置于载玻片上;用解剖刀截取 1.0~2.0 mm 的顶部根尖,滴加 1 滴 45% 乙酸分散液浸没根尖,用解剖刀充分捣碎,加盖玻片(避免产生气泡),盖玻片上叠放滤纸,轻轻敲打以分散根尖组织,拇指按压制成薄片,使根尖细胞呈单层分散状,便于观察。

7. 镜检

通常染色清晰而又分散得很好的分裂相只是少数,因此压片后要认真仔细进行镜检。先在低倍镜下寻找有分裂相的视野,再用高倍镜仔细观察、计数或拍照。调节可变光栏与反光镜,使光线明暗合适,视野亮度适中。注意观察有丝分裂全过程染色体的形态变化,找出染色体分散好的中期细胞进行染色体计数,将好的分裂相做上标记,以便再观察。

将制备好的压片置于显微镜下,低倍镜下观察找出根尖细胞接近方形或椭圆形、分布均匀、不重叠的区域,再转入高倍镜下观察。每一试样至少观察 6 个根尖,并对每个根尖进行以下统计:①1000 个细胞中处于有丝分裂期的细胞数;②1000 个处于有丝分裂间期细胞中的微核数。

8. 有丝分裂细胞及微核判定

(1)细胞有丝分裂过程包含分裂间期和有丝分裂期两个阶段,其中有丝分裂期细胞的识别参见本实验附录图 2-14-3。

(2)按照以下规则判定微核。

①大小为主核的 1/3 以内,且与主核分离或相切。

②着色反应和折光性与主核一致,内部有明显的染色质颗粒,色泽比主核稍浅或相当。

③形态为圆形、椭圆形或不规则形。形态类似微核,但不符合特征①②,尤其是折光性与主核不一致、内部无明显染色质颗粒的着色过深或过浅的颗粒为伪微核。微核及伪微核的判定见本实验附录图 2-14-4。

六、数据记录与处理

1. 结果计算

(1)单个根尖有丝分裂指数按式(2-14-1)计算。

$$I = M/1000 \times 1000‰ \tag{2-14-1}$$

式中:I——单个根尖有丝分裂指数(保留一位小数),‰;
M——观察 1000 个细胞中处于有丝分裂期的细胞数。

(2)试样的微核率按式(2-14-2)计算。

$$\mathrm{MNF} = \frac{\sum_{i=1}^{n} R_i}{n \times 1000} \times 1000‰ \tag{2-14-2}$$

式中:MNF——试样的微核率(保留一位小数),‰;
R_i——试样第 i 个根尖 1000 个处于有丝分裂间期细胞中的微核数;
n——同一试样中观察根尖的总数($n \geq 6$)。

2. 结果判定

在本测定方法下,试样致突变性按以下条件判断。

(1)$\mathrm{MNF}_{试样} \leq$ 实验室历史累积 $\mathrm{MNF}_{空白}$ 上限(参考值为 6.6‰),则该试样不存在致突变性;

(2)$\mathrm{MNF}_{试样} >$ 实验室历史累积 $\mathrm{MNF}_{空白}$ 上限(参考值为 6.6‰),且本次 $\mathrm{MNF}_{试样}$ 较 $\mathrm{MNF}_{空白}$ 显著增加,则该试样存在致突变性;

(3)$\mathrm{MNF}_{试样} >$ 实验室历史累积 $\mathrm{MNF}_{空白}$ 上限(参考值为 6.6‰),但本次 $\mathrm{MNF}_{试样}$ 较 $\mathrm{MNF}_{空白}$ 无显著增加,则该试样疑似存在致突变性。

比较试样与空白试样的蚕豆根尖微核率是否存在显著性差异,可使用适当的统计学方法。

七、数据记录和实验报告

原始实验数据记录表和实验报告表格式参见表 2-14-1 和表 2-14-2,实验报告要求包括但不限于下列信息。

(1)松滋青皮豆的来源和收获年份。

(2)试样的名称、类别、来源、保存方法,采样时间,试样 pH 调节前后的值等。

(3)存在急性毒性的试样,用于正式实验的无急性毒性效应的最大浓度。

(4)每一试样对应的所有镜检根尖细胞有丝分裂指数的范围。

(5)每一试样对应的所有镜检根尖的微核数。

(6)空白试样(阴性对照)的微核率。

(7)试样微核率、试样与空白试样差异显著性比较的统计学方法、判断标准、计算结果及试样致突变性鉴别结果。

表 2-14-1 原始实验数据记录表

实验日期：　　　　　　　　　　　　　　　　　　　实验人员：

试样	试样浓度/(mg/L)	1000 个细胞中有丝分裂期细胞数/个				有丝分裂指数或微核率均值/(‰)
		根尖 1	根尖 2	根尖 3	……	
空白试样	0					
试样 1	0.10					
试样 2	0.25					
试样 3	0.50					
试样 4	1.00					
试样 5	2.00					
……	1.00					

表 2-14-2 实验报告表

试样	试样浓度/(mg/L)	微核率/(‰)	差异性判定计算结果	试样是否存在致突变性
空白试样	0			
试样 1	0.10			
试样 2	0.25			
试样 3	0.50			
试样 4	1.00			
试样 5	2.00			

八、注意事项

(1) 解离前后要将乙醇和解离液清洗干净，并认真吸干，否则影响染色效果。

(2) 染色 10 min 是染色的参考时间，应以实际染色效果为准，不能太长也不能太短。

(3) 镊子敲打时，应用力均匀。开始时不要太重，避免细胞挤压在一起。若用力太轻，则不易使细胞处于同一平面。应适当控制敲打力度。

九、思考题

(1) 实验所得到的微核率与相应的重金属溶液浓度之间是否存在相关性？如果相关系数较小，可能是什么原因造成的？

(2) 在微核技术中，除了利用微核率直接说明废水污染程度外，还可使用什么指标表示废水的污染程度？

十、附录

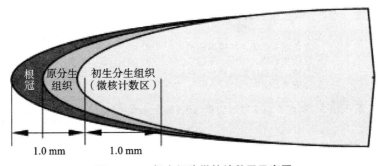

图 2-14-1 根尖细胞微核计数区示意图

· 78 ·　　　　　　　　　环境生物学实验与习题

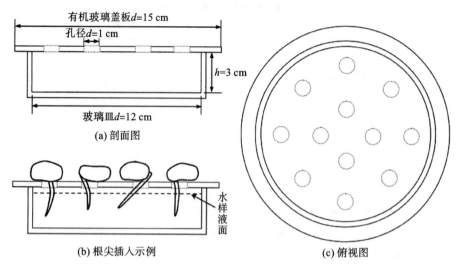

图 2-14-2　根尖处理皿示意图

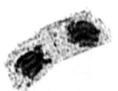

分裂末期：
　　两套子染色体到达细胞两极，逐渐变成细长而盘曲的染色质丝。纺锤丝消失，核膜出现并包围染色体形成新细胞核，赤道板位置出现细胞板。

分裂后期：
　　每条染色体的着丝点一分为二，染色体分为两条子染色体，由纺锤丝牵引着分别向细胞的两极移动。

分裂间期：
核仁及核膜完整。

有丝分裂期

分裂中期：
　　纺锤丝牵引每条染色体的着丝点运动并排列在细胞中央的赤道板上。染色体形态稳定，数目较清晰。

分裂前期：
　　核仁逐渐解体，核膜逐渐消失。染色质丝缠绕、缩短、变粗成为染色体。染色体散乱地分布在纺锤体中央。

图 2-14-3　有丝分裂各期细胞参考图（放大 400 倍）

扫码看彩图

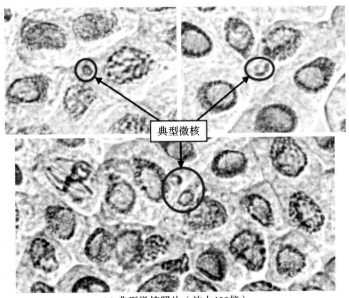

(a) 典型微核照片（放大400倍）

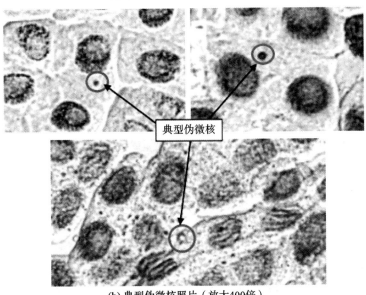

(b) 典型伪微核照片（放大400倍）

图 2-14-4 微核和伪微核判定的参考图

扫码看彩图

实验 15 生物体中有机氯农药含量的测定

有机氯农药(organochlorine pesticide,OCP)是用于防治植物病虫害的组成成分中含有氯元素的有机物,也是一种应用最早的人工合成的高效广谱杀虫剂,主要分为以苯为原料和以环戊二烯为原料的两大类,前者如使用最早、应用最广的杀虫剂滴滴涕(DDT)和六六六(BHC),以及杀螨剂三氯杀螨砜、三氯杀螨醇等,杀菌剂五氯硝基苯、百菌清等;后者如作为杀虫剂的氯丹、七氯、艾氏剂等。此外,以松节油为原料的莰烯类杀虫剂毒杀芬和以萜烯为原料的冰片基氯也属于有机氯农药。由于有机氯农药化学性质稳定,在环境中降解速度十分缓慢,以及其亲脂性等特点,在环境和动、植物体内大量蓄积并通过食物链进入人体,对人体健康构成潜在威胁。农药利用率一般为10%,约90%的农药残留在环境中,造成环境污染。大量散失的农药挥发到空气中,流入水体,沉降聚集在土壤中,严重污染农畜渔果产品,并通过食物链的富集作用转移到人体,对人体的健康产生危害。有机氯农药具有较强的亲脂性,所以比较容易在脂肪组织中聚集,并且通过食物链进行生物富集,更容易富集在食物链末端的人体内。我国政府高度重视具有持久性作用的有机氯农药的消减工作,在1983年停止BHC和DDT的生产,并逐步加强对有机氯农药残留的监测力度。

一、实验目的

(1)了解有机氯农药的提取方法。
(2)掌握有机氯农药含量的测定方法。

二、实验原理

样品经与无水硫酸钠一起研磨干燥后,用丙酮-石油醚提取农药残留,提取液经氟罗里硅土柱净化,净化后样液用配有电子捕获检测器的气相色谱仪测定,使用外标法定量。

本实验能够测定生物体中六六六(BHC)及异构体、六氯苯(HCB)、七氯、环氧七氯、艾氏剂、狄氏剂、异狄氏剂、滴滴涕(DDT)及异构体和类似物(DDD、DDE)的残留量。

三、实验仪器

(1)气相色谱仪:配电子捕获检测器。
(2)氧化铝净化柱:300 mm×20 mm(内径)玻璃柱,装入氧化铝40 g,上端装入10 g无水硫酸钠,干法装柱,使用前用40 mL石油醚淋洗。
(3)分析天平。
(4)索氏提取器。
(5)全玻璃蒸馏装置。
(6)玻璃研钵。
(7)旋转蒸发器或氮气流浓缩装置。
(8)微量注射器。
(9)脱脂棉:经丙酮-石油醚(2+8)混合液抽提6 h处理。

四、材料与试剂

本实验所用试剂均为分析纯。

(1)丙酮(C_3H_6O):重蒸馏。

(2)石油醚:沸程60~90 ℃,经氧化铝柱净化后用全玻璃蒸馏装置蒸馏,收集60~90 ℃馏分。

(3)乙醚($C_4H_{10}O$):重蒸馏。

(4)无水硫酸钠(Na_2SO_4)。

(5)乙醚-石油醚(15+85)淋洗液:取150 mL乙醚,加入850 mL石油醚,混匀。

(6)有机氯农药标准品:纯度≥99%,α-BHC、β-BHC、γ-BHC、δ-BHC、六氯苯、七氯、环氧七氯、艾氏剂、狄氏剂、异狄氏剂、o,p'-DDT、p,p'-DDT、p,p'- DDD、p,p'-DDE等。

(7)有机氯农药标准溶液:准确称取适量的每种有机氯农药标准品,用少量苯溶解,然后用石油醚配成浓度为0.100 mg/mL的标准储备液。根据需要再以石油醚配制成适宜浓度的标准工作混合液,保存于4 ℃冰箱内。

(8)氧化铝:层析用,中性,100~200目,800 ℃灼烧4 h,冷却至室温储于密封容器中备用。使用前应于130 ℃干燥2 h。

(9)氟罗里硅土:过60~100目筛,650 ℃灼烧4 h,储于密封容器中备用。使用前应于130 ℃干燥1 h。

五、实验步骤

1. 提取

(1)称取生物样品10.0 g(精确至0.1 g)于研钵中,加15 g无水硫酸钠研磨几分钟,将试样制成干松粉末。

(2)提取方法可选择索氏提取法。将干松粉末装入滤纸筒内,放入索氏提取器中。在提取器的瓶中加入100 mL丙酮-石油醚(2+8)混合液,水浴提取6 h(回流速度为每小时10~12次)。

(3)氮吹浓缩:在室温条件下,开启氮气至溶剂表面有气流波动(避免形成气涡),用丙酮-石油醚(2+8)混合液多次洗涤氮吹过程中已露出的浓缩器管壁,浓缩至约5 mL,待净化。

2. 净化

(1)将提取液全部移入氟罗里硅土柱中净化,弃去流出液。注入200 mL乙醚-石油醚(15+85)淋洗液进行洗脱。

(2)开始时,取部分乙醚-石油醚(15+85)淋洗液反复清洗提取瓶,并把洗液注入净化柱中。洗脱流速为2~3 mL/min,收集流出液于250 mL蒸发瓶中。经氮吹浓缩并定容至10 mL,供气相色谱测定。

3. 测定

(1)气相色谱参考条件。

①色谱柱:SGE毛细管柱(或等效的色谱柱),25 m×0.53 mm(内径),膜厚0.15 μm。固定相:HT5(非极性)键合相。

②载气:氮气(纯度≥99.99%),10 mL/min。

③助气:氮气(纯度≥99.99%),40 mL/min。

④柱温:升温程序如下。

100 ℃(2 min),5 ℃/min升温到140 ℃,然后以10 ℃/min升温到200 ℃,接着以15 ℃/min升温到230 ℃(5 min)。

⑤进样口温度:200 ℃。
⑥检测器温度:300 ℃。
⑦进样方式:柱头进样方式。

(2)气相色谱测定。

根据样液中有机氯农药种类和含量情况,选定峰高相近的相应标准工作混合液。标准工作混合液和样液中各有机氯农药响应值均应在仪器检测的线性范围内。对标准工作混合液和样液等体积参插进样测定。在上述气相色谱参考条件下,14 种有机氯农药出峰顺序和保留时间见表 2-15-1,14 种有机氯农药标准品色谱图见本实验附录图 2-15-1。

表 2-15-1　有机氯农药出峰顺序(从上至下,从左至右)和保留时间

农药名称	保留时间/min	农药名称	保留时间/min	农药名称	保留时间/min
α-BHC	10.55	七氯	13.08	异狄氏剂	16.75
HCB	10.75	艾氏剂	13.97	o,p′-DDT	17.12
γ-BHC	11.75	环氧七氯	15.04	p,p′-DDD	17.44
β-BHC	12.10	狄氏剂	16.28	p,p′-DDT	17.92
δ-BHC	12.90	p,p′-DDE	16.44		

4. 空白实验

空白实验中不加生物样品,其他均按上述步骤进行。

六、数据记录与处理

1. 实验结果计算

用色谱数据处理机或按式(2-15-1)计算生物样品中有机氯农药的含量,计算结果需将空白值扣除。

$$X_i = (h_i \times c \times V)/(h_{is} \times m) \tag{2-15-1}$$

式中:X_i——生物样品中有机氯农药的含量,mg/kg;

h_i——样液中各有机氯农药的峰高,mm;

c——标准工作混合液中有机氯农药的浓度,μg/mL;

V——样液最终定容体积,mL;

h_{is}——标准工作混合液中各有机氯农药的峰高,mm;

m——称取的生物样品重量,g。

2. 数据记录

将实验结果记录于表 2-15-2 中。

表 2-15-2　实验结果记录表

样品	浓度/(mg/kg)						
	α-BHC	HCB	γ-BHC	β-BHC	δ-BHC	七氯	……
空白							
A							
B							
C							
……							

七、注意事项

(1) 氟罗里硅土用前应做淋洗曲线测试。
(2) 在抽样和制样的操作过程中,必须防止样品受到污染或发生残留而引起含量变化。

八、思考题

(1) 生物体中有机氯农药的测定还有哪些方法?
(2) 哪些因素会影响生物体中有机氯农药的测定?

九、附录

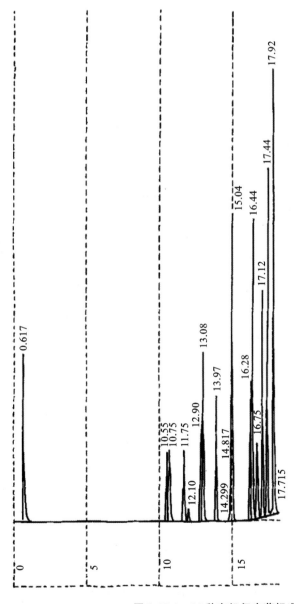

图中:10.55 min 为 α-BHC
10.75 min 为 HCB
11.75 min 为 γ-BHC
12.10 min 为 β-BHC
12.90 min 为 δ-BHC
13.08 min 为七氯
13.97 min 为艾氏剂
15.04 min 为环氧七氯
16.28 min 为狄氏剂
16.44 min 为 p,p′-DDE
16.75 min 为异狄氏剂
17.12 min 为 o,p′-DDE
17.44 min 为 p,p′-DDE
17.92 min 为 p,p′-DDE

图 2-15-1　14 种有机氯农药标准品色谱图

实验 16　蚤类(大型蚤)急性毒性实验

大型蚤是水生生态系统中的消费者,能够以水体中的藻类、细菌等为食,同时,它也是鱼类的食物之一,在水生生态系统中起重要的作用。大型蚤广泛存在于自然水体,易获得纯品系、生长快,以其为指示生物评价污染物毒性具有灵敏度高、繁殖率高、重复性好等优点,被广泛采纳为标准水生指示生物。

一、实验目的

(1)了解大型蚤的生活习性,掌握其繁殖规律。
(2)掌握大型蚤急性毒性实验方法。

二、实验原理

大型蚤(图 2-16-1)的身体短小,左右侧扁,从侧面看略呈长圆形,分为雌性和雄性,属于节肢动物门、甲壳动物纲、鳃足亚纲、双甲目、枝角亚目、蚤科、蚤属、栉蚤亚属。美国环境保护局(EPA)在 1978 年将大型蚤定为毒性实验的必测项目,建立了大型蚤毒性实验的标准方法,日本和许多欧洲国家也相继制订标准方法,我国于 1991 年制订大型蚤急性毒性的测定方法。大型蚤已成为一种公认的标准实验生物,广泛应用于水质检测和水生生物毒理实验。

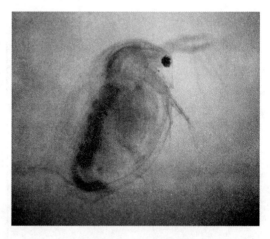

图 2-16-1　大型蚤

大型蚤是一组器官俱全的透明体,可在显微镜下直接观察到中毒症状。大型蚤急性毒性实验是通过观察不同处理组大型蚤的活动状态(活动能力是否受到抑制,甚至死亡)来评价受试物的毒性强弱。

三、实验仪器

人工气候培养箱、溶解氧测定仪、显微镜、电子天平、温度计、pH 计、广口滴管、烧杯、量筒、尼龙筛网等。

四、材料与试剂

1. 受试生物

本实验采用在室内纯培养并处于孤雌生殖状态下的大型蚤作为实验材料。

2. 人工稀释水

人工稀释水用电导率小于 10 μS/cm(1 mS/m)的蒸馏水或去离子水按以下方法配制。
(1)氯化钙溶液:将 11.76 g 氯化钙($CaCl_2 \cdot 2H_2O$)溶于去离子水中,稀释定容至 1 L。
(2)硫酸镁溶液:将 4.93 g 硫酸镁($MgSO_4 \cdot 7H_2O$)溶于去离子水中,稀释定容至 1 L。
(3)碳酸氢钠溶液:将 2.59 g 碳酸氢钠($NaHCO_3$)溶于去离子水中,稀释定容至 1 L。

(4)氯化钾溶液:将 0.25 g 氯化钾(KCl)溶于去离子水中,稀释定容至 1 L。

分别取以上 4 种溶液各 25 mL 混合,稀释定容至 1 L。必要时可用氢氧化钠溶液或盐酸调节 pH,使其 pH 稳定在 7.8±0.2。人工稀释水应容许大型溞在其中生存至少 48 h,并尽可能保证人工稀释水中不含有任何已知的对大型溞有毒的物质,如氯、重金属、农药、氨或多氯联苯等。

如果所进行的实验需要使用其他稀释水或改变人工稀释水的 pH,应在实验报告中注明所用稀释水的性质。要求稀释水的硬度在 150~300 mg/L(以 $CaCO_3$ 计)范围内,Ca 与 Mg 的比例接近 4∶1。pH 不得低于 6.5 或不得高于 8.5,同一实验 pH 波动范围不得大于 0.5。

3. 重铬酸钾($K_2Cr_2O_7$)溶液

准确称取 0.05 g $K_2Cr_2O_7$ 溶于 100 mL 人工稀释水中,待溶解完全后移入 1000 mL 容量瓶中,用人工稀释水稀释到刻度线,摇匀。再用人工稀释水和上述 $K_2Cr_2O_7$ 溶液配制浓度分别为 0.16 mg/L、0.31 mg/L、0.63 mg/L、1.25 mg/L 和 2.5 mg/L 的 $K_2Cr_2O_7$ 溶液。

4. 实验液

本实验所用实验液为用人工稀释水稀释的生活污水。用 1 L 蓝色广口玻璃瓶采集生活污水,在采集时应使采样瓶充满水样,不留空气。污水采集后应立即进行实验,如果污水采集后 6 h 之内不能进行实验,则必须将水样低温保存(0~4 ℃),并应尽可能缩短水样在实验前保存的时间。实验开始前,用人工稀释水将采集的生活污水稀释成不同浓度的实验液(用稀释百分数表示)。

五、实验步骤

1. 大型溞的培养

选择体大、健康的大型溞数个,用 50 mL 烧杯单个培养。向烧杯中加入 30 mL 新配制的人工稀释水,放入大型溞,将烧杯置于人工气候培养箱中,培养温度为(20±1)℃,光照强度为 4000 lx,光暗比为 16 h∶8 h,隔天(可避免暗培养时大型溞因缺氧而死亡)投喂新鲜普通小球藻液,选择繁殖量最大的一代为母溞。将母溞放入含有 500 mL 新鲜配制的人工稀释水的生活污水中,每 500 mL 水中大型溞的个数不超过 10 个,在人工气候培养箱中进行培养,每周更换培养液 1~2 次,定期分离母溞和幼溞,避免抢食和生存空间不足。

2. 实验用溞的分离

实验前,根据实验用幼溞的数量选择怀卵量高的母溞数个,投喂充足的新鲜普通小球藻液,在实验前 24 h 用孔径为 1 mm 的尼龙筛网滤去幼溞,继续培养母溞,再在实验前 6~12 h 用孔径 1 mm 的尼龙筛网过滤,得到溞龄小于 24 h 的幼溞用于后续实验。

3. 预实验

(1)正式实验前,为确定实验浓度范围,必须先进行预实验。预实验浓度间距可宽一些(如 0.1、1、10),每个浓度至少放 5 个幼溞,通过预实验找出受试物使大型溞运动 100%受抑制的浓度和最大耐受浓度的范围,然后在此范围内设计正式实验中各组的浓度。

(2)预实验中应了解毒物的稳定性,在人工稀释水中是否会出现沉淀及 pH 等理化性质的改变,以便确定正式实验是否需要采取流水或更换实验液及改变人工稀释水 pH 等措施。

4. 正式实验

(1)根据预实验的结果确定正式实验的浓度范围,按几何级数的浓度系列(等比级数间距)

设计 5~7 个浓度(如 1、2、4、8、16 等比级系数为 2)。实验浓度的设计要合理,浓度系列中以能出现一个使 60% 左右和 40% 左右大型溞运动受抑制或死亡的浓度较理想。

(2)实验用 100 mL 烧杯(或结晶皿)装 40~50 mL 实验液,放幼溞 10 个。每个浓度至少设 2~3 个平行实验。一组实验液设一空白对照,内装相同体积的人工稀释水。

(3)实验开始后应于 1 h、2 h、4 h、8 h、16 h 及 24 h 定期观察,记录每个容器中仍能活动的幼溞数,测定 0~100% 大型溞不活动或死亡的浓度范围,并记录它们不正常的行为。在计算实验溞的不活动或死亡的百分数之后,立即测定实验液的溶解氧浓度。

(4)检查大型溞的敏感性及实验操作步骤的统一性,定期测定 $K_2Cr_2O_7$ 溶液的 24 h-EC_{50},在实验报告中报告 24 h-EC_{50}。$K_2Cr_2O_7$ 溶液的 24 h-EC_{50} 为 0.5~1.2 mg/L(20 ℃条件下)。

六、数据记录与处理

1. 数据记录

在规定的时间到实验室观察,准确记录行为正常、行为不正常以及死亡幼溞的数量,并记录实验液的一般理化参数。

2. 数据处理

根据记录的数据,计算每个浓度实验液中不活动的大型溞或死亡溞占实验总数的百分比,从而计算 EC_{50}(或 LC_{50})。也可用计算机 EC_{50}(或 LC_{50})程序处理(寇氏修正法),获得 EC_{50}(或 LC_{50})。

七、实验报告

实验报告内容应包括实验目的、要求、日期、溞种、龄期(或出生至实验开始的时间)、来源、驯养条件、喂食情况、实验容器体积、实验液量、实验水温、用水来源及实验溞数等。实验液的一般理化参数(如 pH、溶解氧、电导率、总硬度等)也须加以说明,并写明大型溞的状态。

八、注意事项

(1)必须用水充分洗净实验容器,防止污染物污染。

(2)分离实验溞时要按照操作规程进行,并要细心、快速。用于实验的幼溞大小力求一致,去掉体弱、受伤及雄性个体。

(3)实验结束时溶解氧浓度必须大于或等于 2 mg/L。

九、思考题

(1)EC_{50} 是否还有其他的计算方法?如果有,哪种更好?

(2)对于水溶性差的物质,使用助溶剂能否保证数据的可靠性?

实验 17 斑马鱼急性毒性实验

鱼类对水环境的变化反应十分灵敏,当水体中的污染物达到一定程度时,就会引起一系列中毒反应,如行为异常、生理功能紊乱、组织细胞病变,甚至死亡。鱼类急性毒性实验用于评价受试物对鱼类可能产生的影响,以短期暴露效应表明受试物的毒害性,这是水生生物检验工作内容之一,被广泛用于水环境污染监测。鱼类急性毒性实验在研究水污染及水环境质量中占有重要地位,不仅用于测定化学物质毒性强度、水体污染程度及检查废水处理的有效程度,也为制订水质标准、评价环境质量和管理废水排放等提供环境依据。

一、实验目的

(1)了解斑马鱼急性毒性实验方法用于监测评价水环境污染的作用与意义。
(2)熟悉常见动物染毒途径和方法、急性毒性实验设计思路。
(3)掌握斑马鱼急性毒性实验(静水式)的原理、方法、步骤及结果判定。
(4)分析计算实验结果,得出半数致死浓度LC_{50}。

二、实验原理

斑马鱼是一种小型热带淡水鱼,最早是作为胚胎发育和遗传学的实验动物模型,广泛应用于早期胚胎发育基因表达调控的研究。斑马鱼急性毒性测定是在规定实验条件下,用斑马鱼作为受试生物,接触含不同浓度受试物的溶液。实验至少进行 24 h,最好以 96 h 为一个实验周期,在 24 h、48 h、72 h、96 h 记录受试斑马鱼的死亡率,确定引起群体中 50% 死亡的受试物浓度,并记录无死亡的最大浓度和导致鱼类全部死亡的最小浓度。

根据受试物的性质可选用静水式、换水式或流水式实验方法,本实验采用静水式实验方法。静水式实验期间无须更换实验液,操作简单,适用于研究受试物或工业废水相对比较稳定、耗氧量较低的短期实验。

三、实验仪器

1000 mL 烧杯、电子天平、曝气装置、溶解氧测定仪、水硬度计、pH 计、控温设备、小渔网、量筒、容量瓶、玻璃棒等。

四、材料与试剂

(1)实验鱼种:斑马鱼。
(2)实验用水:人工曝气 1 h 或放置 3 天以上脱氯的自来水。水质条件要保持稳定,溶解氧要超过 4 mg/L,pH 6.5~8.5,水温 21~25 ℃,水的总硬度为 10~250 mg/L(以 $CaCO_3$ 计)。
(3)受试物:重铬酸钾($K_2Cr_2O_7$,分析纯)。
(4)鱼食等。

五、实验步骤

1. 实验鱼的选择与驯养

实验鱼体长(30±5)mm,体重(0.3±0.1)g,为同一驯养池中规格大小一致的幼鱼。在同一实验中要求实验鱼必须同属、同种、同龄。

实验鱼应在实验前处于与实验相同水质、水温的环境条件下,在连续曝气的水中至少驯养2周,不应长期养殖(小于2个月)。驯养期间,应每天换水,可每天喂食1~2次,但在实验前一天应停止喂食,以免实验时剩余饵料及粪便影响水质,整个实验期间不喂食。驯养期间实验鱼死亡率不得超过10%,如果超过10%则这批鱼不得用于实验。实验鱼应健康无病,无明显的疾病和肉眼可见畸形。

2. 实验液的配制

称取分析纯 $K_2Cr_2O_7$ 4.0000 g,配制成 4000 mg/L $K_2Cr_2O_7$ 受试物储备液,注意应实验当天配制。对于化学性质较稳定的物质,可配制供2天以上使用的量,配好后低温保存。

将储备液稀释成5个不同浓度的受试液各900 mL(记为浓度1~5),分别装入1000 mL烧杯中,混合均匀。所选择的浓度应包括有使斑马鱼在24 h内死亡的浓度以及在96 h内无死亡的浓度。每个实验浓度设3个平行组,每一系列设一个空白对照组。

注意:正式实验前必须进行预实验,根据预实验确定正式实验的浓度范围,在包括使鱼全部死亡的最小浓度和96 h内鱼类无死亡的最大浓度之间至少应设置5个浓度组。可参考浓度梯度如 80 mg/L、180 mg/L、280 mg/L、400 mg/L、600 mg/L 或 200 mg/L、245 mg/L、300 mg/L、367 mg/L、450 mg/L。

3. 斑马鱼的移放

将实验溶液调节至相应温度后,从驯养鱼群中随机取出实验鱼并迅速放入各实验容器中,每个容器放10尾鱼,雌雄各半。所有实验鱼应在30 min内转移完毕。转移期间处理不当的鱼均应弃去。注意:①禁止先放入实验鱼后往实验容器中加实验液,以免实验鱼接触到不均匀的高浓度实验液而提前死亡;②为避免对实验鱼不必要的扰动,实验液中溶解氧应不小于 4 mg/L;③每天光照时间保持 12~16 h;④实验期间水温稳定在 (23±1)℃。

4. 结果的观察

实验开始后 3~6 h 内要特别注意观察各组实验鱼的状况,并记录实验鱼的异常行为,如鱼体侧翻、失去平衡、游泳能力和呼吸功能减弱、色素沉积等。

在 12 h、24 h、48 h、72 h 和 96 h 检查实验鱼的状况(每天至少2次),并做详细的观察与记录,包括实验鱼的死亡率和由于中毒而引起的实验鱼的生化、生理以及形态学、组织学的变化,如不爱动、食欲不好、呼吸微弱以及身体不平衡等症状。如果实验鱼没有任何肉眼可见的运动,如鳃的扇动、碰触尾柄后无反应等,即可判断该实验鱼已死亡。观察并记录死鱼数目后,将死鱼从容器中取出。

注意:实验开始和结束时要测定 pH、溶解氧、水温、实验容器中实验液的浓度,实验期间每天至少测定1次。

六、数据记录与处理

1. 数据记录

在规定时间内观察、记录实验数据,并填入表 2-17-1。

2. 数据处理

以实验液浓度为横坐标、死亡率为纵坐标,在单对数坐标纸或计算机上绘制死亡率对(受试物)浓度的曲线。用直线内插法或常用统计程序计算出 24 h、48 h、72 h 和 96 h 的半致死浓度 LC_{50} 值,并计算 95% 的置信限。

如果实验数据不适于计算 LC_{50},可用无死亡的最大浓度和导致鱼类全部死亡的最小浓度估算 LC_{50} 的近似值,即这两个浓度的平均值。

七、实验报告

在实验报告中除实验名称、实验目的、实验原理、实验的准确起止日期外,还要求列出下列资料及数据。

(1) 受试物的信息,包括通用名、化学名称、结构式、CAS 号、纯度、基本理化性质、来源等。

(2) 受试鱼的名称、来源、大小、预养情况及每升水的载鱼量(g)等。

(3) 实验条件,包括实验温度、光照等,实验用水的温度、溶解氧浓度及 pH 等。

(4) 列表记录实验液的浓度及 24 h、48 h、72 h 和 96 h 的 LC_{50} 值和 95% 置信限,并给出所采用的计算方法。

(5) 空白对照组实验鱼的死亡率、行为反应异常的比例。

(6) 鱼的中毒症状。

表 2-17-1 斑马鱼急性毒性实验观察记录表

实验室:　　　　　　　　　　　操作者:
实验开始日期:　　　　　　　　受试物及分子式:

时间	项目	空白对照	浓度1	浓度2	浓度3	浓度4	浓度5
24 h	死亡数/尾						
	死亡率/(%)						
	水温/℃						
	pH						
	溶解氧/(mg/L)						
	中毒症状						
48 h	死亡数/尾						
	死亡率/(%)						
	水温/℃						
	pH						
	溶解氧/(mg/L)						
	中毒症状						
72 h	死亡数/尾						
	死亡率/(%)						
	水温/℃						
	pH						
	溶解氧/(mg/L)						
	中毒症状						

续表

时间	项目	空白对照	浓度1	浓度2	浓度3	浓度4	浓度5
96 h	死亡数/尾						
	死亡率/(%)						
	水温/℃						
	pH						
	溶解氧/(mg/L)						
	中毒症状						

八、注意事项

(1) 实验期间，受试物实测浓度不能低于设置浓度的80%。如果实验期间受试物实测浓度与设置浓度相差超过20%，则以受试物实测浓度来表达实验结果。

(2) 实验期间，尽可能使实验条件与鱼类原来适应的环境一致。水温：温水鱼21～25 ℃。冷水鱼12～15 ℃。在同一实验中，温度的波动范围不超过1 ℃，pH保持在6.5～8.5，溶解氧不小于4.0 mg/L。

(3) 每克鱼供水0.5 L以上。通常在软水中进行，可采用自然界的江、河、湖水，如果用自来水，则必须进行人工曝气1 h或放置3天以上脱氯。

(4) 实验期间，空白对照组的死亡率不得超过10%，实验期间鱼的外表及行为不正常或病态鱼所占比例也不得超过10%，否则要重新进行实验。

九、思考题

(1) 用鱼类评价水环境污染的程度所基于的原理是什么？
(2) 查阅有关书籍，简述生物富集、生物放大、生物积累的定义。

十、附录

1. 斑马鱼基本特性

斑马鱼（*Danio rerio*），又名蓝斑马鱼、花条鱼、印度斑马鱼，属于鲤科，是一种常见的热带鱼，如图2-17-1所示。斑马鱼一般体长3～4 cm，体呈纺锤形。性情温和，对水温水质要求不高，易饲养，4月龄进入性成熟期。成熟斑马鱼2～3天便可产卵一次，产卵量高，繁殖力很强。体外受精，胚胎体外发育，发育快速。饲养花费少，能够大规模养殖。

2. 斑马鱼作为模式生物的优点

斑马鱼基因与人类基因的相似度达到87%，具有高度同源性，因此受到生物学家的重视。另外，斑马鱼的胚胎是透明的，所以很容易观察到药物对其体内器官的影响。雌性斑马鱼可产卵数百枚，胚胎在24 h内就可发育成形，这使得生物学家可以在同一代鱼身上进行不同的实验，进而研究病理演化过程并找到病因。在国际上以斑马鱼作为模式生物已经在多个领域获得成功，如遗传学与逆向遗传学，发育生物学，研究人类生命系统的发育、功能和疾病，监测水体污染，医学视网膜和听觉修复等。在我国，现在有300多个实验室将斑马鱼作为受试生物进行实验研究。

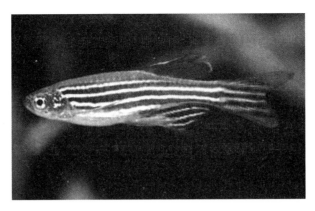

图 2-17-1　斑马鱼

3. 斑马鱼在药物评价中的应用

斑马鱼在药物评价中的应用包括一般毒性评价、发育毒性评价、心血管毒性评价、肝毒性评价、神经毒性评价、肾毒性评价、胃肠道毒性评价、视觉毒性评价、耳毒性评价及软骨毒性评价等。

实验 18　斑马鱼生物蓄积毒性实验

低于中毒阈剂量的外源化合物,反复多次与受试生物接触,经一定时间后使机体出现明显的中毒表现,称为蓄积毒性作用。这是外源化合物进入机体的速度大于消除的速度,使外源化合物在体内的量不断蓄积,达到了引起机体毒性作用的阈剂量所致。环境污染物在体内的蓄积作用,是引起亚慢性和慢性毒性作用的基础,因而其蓄积毒性作用常常是评价环境污染毒性作用的指标之一,也是制订其在环境中卫生标准的重要参考依据。

一、实验目的

(1)熟悉并掌握生物蓄积毒性实验的设计、条件和操作步骤。
(2)掌握蓄积毒性强弱的判定方法,分析实验结果,并得出实验结论。

二、实验原理

蓄积毒性实验方法有蓄积系数法、20 天蓄积实验法、受试物生物半减期测定法等。蓄积系数法常用实验方法有固定剂量每天连续染毒法和剂量定期递增染毒法。根据受试物、受试生物的不同可以选择不同的实验方案和操作过程。本实验以斑马鱼为受试生物,重铬酸钾($K_2Cr_2O_7$)为受试物,采用 20 天蓄积实验法。

斑马鱼由于个体小,周期产卵,且产卵周期短,产卵量高,是理想的分子生物学和免疫学研究的脊椎动物模型。斑马鱼生物蓄积毒性实验是在规定实验条件下,用斑马鱼作为受试生物,接触含不同浓度受试物的溶液一段时间,观察记录其死亡情况,分析受试物剂量-受试生物反应关系,评价受试物的生物蓄积毒性。

三、实验仪器

1000 mL 烧杯、电子天平、曝气装置、溶解氧测定仪、水硬度计、pH 计、控温设备、小渔网、量筒、容量瓶、玻璃棒等。

四、材料与试剂

(1)实验鱼种:斑马鱼。
(2)实验用水:人工曝气 1 h 或放置 3 天以上脱氯的自来水。水质条件要保持稳定,溶解氧要超过 4 mg/L,pH 6.5~8.5,水温 21~25 ℃,水的总硬度 10~250 mg/L(以 $CaCO_3$ 计)。
(3)受试物:重铬酸钾($K_2Cr_2O_7$,分析纯)。
(4)鱼食等。

五、实验步骤

1. 实验鱼的选择与驯养

实验鱼体长(30±5)mm,体重(0.3±0.1)g,为同一驯养池中规格大小一致的幼鱼。在同一实验中要求实验鱼必须同属、同种、同龄。

实验鱼应在实验前处于与实验相同水质、水温的环境条件下,在连续曝气的水中至少驯养 2 周,不应长期养殖(小于 2 个月)。驯养期间,应每天换水,可每天喂食 1~2 次,但在实验前一天应停止喂食,以免实验时剩余饵料及粪便影响水质,整个实验期间不喂食。驯养期间实验鱼死亡率不得超过10%,如果超过10%则这批鱼不得用于实验。实验用鱼应健康无病,无明显的疾病和肉眼可见畸形。

2. 实验液的配制

称取分析纯 $K_2Cr_2O_7$ 4.0000 g,配制成 4000 mg/L 的 $K_2Cr_2O_7$ 受试物储备液,应当天配制。对于化学性质较稳定的物质,可配制供 2 天以上使用的量,配好后低温保存。根据 $K_2Cr_2O_7$ 对斑马鱼的 96 h-LC_{50},再将储备液稀释成 1000 mL 96 h-LC_{50} 浓度的受试液。

3. 实验组的设置

设置 5 个实验组,包括 4 个剂量组和 1 个空白对照组,受试液浓度分别为 0、$1/20LC_{50}$、$1/10LC_{50}$、$1/5LC_{50}$、$1/2LC_{50}$。每个浓度设 3 个平行组。实验开始后剂量组每天 1 次定时给药,连续给药 20 天。空白对照组不给药,其他条件保持相同。

4. 斑马鱼的移放

将实验溶液调节至相应温度后,从驯养鱼群中随机取出实验鱼并迅速放入各实验容器中,每个容器放 10 尾鱼,雌雄各半。所有实验鱼应在 30 min 内转移完毕。转移期间处理不当的鱼均应弃去。注意:①禁止先放入实验鱼后再往实验容器中加受试液,以免实验鱼接触到不均匀的高浓度受试液而提前死亡;②为避免对实验鱼不必要的扰动,实验液中溶解氧应不小于 4 mg/L;③每天光照时间保持 12~16 h;④实验期间水温稳定在(23±1)℃。

5. 结果的观察

停药后继续观察 7 天,并详细地记录,包括实验鱼的死亡率和由于中毒而引起的实验鱼的生化、生理以及形态学、组织学的变化,如不爱动,食欲不好,呼吸微弱以及身体不平衡等症状。如果实验鱼没有任何肉眼可见的运动,如鳃的扇动、碰触尾柄后无反应等,即可判断实验鱼已死亡。观察并记录死鱼数目后,将死鱼从容器中取出。

六、数据记录与处理

1. 数据记录

规定时间内观察、记录实验数据,并将实验结果填入表 2-18-1。

表 2-18-1 斑马鱼生物蓄积毒性实验观察记录表

实验室: 操作者:
实验开始日期: 受试物及分子式:

受试液浓度	0	$1/20LC_{50}$	$1/10LC_{50}$	$1/5LC_{50}$	$1/2LC_{50}$
死亡数					
评价结果					

2. 结果判定

停药 7 天后如果各剂量组均无死亡,可认为受试物无明显蓄积毒性或者未见蓄积;如果仅高剂量组($1/2LD_{50}$)有死亡,其他组无死亡,则受试物为弱蓄积毒性;如果低剂量组($1/20LD_{50}$)无死亡,但其他剂量组有死亡并且呈剂量-反应关系,则受试物有中等蓄积毒性;如果低剂量组($1/20LD_{50}$)有死亡,各剂量组有死亡并且呈剂量-反应关系,则受试物有强蓄积毒性。

七、注意事项

(1)选取健康的、大小适中的斑马鱼进行实验。

(2)做蓄积毒性实验前必须先通过前期实验获取受试物的 LC_{50}。

(3)实验开始和结束时要测定 pH、溶解氧、水温、实验容器中受试液的浓度,实验期间每天至少测定 1 次。

(4)在实验中注意安全,避免接触有毒物质造成伤害。

八、思考题

(1)测定化合物蓄积毒性的意义是什么?有什么作用?

(2)20 天蓄积实验法与其他方法相比,有什么优点与缺点?

实验19　农药对鱼类乙酰胆碱酯酶活性的影响

乙酰胆碱酯酶是一种重要的生态环境监测大分子标记物。生物体内的乙酰胆碱酯酶，在正常状态时，能将神经冲动时所产生的乙酰胆碱分解成乙酸和胆碱，从而使生物的神经传导正常进行。当生物接触神经毒性物质如氨基甲酸酯类农药后，体内的乙酰胆碱酯酶活性受到抑制，不能分解乙酰胆碱，导致神经传导不能正常进行。

一、实验目的

(1)了解农药对乙酰胆碱酯酶的影响原理。
(2)掌握乙酰胆碱酯酶活性的测试方法。

二、实验原理

取一定量的乙酰胆碱与鱼脑乙酰胆碱酯酶作用，水解后，剩余的乙酰胆碱与碱性羟胺作用，生成乙酰羟胺。乙酰羟胺在酸性溶液中与三氯化铁作用，生成深褐色异羟肟酸铁络合物，其颜色的深浅与乙酰胆碱的量成正比，用分光光度计定吸光度得出剩余乙酰胆碱的含量，从而间接地测定乙酰胆碱酯酶的活性。

三、实验仪器

分光光度计、天平、移液枪、恒温水浴锅等。

四、材料与试剂

(1)鲤鱼或鲫鱼。
(2)农药：98％乙酰甲胺磷、95％巴丹、97％高效氯氰菊酯、97％甲基硫菌灵、95.4％异菌脲或98.2％哒螨灵等，实验时农药以蒸馏水稀释至实验设定浓度。
(3)乙酰胆碱储备液：精确称取 0.073 g 氯化乙酰胆碱，用 0.001 mol/L 乙酸钠溶液定容至 10 mL，得到 0.04 mol/L 储备液，即 1 mL 中含有 40 μmol 乙酰胆碱(因乙酰胆碱易吸潮，称量时要快，最好用带盖称量瓶)。
(4)乙酰胆碱标准液：取 1 mL 乙酰胆碱储备液，用 0.001 mol/L 乙酸钠溶液稀释定容至 10 mL，得到 0.004 mol/L 乙酰胆碱标准液，即 1 mL 中含有 4 μmol 乙酰胆碱。
(5)0.37 mol/L $FeCl_3$ 溶液：称量 10 g $FeCl_3 \cdot 6H_2O$，溶于 0.1 mol/L 盐酸中并定容至 100 mL，储于棕色瓶。
(6)pH 7.2 磷酸盐缓冲液：甲液，称量 31.21 g $NaH_2PO_4 \cdot 2H_2O$ 或称量 27.6 g $NaH_2PO_4 \cdot H_2O$，溶于去离子水中并定容至 1 L。乙液，称量 35.61 g $Na_2HPO_4 \cdot 2H_2O$、53.624 g $Na_2HPO_4 \cdot 7H_2O$、71.64 g $Na_2HPO_4 \cdot 12H_2O$。将甲液和乙液按照 28∶72 的比例进行混合，制得 pH 7.2 磷酸盐缓冲液。
(7)3.5 mol/L NaOH 溶液：称量 70 g NaOH，溶于去离子水中并定容至 500 mL。
(8)2 mol/L 盐酸羟胺溶液：称量 69.49 g 盐酸羟胺，溶于去离子水中并定容至 500 mL。
(9)碱性羟胺：2 mol/L 盐酸羟胺溶液与 3.5 mol/L NaOH 溶液等体积混合制成。
(10)1∶2 盐酸。

五、实验步骤

1. 染毒实验

预先购买实验鱼后放置在实验室内驯养 7 天,每天喂食 1 次,实验用水为蒸馏水,目的是排除氯离子的干扰,并同时使用增氧泵,保证溶解氧 $\geqslant 5.0$ mg/L,实验用水温度控制在 (25 ± 1) ℃,实验前 2 天停止喂食。实验时农药以蒸馏水稀释至实验设定浓度,将实验鱼放入相应农药浓度下进行培养。设置 5 个不同浓度梯度的实验组和 1 个空白对照组,每组放置 10 尾鱼。采用静态实验法,分别于 1 天、7 天、14 天后采集样本。

2. 乙酰胆碱标准曲线

分别取乙酰胆碱标准液 0 mL、0.2 mL、0.4 mL、0.6 mL、0.8 mL、1.0 mL 于试管中,然后用 pH 7.2 磷酸盐缓冲液添加至 2 mL,摇匀,各加碱性羟胺 4 mL(临用前 20 min 将 2 mol/L 盐酸羟胺溶液与 3.5 mol/L NaOH 溶液等体积混合即成),振摇 3 min 后再加 1∶2 盐酸 2 mL,振摇 1 min,最后加 2 mL $FeCl_3$ 溶液,摇匀后待测(空白管先加 1∶2 盐酸摇匀,再加碱性羟胺)。10 min 后分别将溶液移入比色皿中,并在 525 nm 波长处测定各管的吸光度,以空白对照组溶液调零。以乙酰胆碱浓度为横坐标,以吸光度为纵坐标绘制标准曲线。

3. 样品分析

(1) 取染毒鱼和对照鱼,设 2 个浓度组,每组各取一尾鱼,用剪刀将鱼头脊背面剪成三角状,剥去头顶骨,然后用镊子取出鱼脑组织,用滤纸拭去鱼脑表面的血丝和非脑组织。

(2) 称取 20 mg 鱼脑组织,放入已冰浴预冷的匀浆器中,先加入 1 mL pH 7.2 磷酸盐缓冲液进行匀浆,再加同样的缓冲液 9 mL 于匀浆器中,使每毫升鱼脑匀浆液中含鱼脑组织 2 mg。

(3) 取两支试管,各加入 1 mL 乙酰胆碱标准液,再分别向两支试管中加入 1 mL 染毒鱼及对照鱼的鱼脑组织匀浆液,然后放入 37 ℃ 恒温水浴锅中,温育 20 min。

(4) 取出试管并立即分别加入 4 mL 碱性羟胺,充分振摇后再分别加入 2 mL 1∶2 盐酸,充分振摇,最后再分别加入 2 mL $FeCl_3$ 溶液,再次充分振摇,然后用滤纸快速过滤(除去蛋白质及杂质)。

(5) 将滤液移入比色皿中,在 525 nm 波长处测定吸光度,仍以空白对照组溶液调零。

六、数据记录与处理

1. 实验结果计算

酶活性的计算按式 (2-19-1) 进行

$$U = 3(M-m)/2 \tag{2-19-1}$$

式中:U——酶活性,$\mu mol/(g \cdot h)$;

M——乙酰胆碱标准液的物质的量浓度,$\mu mol/L$;

m——样品水解后残留的乙酰胆碱的物质的量浓度,由乙酰胆碱标准曲线查出,$\mu mol/L$;

3——作用时间 20 min 除 60 min 所得;

2——每毫升鱼脑匀浆液含鱼脑组织 2 mg。

2. 数据记录与处理

将实验数据记录于表 2-19-1 中,根据实验数据分析并评价污染物对乙酰胆碱酯酶的影响。

表 2-19-1　农药对鱼类乙酰胆碱酯酶活性的影响实验数据记录表

样品	吸光度 A_{525}	$M/(\mu mol/L)$	$m(\mu mol/L)$	$U/(\mu mol/(g \cdot h))$
空白				
A				
B				
C				
D				
……				

七、注意事项

(1)实验中所用的农药为有毒物质,标准溶液配制及样品前处理过程应在通风橱中进行。
(2)操作时应按规定佩戴防护器具,避免有毒物质直接接触皮肤和衣物。

八、思考题

(1)检验乙酰胆碱酯酶的活性有何毒理学意义?
(2)如何提取鱼类中的乙酰胆碱酯酶?

实验 20　重金属对鱼肝中过氧化氢酶活性的影响

过氧化氢酶是广泛存在于生物体内的抗氧化防御性功能酶。抗氧化防御系统的一个重要特征是其活性成分或含量可因污染的胁迫而发生改变,因而可间接反映环境中污染物的存在。过氧化氢酶能催化分解细胞代谢产生的 H_2O_2 和其他过氧化物,在参与活性氧的清除及机体的保护防御反应中起重要作用。过氧化氢酶含有丰富的巯基,重金属可与其巯基或活性基团相互作用,从而改变酶的活性,呈现致毒作用。

一、实验目的

(1)通过本实验,熟悉和掌握鱼类过氧化氢酶活性的测定方法。
(2)了解不同浓度污染物对过氧化氢酶活性的影响。

二、实验原理

测定过氧化氢酶活性可采用测压法、滴定法和分光光度法,其中分光光度法最简便、最常用。其原理是在波长 240 nm 处测定未被催化分解的 H_2O_2,从而计算出被催化分解的 H_2O_2 量,由此测出过氧化氢酶活性。

三、实验仪器

紫外分光光度计、冷冻离心机、恒温水浴锅、pH 计、分析天平、移液枪等。

四、材料与试剂

1. 鲫鱼

选取体长 5～10 cm、体重 50～100 g 的健壮鲫鱼作为受试生物。

2. 0.01 mol/L pH 6.8 磷酸盐缓冲液

A 液:称取 1.3610 g KH_2PO_4 溶解定容至 1000 mL;B 液:称取 3.5816 g 的 Na_2HPO_4 溶解定容至 1000 mL,取 A 液与 B 液等体积混匀得到 0.01 mol/L pH 6.8 磷酸盐缓冲液。

3. 0.1% H_2O_2 溶液

0.5 mL 30% H_2O_2 溶液用 0.01 mol/L pH 6.8 磷酸盐缓冲液定容至 50 mL 棕色容量瓶。从其中取 10 mL,加入 20 mL 磷酸盐缓冲液,混匀即得 0.1% H_2O_2 溶液。

五、实验步骤

1. 毒性实验

实验采用静水法,用分析纯的重金属盐(Pb、Cu、Zn、As、Cd 等)配成不同浓度的含重金属的溶液,重金属浓度分别为 0 mmol/L、0.01 mmol/L、0.05 mmol/L、0.1 mmol/L、0.5 mmol/L 和 1 mmol/L。配制时充分搅拌,并分别置于不同水盆中,含重金属溶液体积为 5～8 L,每组放置 3～5 尾鱼,经过 24 h 处理后取样。

2. 样品的采集

将正常鱼和经重金属处理过的鱼杀死,剥离肝,用滤纸吸干,称重。准确称取 1.00 g 样品

（精确到 0.01 g），倒入研钵中进行研磨，研磨完成后加入 10 mL 新配制的 0.01 mol/L pH 6.8 磷酸盐缓冲液溶解，转入 25 mL 容量瓶中，并用 0.01 mol/L pH 6.8 磷酸盐缓冲液冲洗研钵数次，合并洗液并定容至刻度线。混合均匀后将容量瓶置于 4 ℃ 冰箱静置 30 min，取上清液在 4 ℃、12000 r/min 条件下离心 15 min，取上清液作为待测液。

3. 过氧化氢酶活性的测定

紫外分光光度计读数方式为时间扫描，波长取 240 nm，测定时间为 120 s，读数间隔 5 s。

将待测液及 0.1% H_2O_2 溶液分别置于 40 ℃ 恒温水浴锅中保温 10 min，准确吸取 0.1 mL 待测液于石英比色皿中，再吸取 2.9 mL 0.1% H_2O_2 溶液加入石英比色皿，混合均匀，立即读数。

从 0~90 s 中截取线性较好的 1 min，计算吸光度差值。

各浓度分别设 3 个平行组，取平均值。当过氧化氢酶活性降低时，分解底物 H_2O_2 的能力减弱，石英比色皿中 H_2O_2 浓度升高，相应的吸光度也增大。通过比较对照组吸光度和重金属处理组吸光度的差异分析酶活性。

六、数据记录与处理

1. 实验结果计算

以 1 min 内 0.1% H_2O_2 溶液在 240 nm 波长处吸光度减少 0.01 的酶量为 1 个酶活性单位(U)，过氧化氢酶活性(U/g)按式(2-20-1)计算。

$$过氧化氢酶活性 = (\Delta A \times V_1)/(0.01 \times t \times V_2 \times m) \qquad (2\text{-}20\text{-}1)$$

式中：ΔA——吸光度测量结果中选取的 1 min 吸光度差值；

V_1——样液总体积，mL；

0.01——240 nm 波长处吸光度每下降 0.01 为 1 个酶活性单位，U；

t——1，min；

V_2——待测液体积，mL；

m——样品重量，g。

计算结果精确到整数位，报告结果为各平行组测定结果的平均值。

2. 数据记录

将实验数据记录于表 2-20-1 中，据此分析并评价重金属对鱼肝中过氧化氢酶活性的影响。

表 2-20-1 重金属对鱼肝中过氧化氢酶活性的影响实验数据表

重金属浓度/(mmol/L)	吸光度(高值)	吸光度(低值)	ΔA	酶活性/(U/g)
空白(0)				
0.01				
0.05				
0.1				
0.5				
1				

七、注意事项

(1)实验鱼应选择体形相近的同种、同龄鱼。

(2)测定过氧化氢酶活性的实验鱼每组不得少于3尾。

(3)酶活性测定操作过程应在低于25 ℃的环境下进行,酶促反应必须在25 ℃恒温下进行。

八、思考题

(1)测定过氧化氢酶活性的方法有哪些?

(2)影响过氧化氢酶活性测定的因素有哪些?

实验 21　蚯蚓急性毒性实验

蚯蚓是分布广泛的土壤动物,在温带土壤无脊椎动物中其生物量最大,是土壤生态系统的重要组成部分。蚯蚓与土壤关系密切,容易受到环境污染物的影响,它能通过皮肤或摄食接触或吸收土壤中残留的污染物,继而对环境污染物的毒性效应做出响应。因此,蚯蚓作为环境指示生物可以合理地评估各种可能进入土壤的污染物的生态风险。

一、实验目的

(1) 学习和掌握滤纸接触毒性实验和人工土壤实验的基本原理和方法。
(2) 初步了解评价环境中化学物质对土壤中动物急性伤害的标准和基本步骤。

二、实验原理

赤子爱胜蚓被推荐用于蚯蚓急性毒性实验。赤子爱胜蚓生活在富含有机质的土壤中,对化学物质的敏感性强,生命周期短,在 20 ℃条件下,孵化需要 3~4 周,7~8 周即可发育成熟。它繁殖能力强,一条赤子爱胜蚓可以在一周内产 2~5 个蚓茧,每个蚓茧可孵出几条蚯蚓。它易于在含有各种有机废物的土壤中饲养,蚓茧容易购得,这有利于确保采用同一品系用于实验研究。

蚯蚓急性毒性实验分为预实验和正式实验两部分。预实验(滤纸接触毒性实验)将蚯蚓与湿润滤纸上的受试物接触,识别出对土壤中蚯蚓有潜在毒性的化学物质。正式实验(人工土壤实验)将蚯蚓置于含不同浓度受试物的人工土壤中,在第 7 天和第 14 天观察记录蚯蚓的中毒症状和死亡数,求出受试物对蚯蚓的半致死浓度(LC_{50}值)及 95% 置信限,评价其死亡率,其中包括使蚯蚓无死亡发生和全部死亡的两个浓度组。对照组的死亡率在实验结束时不超过 10%,才能说明实验是有效的。

三、实验仪器

光照培养箱、天平、烘箱、电吹风、移液管或移液枪、1 L 敞口玻璃标本瓶、平底玻璃管(3 cm×8 cm)、白瓷盘、中性滤纸、塑料薄膜或带有通气孔的塞子等。

四、材料与试剂

1. 受试生物

选用 2 月龄以上,体重 300~500 mg 的健康赤子爱胜蚓。实验前应在实验室条件下驯养 2 周以上。

2. 人工土壤(干重)

(1) 10% 泥炭藓灰(pH 尽可能接近 5.5~6.0,无明显植物残体,磨细,风干,测定含水量)。
(2) 20% 高岭黏土(高岭石质量分数大于 30%)。
(3) 68% 石英砂(50~200 μm 粒径的细砂质量分数大于 50%)。
(4) 2% 碳酸钙(调节人工土壤 pH 至 6.0±0.5)。

混合人工土壤的各组分,加入去离子水使其含水量为干重的 35% 左右,混合均匀。混合物不能过湿,当挤压人工土壤时不能有水出现。

3. 受试物

受试物可使用农药制剂、原药或纯品。

五、实验步骤

1. 清肠

在白瓷盘上铺一层湿润的滤纸,将受试生物置于白瓷盘上清肠 24 h,以排出肠内容物。实验正式开始前,用去离子水冲洗受试生物,滤纸吸干并称重,供实验用。

2. 滤纸接触毒性实验

采用长 8 cm、直径 3 cm 的平底玻璃管,玻璃管内壁衬铺滤纸,滤纸大小应合适,以铺满管壁而不重叠为宜。

在正式实验前,进行为正式实验选择浓度范围的预实验,其浓度设计见表 2-21-1。

表 2-21-1 预实验(滤纸接触毒性实验)的浓度设计

受试物在滤纸的沉积量/(mg/cm^2)	受试物浓度/(g/mL)
1.0	7×10^{-2}
0.1	7×10^{-3}
0.01	7×10^{-4}
0.001	7×10^{-5}
0.0001	7×10^{-6}

受试物溶于去离子水(溶解度≥1000 mg/L)或利用丙酮等助溶剂,配成系列梯度浓度。用移液管或移液枪吸取 1 mL 受试物溶液加入平底玻璃管,用经过滤的压缩空气吹干。空白对照组用 1 mL 去离子水或助溶剂处理。最后在每一平底玻璃管内均匀地加入 1 mL 去离子水以湿润滤纸,用带有通气孔的塞子或塑料薄膜封住平底玻璃管口。

实验中应设至少 5 个浓度梯度及空白对照,浓度范围应包括使受试生物无死亡发生和全部死亡的两组浓度。每一处理至少设 10 个重复,每一平底玻璃管只能放置 1 条蚯蚓。实验在黑暗条件下进行,温度控制在(20±2)℃,湿度 80%,实验进行时间为 48 h,分别在 24 h 和 48 h 观察记录受试生物死亡情况,判断其死亡的标准是受试生物的前尾部对轻微机械刺激没有反应,同时观察记录受试生物的病理症状和异常行为。

3. 人工土壤实验

在滤纸接触毒性实验确定的浓度范围内按一定级差设置 5～7 个浓度组,并设 1 个空白对照组,使用助溶剂的还应增设助溶剂对照组。每个浓度组均设 4 个重复。

(1)实验介质处理:在实验开始前,将受试物溶于去离子水,然后与人工土壤混合或者用精细的层析喷头或者类似的喷头将受试物溶液喷到人工土壤中。

倘若受试物不溶于水,可使用尽可能少的助溶剂(如正己烷、丙酮、氯仿等),助溶剂必须是可挥发的。若受试物既不可溶,也不可分散或乳化,可将一定量的受试物与石英砂混合,其总量为 10 g,然后在实验容器内与 740 g 湿的人工土壤混合,总量为 750 g。当只能采用具挥发性的助溶剂溶解、分散和乳化受试物时,在实验开始之前,应将受试生物溶剂全部挥发,补充蒸发的水量,空白对照组须接受同样同量的处理。

(2)实验过程:在 1 L 敞口玻璃标本瓶中加入 750 g 湿重的实验介质和 10 条受试生物。受试生物在实验前已在人工土壤环境中饲养 24 h,在使用之前将其冲洗干净,放在实验介质表面。用具孔的塑料板盖好标本瓶以防实验介质变干。整个实验期为 14 天,在(20±2)℃、湿度 80% 的条件下培养,并提供连续光照(以保证实验期间受试生物始终生活在实验介质中)。在实验的第 7 天和第 14 天评估受试生物死亡率,并观察记录其异常行为或病理症状。第 7 天将培养瓶内的实验介质轻倒入一玻璃皿或平板,取出受试生物,检验其前尾部对轻微机械刺激的反应,检查结束后,将实验介质和受试生物重新置于标本瓶中继续培养。第 14 天再进行相同的检查。实验结束后,应测定分析实验介质的含水率。

4. 质量控制

为确认实验系统的灵敏性,可在实验中加入阳性对照组。实验结束时空白对照组受试生物的死亡率不超过 10%。

六、数据记录与处理

1. 数据记录

真实准确地记录实验第 7 天和第 14 天时每一组受试生物死亡的数量,以及观察到的异常行为或病理症状。

2. 数据处理

可采用直线内插法或概率单位图解法等计算得到每一观察时间(第 7 天、第 14 天)的 LC_{50} 和 95% 置信限,也可应用有关数据计算软件进行计算和分析。

七、实验报告

实验报告中除包含蚯蚓急性毒性实验记录表(表 2-21-2)外,还应包含以下内容。

(1)对实验现象及实验结果的阐述及分析。

(2)思考题的解答。

表 2-21-2 蚯蚓急性毒性实验记录表

材料与试剂			
项目	内容		
受试生物	名称:		体长:
	体重:		饲养条件:
受试物	名称:		来源:
	溶解度:		挥发性:
实验条件	温度:	湿度:	光照强度:
实验介质(%)	泥炭藓灰:		高岭黏土:
	石英砂:		碳酸钙:
	含水量:		

续表

			数据记录			
处理			观察时间			
			第 7 天			第 14 天
组别	浓度	编号	初始蚯蚓数量	死亡蚯蚓数量	蚯蚓死亡率	异常行为或病理症状
对照		1				
		2				
		3				
		4				
处理 I		5				
		6				
		7				
		8				
处理 II		9				
		10				
		11				
		12				
处理 III		13				
		14				
		15				
		16				

八、注意事项

(1) 若使用牛粪作为人工土壤成分，则在混合人工土壤各组分前，须将牛粪充分磨细风干，并在 105 ℃ 下烘干称重，测定其含水量。

(2) 蚯蚓养殖条件：温度 18～22 ℃，持续光照（光照强度 400～800 lx）；孵化箱深度至少为 15 cm，容积 10～20 L。蚯蚓驯养过程中应保持湿度，并尽量减少振动。

(3) 实验中平底玻璃管或标本瓶口必须扎紧，以防实验中蚯蚓钻出。

(4) 以农药毒性标准为例，根据 LC_{50} 值的大小可将农药对蚯蚓的毒性划分为三个等级：$LC_{50} < 1$ mg/kg 的为高毒农药；1 mg/kg $\leqslant LC_{50} \leqslant$ 10 mg/kg 的为中毒农药；$LC_{50} > 10$ mg/kg 的为低毒农药。

九、思考题

(1) 对于既不可溶，也不可分散或乳化的受试物，如何保证其与人工土壤混合均匀？

(2) 有哪些不当操作可能造成受试物对蚯蚓无影响？

第三章 综合应用型实验

实验1 根据硝化细菌的相对代谢率检测环境污染物的综合生物毒性

硝化细菌是一大类细菌的总称,广泛存在于自然环境中,在地球的氮循环中起着十分重要的作用。硝化细菌是对各种有毒化合物都比较敏感的细菌,有毒化合物的存在会影响其代谢活性。因此,硝化细菌在检测环境污染物生物毒性方面发挥了一定的作用。

一、实验目的

(1)了解硝化细菌作为指示生物用于环境污染物毒性检测的原理。
(2)掌握利用硝化细菌的相对代谢率检测环境污染物生物毒性的实验方法。

二、实验原理

硝化细菌是化能自养菌,专性好氧,从氧化 NO_2^- 的过程中获得能量。以 CO_2 为唯一碳源,作用产物为 NO_3^-,它要求中性或弱碱性的环境(pH 6.5~8.0)。亚硝酸盐被氧化成硝酸盐,靠硝化细菌完成,主要是硝化杆菌属、硝化刺菌属和硝化球菌属中的一些种类。硝化作用形成的硝酸盐在有氧环境中被植物、微生物同化,但在缺氧环境中则被还原成为氮气分子释放进入空气中。

在有毒化合物存在的情况下,硝化细菌的代谢活性降低,其氧化亚硝酸盐为硝酸盐的速率随之降低。因此可根据硝化细菌转化亚硝酸盐的量来表示有毒化合物对硝化细菌代谢的影响,并根据公式计算出其在实验条件下的相对代谢率。此方法可以用于水、土壤等多种介质中多种污染物(有机污染物、重金属和络合阴离子等)的综合毒性评价。本实验采用一种有机物(氯仿)和一种重金属(镉)为受试物。

三、实验仪器

恒温振荡器,高压蒸汽灭菌锅,离心机,分光光度计,电子天平,三角瓶(100 mL、250 mL、500 mL),容量瓶(100 mL、500 mL、1000 mL),移液枪(1 mL),移液管(10 mL),比色管(50 mL),离心管(50 mL),滤纸,酒精灯等。

四、材料与试剂

1. 菌种

硝化细菌,本实验通过菜园土培养。

2. 培养基

将 1.0 g 亚硝酸钠($NaNO_2$)、0.03 g 硫酸镁($MgSO_4 \cdot 7H_2O$)、0.01 g 硫酸锰($MnSO_4 \cdot 4H_2O$)、0.75 g 磷酸氢二钾(K_2HPO_4)、1.0 g 碳酸钠(Na_2CO_3)和 0.25 g 磷酸二氢钠($NaH_2PO_4 \cdot 2H_2O$)完全溶解于蒸馏水后,定容至 1000 mL,121 ℃高压蒸汽灭菌 20 min。

3. pH 7.4 磷酸盐缓冲液

将 810 mL 0.2 mol/L $Na_2HPO_4 \cdot 2H_2O$ 溶液和 190 mL 0.2 mol/L NaH_2PO_4 溶液充分混匀,备用。

0.2 mol/L NaH_2PO_4 溶液配制:将 31.21 g $NaH_2PO_4 \cdot 2H_2O$ 完全溶解于蒸馏水,定容至 1000 mL,备用。

0.2 mol/L Na_2HPO_4 溶液配制:将 35.61 g $Na_2HPO_4 \cdot 2H_2O$ 完全溶解于蒸馏水,定容至 1000 mL,备用。

4. 亚硝酸盐显色剂

向含有 700~750 mL 蒸馏水和 50 mL 冰醋酸的烧杯中加入 5.0 g 对氨基苯磺酸,待完全溶解后,加蒸馏水至 900~950 mL,再加入 0.05 g 盐酸乙二胺,完全溶解后用蒸馏水定容至 1000 mL。(根据实验用量进行配制,避免造成浪费)

5. 亚硝酸盐氮标准储备液,0.25 g/L

准确称取 1.2323 g $NaNO_2$,溶于 150 mL 蒸馏水中,定容至 1000 mL。加 1 mL 三氯甲烷,摇匀。此溶液储于棕色瓶内,于冰箱内可保存 2 个月。

6. 亚硝酸盐氮标准中间液,50.0 mg/L

取亚硝酸盐氮标准储备液 50.00 mL 置于 250 mL 容量瓶中,用蒸馏水稀释至刻度线,摇匀。此溶液储于棕色瓶内,2~5 ℃可稳定保存 1 周。

7. 亚硝酸盐氮标准使用液,1.0 mg/L

取亚硝酸盐氮标准中间液 5.00 mL 置于 250 mL 容量瓶中,用蒸馏水稀释至刻度线,摇匀。此溶液在使用当天配制。

8. 10 mg/L 氯化镉溶液

精确称取 0.1 g 氯化镉,完全溶解于蒸馏水中并定容至 100 mL,再取 5 mL 此溶液,用蒸馏水稀释至 500 mL,获得 10 mg/L 氯化镉溶液。

9. 148 mg/L 氯仿溶液

精确吸取 0.1 mL 氯仿,用蒸馏水稀释至 100 mL,其浓度为 1480 mg/L,作为氯仿储备液。吸取上述溶液 50 mL,用蒸馏水稀释至 500 mL,获得 148 mg/L 氯仿溶液。

五、实验步骤

1. 硝化细菌的培养

取菜园土 10 g 置于 90 mL 无菌水中制成土壤悬液,取 20 mL 土壤悬液接种在含 180 mL 硝化细菌培养基的 500 mL 三角瓶中,30 ℃振荡培养 7~10 天后,再取 20 mL 转接到 180 mL 新鲜硝化细菌培养基中,30 ℃振荡培养 7~10 天。

2. 亚硝酸盐氮标准曲线的绘制

在一组 50 mL 比色管中分别加入 0 mL、1.0 mL、3.0 mL、5.0 mL、7.0 mL 和 10.0 mL 亚硝酸盐氮标准使用液,用蒸馏水稀释至刻度线,再加入 1.0 mL 亚硝酸盐显色剂,密塞,混匀。静置 20 min 后,在 2 h 内于波长 540 nm 处,用光程 10 mm 比色皿,以蒸馏水作为参照,测量吸光度。将校正后的吸光度对亚硝酸盐氮浓度(mg/L)绘制标准曲线。本方法测定亚硝酸盐氮最低检出浓度为 0.003 mg/L，上限为 0.20 mg/L。

3. 硝化细菌对 $NaNO_2$ 的代谢

(1)将振荡培养后的硝化细菌于 2000 r/min 离心 10 min，收集沉淀，用 pH 7.4 磷酸盐缓冲液制成菌悬液。

(2)取 3 个 250 mL 三角瓶分为 3 组：对照组、10 mg/L 氯化镉溶液组(A)和 148 mg/L 氯仿溶液组(B)。各组加入试剂具体见表 3-1-1。将加好试剂的三角瓶置于 30 ℃振荡培养，分别于 0 h、1 h 和 2 h 时取样分析。

表 3-1-1　硝化细菌对 $NaNO_2$ 的代谢实验设计

组别	试剂		
对照组	30 mL 蒸馏水	亚硝酸盐氮标准中间液 8 mL	菌悬液 12 mL
A 组	10 mg/L 氯化镉溶液 30 mL	亚硝酸盐氮标准中间液 8 mL	菌悬液 12 mL
B 组	148 mg/L 氯仿溶液 30 mL	亚硝酸盐氮标准中间液 8 mL	菌悬液 12 mL

(3)在规定时间取样 3~5 mL，经过滤后，取滤液 1 mL 于比色管中，用蒸馏水稀释至 50 mL，再加 1.0 mL 亚硝酸盐显色剂，然后按照标准曲线绘制的步骤操作，测量吸光度后从标准曲线上查得亚硝酸盐氮浓度。

六、数据记录与处理

1. 数据记录

准确记录各样品的吸光度。

2. 数据处理

(1)硝化细菌的代谢率按式(3-1-1)计算

$$F = \frac{c_0 - c_t}{c_0} \times 100\% \tag{3-1-1}$$

式中：F——代谢率，%；

c_0——起始时亚硝酸盐氮浓度，mg/L；

c_t——取样时亚硝酸盐氮浓度，mg/L。

(2)硝化细菌的相对代谢率按式(3-1-2)计算

$$RF = \frac{F_{实验t}}{F_{对照t}} \tag{3-1-2}$$

式中：RF——硝化细菌的相对代谢率，%；

$F_{实验t}$——取样时实验组硝化细菌的代谢率，%；

$F_{对照t}$——取样时对照组硝化细菌的代谢率，%。

七、实验报告

实验报告中除包含亚硝酸盐氮标准曲线记录表(表 3-1-2)、硝化细菌的相对代谢率实验记录表(表 3-1-3)外，还应有亚硝酸盐氮标准曲线图、对实验结果的分析与讨论以及思考题的解答。

表 3-1-2　亚硝酸盐氮标准曲线记录表

项目	亚硝酸盐氮标准使用液体积/mL					
	0	1.0	3.0	5.0	7.0	10.0
亚硝酸盐氮浓度/(mg/L)						
校正吸光度(A_{540})						
标准曲线方程						
相关系数 R						

表 3-1-3　硝化细菌的相对代谢率实验记录表

组别	校正吸光度(A_{540})			亚硝酸盐氮浓度/(mg/L)			相对代谢率/(%)		
	0 h	1 h	2 h	0 h	1 h	2 h	0 h	1 h	2 h
对照组									
A 组									
B 组									

八、注意事项

(1) 硝化作用需要氧气以及中性至微碱性环境,硝化细菌培养温度为 28~30 ℃。溶解氧浓度影响硝化反应速率和硝化细菌的生长速率,硝化过程的溶解氧浓度一般建议维持在 1.0~2.0 mg/L。

(2) 用分光光度计比色时,仪器应先预热 20 min,仪器预热是保证仪器准确稳定的重要步骤。

(3) 实验过程要测定 3 个组 3 个时间点的样品,但是绘制标准曲线时只测定一次。为了减小误差,样品的测定和标准曲线的测定要在同一台分光光度计上完成。

(4) 实验前、后比色皿都要用乙醇清洗干净。

(5) 比色皿属于易碎品,一定要轻拿轻放。

(6) 比色皿容易被刮花,用纸巾擦拭的时候请朝一个方向擦拭,不要来回擦。

(7) 测样之前,一定要测出装样品的比色皿的空白值,校正吸光度=样品吸光度-比色皿空白值。

(8) 实验所有试剂均有一定的毒性,避免与皮肤接触或吸入体内。

九、思考题

(1) 请画出生物脱氮过程简图。

(2) 本实验结果如何?有没有达到预期效果?若未达到预期效果,是什么潜在原因导致的?

(3) 实验过程中遇到了哪些问题?你认为本实验还有哪些地方可以改进?

实验 2　苯酚降解菌的分离筛选及其降解性能测定

苯酚是芳香烃化合物,是有机合成的重要原料,是石油化工、造纸、炼油、塑料、农药和医药合成等行业生产的原料或中间体,大量用于制造酚醛树脂以及其他高分子材料、药物、燃料和炸药等。随着对苯酚需求量的日益增加,树脂、化工和高分子材料等企业所排放的废水含苯酚量也日益增加。苯酚在自然条件下很难降解,具有很强的毒性,对生态环境、自然界的生物和人体健康构成巨大威胁,已经被许多国家列入优先控制污染物。取得含苯酚的废水,分离筛选出一株对苯酚具有高效降解能力的菌株,并对其进行形态学和降解特性的研究,以期为含苯酚废水的处理及环保工程的菌株构建奠定基础,这具有重要的理论和实际应用价值。

一、实验目的

(1)掌握微生物分离纯化的基本操作。
(2)掌握用选择培养基从环境中分离苯酚降解菌的原理和方法。
(3)掌握微生物对苯酚降解能力的测定方法。
(4)掌握 4-氨基安替比林法测定苯酚含量的方法。

二、实验原理

在生物处理过程中,由于含苯酚废水的难降解特性,因此引入的菌株要有较强的降解苯酚能力,能较好地适应冲击负荷的变化。利用微生物降解的方法处理含苯酚废水,是一种经济有效且无二次污染的方法。

在污染环境中,大部分微生物由于受到毒害而死亡,少数微生物具有较强的降解能力或通过突变改变其基因型或产生某些酶而能在污染环境中存活,成为有机污染物的高效降解菌。在工业废水的生物处理中,对污染成分单一的有毒废水,可以选育特定的高效菌株进行处理。这些高效菌株以有机污染物作为其生长所需的能源(如碳源或氮源),从而使有机污染物得以降解,具有处理效率高、耐受毒性强等优点。

在以苯酚为唯一碳源的培养基中,经富集培养、分离纯化、降解实验和性能测定,可筛选出苯酚降解菌。在苯酚浓度梯度培养基平板高含药区分离出的菌株,对苯酚具有较高的耐受性,可能具有分解苯酚的能力。从环境中采样后,在以苯酚为唯一碳源的培养基里进行摇床培养,淘汰掉不能利用苯酚的菌株,可筛选到苯酚降解菌。再用不同浓度的苯酚培养基分离,可筛选出耐受能力高、降解效率高的苯酚降解菌。对苯酚降解菌进行形态学观察、性能测定、分子生物学鉴定,最终可以确定菌株种属。

三、实验仪器

恒温培养箱、恒温摇床、分光光度计、比色皿、试管、250 mL 三角瓶、100 mL 容量瓶、培养皿、涂布棒、量筒、天平、高压蒸汽灭菌锅、酒精灯、接种环、棉花、棉线、牛皮纸、pH 试纸等。

四、材料与试剂

1.培养原样

活性污泥或土样。

2.苯酚标准溶液

称取分析纯苯酚 1.0 g,溶于蒸馏水中,稀释定容至 1000 mL,摇匀。此溶液溶度为 1000 mg/L,测定标准曲线时须稀释至 100 mg/L。

3.$Na_2B_4O_7$饱和溶液

称取 $Na_2B_4O_7$ 40 g,溶于 1 L 蒸馏水中,冷却后使用,此溶液的 pH 为 10.1。

4.3% 4-氨基安替比林溶液

称取分析纯 4-氨基安替比林 3 g,溶于蒸馏水中,并稀释定容至 100 mL,装于棕色瓶中,放冰箱保存,可保存 2 周。

5.2% $(NH_4)_2S_2O_8$ 溶液

称取分析纯 $(NH_4)_2S_2O_8$ 2 g,溶于蒸馏水中,并稀释定容至 100 mL,装于棕色瓶中,放冰箱保存,可保存 2 周。

6.培养基

(1)富集培养基:蛋白胨 0.5 g,K_2HPO_4 0.1 g,$MgSO_4$ 0.05 g,加蒸馏水定容至 1000 mL,调节 pH 至 7.2~7.4,高压蒸汽灭菌,冷却后视需要添加适量的苯酚。

(2)基础培养基: K_2HPO_4 0.6 g,KH_2PO_4 0.4 g,NH_4NO_3 0.5 g,$MgSO_4$ 0.2 g,$CaCl_2$ 0.025 g,加蒸馏水定容至 1000 mL,调节 pH 至 7.0~7.5,高压蒸汽灭菌,冷却后视需要添加适量的苯酚。

五、实验步骤

1.富集培养和驯化

采集活性污泥或土样,接种于装有 100 mL 富集培养基和玻璃珠并加有适量苯酚(50 mg/L)的三角瓶中,30 ℃振荡培养。待菌生长后,用无菌移液管吸取 1 mL 转接至另一个装有 100 mL 富集培养基和玻璃珠并加有适量苯酚的三角瓶中,如此连续转接 2~3 次,每次所加的苯酚量适当增加,最后可得酚降解菌占绝对优势的混合培养物。

2.平板分离和纯化

(1)用无菌移液管吸取经富集培养的混合液 10 mL,注入 90 mL 无菌水中,充分混匀,并继续稀释到适当浓度。

(2)取适当浓度的稀释菌液,加一滴于固体平板(由富集培养基加入 2%的琼脂组成,倒平板时添加适量的苯酚,使苯酚浓度达到 200 mg/L)中央,用无菌涂布棒把滴加在平板上的菌液涂平,盖好皿盖,每个稀释度做 2~3 个重复。

(3)室温放置一段时间,待接种菌液被培养基吸收后,倒置于 30 ℃恒温培养箱中培养 2~3 天。

(4)挑选不同形态的菌落,在含适量苯酚的固体平板上划线纯化。平板倒置于 30 ℃恒温培养箱中培养 2~3 天。

3.转接斜面

将纯化后的单菌落转接至补加适量苯酚的试管斜面,30 ℃恒温培养箱中培养 2~3 天。

4.降解实验

用接种环取斜面菌苔一环,接种于 100 mL 基础培养基(添加适量的苯酚)中,30 ℃振荡培养 2~3 天。

5. 苯酚含量的测定

(1) 标准曲线的绘制：取 100 mL 容量瓶 7 个，分别加入 100 mg/L 苯酚标准溶液 0 mL、0.5 mL、1.0 mL、2.0 mL、3.0 mL、4.0 mL、5.0 mL，向每个容量瓶中加入 $Na_2B_4O_7$ 饱和溶液 10 mL、3% 4-氨基安替比林溶液 1 mL，再加入 $Na_2B_4O_7$ 饱和溶液 10 mL、2% $(NH_4)_2S_2O_8$ 溶液 1 mL，然后用蒸馏水稀释至刻度线，摇匀。放置 10 min 后将溶液转移至比色皿中，在 560 nm 处测定吸光度，根据吸光度和对应苯酚的量绘制标准曲线。

(2) 培养液中苯酚含量的测定：取经降解的培养液 30 mL，离心，取上清液 10 mL 于 100 mL 容量瓶中，加入 $Na_2B_4O_7$ 饱和溶液 10 mL、3% 4-氨基安替比林溶液 1 mL，再加入 $Na_2B_4O_7$ 饱和溶液 10 mL、2% $(NH_4)_2S_2O_8$ 溶液 1 mL，然后用蒸馏水稀释至刻度线，摇匀。放置 10 min 后将溶液转移至比色皿中，在 560 nm 处测定吸光度，从标准曲线上查得苯酚浓度。

六、数据记录与处理

1. 数据记录

将苯酚标准曲线吸光度测定结果和培养液中苯酚含量的测定结果记录到表 3-2-1 中。

表 3-2-1 苯酚降解菌的分离筛选及其降解性能测定实验数据记录表

项目	苯酚标准溶液体积/mL						
	0	0.5	1.0	2.0	3.0	4.0	5.0
苯酚标准溶液浓度/(mg/L)							
苯酚标准溶液校正的吸光度							
标准曲线方程							
相关系数 R							
培养液的吸光度							
培养液中苯酚浓度/(mg/L)							

2. 数据处理

以吸光度为横坐标，苯酚标准溶液浓度为纵坐标，用 Excel 软件绘制标准曲线，并做线性拟合，求得标准曲线方程及相关系数 R（一般情况要求 $R>0.999$）。

培养液中苯酚浓度按式(3-2-1)、式(3-2-2)计算。

$$c = 10 \times 查得的苯酚浓度 \tag{3-2-1}$$

$$苯酚降解率 = \frac{(c_1 - c_2)}{c_1} \times 100(\%) \tag{3-2-2}$$

式中：c——培养液中苯酚浓度，mg/L；

c_1——降解前培养液中的苯酚浓度，mg/L；

c_2——降解后培养液中的苯酚浓度，mg/L。

3. 结果分析

根据分离筛选的苯酚降解菌及其降解苯酚能力的强弱，对取样点水质受污染状况进行分析。

七、注意事项

(1) 各种培养基的配制应严格按配方完成，尤其是苯酚的称量和 pH 的调节。

(2)涂布平板的菌悬液只做适度稀释,菌浓度不必过低。

(3)涂布平板的菌悬液的量不要过多或过少,以 0.2 mL 为宜。

(4)在平板上挑取菌落时,要挑取单菌落。

八、思考题

(1)实验结果如何？有没有达到预期效果？

(2)实验过程中遇到哪些问题？你认为本实验还有哪些需要改进的地方？

(3)影响苯酚降解率的因素有哪些？

实验 3　光合细菌的培养及其对高浓度有机废水的净化

光合细菌(简称 PSB)是一类以光作为能源,能利用自然界中的有机酸、硫化物、氨等作为供氢体兼碳源进行光合作用的微生物。光合细菌可以用来净化水质,作为饲料添加剂,减少鱼类病害,培养有益藻类等。光合细菌通过新陈代谢对高浓度有机废水进行降解处理,并且在处理前不需对废水进行稀释,节约电能、水、设备及运转费用,作为副产物的菌体可作为原料进行综合利用,不造成二次污染。光合细菌法这种管理简单、降解效率高的污水处理方法已日益受到重视。

实验 3.1　光合细菌的培养

一、实验目的

(1) 了解并掌握光合细菌培养的方法、操作和观察判断。
(2) 熟悉并掌握培养基配制的基本原则和方法。

二、实验原理

光合细菌是地球上最早出现的具有原始光能合成体系的原核生物,是一大类在厌氧条件下进行不放氧光合作用的细菌的总称,广泛存在于生物圈的各处。它能在厌氧光照、好氧光照,甚至好氧黑暗环境中增殖,且能耐受很高盐度和很高浓度的有机物,具有很强的分解、去除有机物的能力,在高浓度有机食品废水处理中具有广阔应用前景。

制备适合光合细菌生长的培养基对采集到的样品进行富集培养,然后对其进行分离纯化、扩大培养,可以得到大量的光合细菌,将其妥善保存,后续可应用于高浓度有机废水的净化处理。光合细菌的扩大培养通常采用两种方式,全封闭式厌氧光照培养和开放式微氧光照培养。

全封闭式厌氧光照培养是采用无色透明的玻璃容器或塑料薄膜袋,经消毒后,加入消毒后的培养液,再接入 20%～50%的菌种母液,使整个容器均被液体充满,加盖(或扎紧袋口),形成厌氧的培养环境,置于有阳光或人工光源的地方进行培养,并定时搅动。在适宜温度下,经过 5～10 天的培养,即可达到指数生长期高峰,此时可采收或进一步扩大培养。

开放式微氧光照培养一般采用容积为 100～200 L 的塑料桶或 500 L 的卤虫孵化桶为培养容器,底部呈锥形并有排放开关的卤虫孵化桶较理想。在桶底部装一气石,培养时微充气,使桶内的光和细菌可缓慢上下翻动。在桶的正上方、距桶面 30 cm 左右装一有罩的白炽灯,使液面光照强度达 2000 lx 左右。培养前需消毒容器,加入灭菌后的培养液,接入 20%～50%的菌种母液,照明,微氧培养。在适宜温度下,经过 7～10 天的培养即可达到指数生长期高峰,此时可采收或进一步扩大培养。

三、实验仪器

(1) 灭菌设备:高压蒸汽灭菌锅。
(2) 培养容器:试管、广口瓶、三角瓶、移液管、锥形瓶、培养皿、塑料薄膜袋、塑料水槽等。
(3) 培养用具:分析天平、超净工作台、恒温培养箱(或人工气候箱、光照培养箱)、冰箱和冷藏冰柜、接种环、电动离心机等。

(4)其他实验室常见仪器。

四、材料与试剂

醋酸钠、氯化铵、氯化钠、碳酸氢钠、酵母膏、蛋白胨、琼脂粉、抗氧化剂、生长素储液、蒸馏水等。

五、实验步骤

1. 采集菌种

自然界中被有机物污染的地方都有光合细菌的存在,可以从河底、湖底、养殖池泥土以及水田、沟渠、污水塘等地的泥土和豆制品厂、淀粉厂、食品加工厂等废水排水沟处橙黄色、粉红色的块状沉积物中采集样品,分离光合细菌。

2. 实验器皿的高温灭菌

将试管、锥形瓶、培养皿、移液管等实验器皿进行高温灭菌。

3. 培养基的制备

(1)光合细菌富集培养基(Sawad 培养基):CH_3COONa(或 CH_3CH_2COONa)1.0 g,酵母膏(或组氨酸,或谷氨酸 0.1 g)1.0 g 或生长素储液 10 mL,NH_4Cl 1.0 g,$MgSO_4 \cdot 7H_2O$ 0.4 g,NaCl 0.1 g,$CaCl \cdot 2H_2O$ 0.05 g,$NaHCO_3$ 0.3 g,KH_2PO_4 1.0 g,微量金属元素储液 1 mL,蒸馏水定容至 1000 mL,调节 pH 7.0。于 121 ℃、1×10^5 Pa 下灭菌 20 min。

(2)微量金属元素储液:EDTA 2.5 g,$ZnSO_4 \cdot 7H_2O$ 10.95 g,$MgSO_4 \cdot 7H_2O$ 1.54 g,$CuSO_4 \cdot 5H_2O$ 0.39 g,$CoCl_2 \cdot 6H_2O$ 0.2 g,$FeSO_4 \cdot 7H_2O$ 7.0 g,蒸馏水定容至 1000 mL。于 121 ℃、1×10^5 Pa 下灭菌 20 min。

(3)生长素储液:生物素 1 mg,烟酸 0.1 mg,对氨基苯甲酸 10 mg,维生素 B_1 100 mg,蒸馏水定容至 1000 mL。

(4)光合细菌分离培养基:在光合细菌富集培养基中加入 1.5~2.0% 的琼脂粉,pH 调至 7.0。

(5)光合细菌扩大培养基:同光合细菌富集培养基。

4. 菌种的富集培养

取所采集的样品,加入 100 mL 光合细菌富集培养基中,用封口膜密封瓶口,置于光照培养箱中,于 30 ℃下培养 72 h。待培养基由透明逐渐变为红色时,以 10% 的接种量转接至新的光合细菌富集培养基中,重复 3 次,直至培养基变为红色甚至红棕色。

为了加快光合细菌的增殖,除了缺氧环境外,适宜的温度和光照强度也很重要。培养温度一般为 25~30 ℃,光照强度为 5000~10000 lx,最好一天 24 h 连续光照。富集培养成功就可以分离培养。淡水中的紫色非硫细菌生长速度较快,在一周左右移植比较合适,而海水中的紫色非硫细菌生长速度较慢,需培养 3 周以上才能移植。

5. 菌株的分离纯化

将已富集的菌液按 10^{-1} 至 10^{-7} 浓度进行梯度稀释,分别涂布于已灭菌的光合细菌分离培养基中,用封口膜密封平板,倒置于光照培养箱中,于 30 ℃下培养 48~72 h。待平板上长出红色或红棕色菌落,挑取单菌落进一步划线分离,重复 3 次以确保分离出单菌落。

6. 菌株的观察鉴定

观察分离得到的菌株在平板上形成的菌落形态特征;挑取少量菌落,与载玻片上的水滴混合,于显微镜下观察其形态特征。

7. 光合细菌的扩大培养

光合细菌扩大培养基配好后(培养基需冷却到适宜温度)应立即进行接种。开始时由于菌种数量少,应在试管中培养,再逐渐往大培养容器中接种。随着菌种数量的增加,可以适当加大接种量,需控制接种比例为 20%～50%,即菌种母液量和培养液量之比为 1∶4(20%)～1∶1(50%),尤其是微氧培养,接种量不应低于 20%(1∶4)。

8. 菌种的保存

保存菌种的培养基为固体培养基,其配方与分离菌种的培养基相同,也可以根据分离菌株的特殊要求而另行配制。将分离出来的菌种,穿刺接种于盛有固体培养基的试管中,将接种后的试管置于厌氧光照环境下培养。在光合细菌已充分生长的试管中,加入无菌液体石蜡,以隔绝空气。也可将保存菌株的试管放入大型试管中,在大试管底部加吸氧剂(焦性没食子酸+碳酸钠),并用塞子塞紧,减压抽气。最后放入 3～4 ℃的冰箱中保存,保存时间可达 1 年左右。1 年后,按上述方法重新接种,可达到长期保存的目的。

六、数据记录与处理

观察菌落时,将培养得到的微生物菌落逐个辨认并编号,按号码顺序记录菌落的以下特征:菌落的形状、大小、颜色、表面结构、菌丛高度、透明度、气味、黏滞性、质地软硬情况、表面光滑与粗糙情况等。用铅笔绘制不同单个微生物的菌落形态图,也可拍照放在相应位置(表3-3-1)。

表 3-3-1 微生物菌落的观察结果记录表

编号	单个微生物的菌落形态图	特征描述(形状、大小、颜色、表面结构、菌丛高度、透明度、气味等)	初步判断菌种
1			
2			
3			
……			

七、注意事项

光合细菌的培养过程耗时较长,要注意做好日常管理和测试、生长情况的观察,出现问题时及时处理。

八、思考题

(1) 影响光合细菌生长繁殖的因素有哪些?应该如何控制?

(2) 光合细菌的培养过程可能出现哪些问题?应该如何处理?

实验 3.2 PSB 法处理高浓度有机废水

一、实验目的

(1)加深 PSB 法对高浓度有机废水污染物去除的理解。
(2)熟悉 PSB 法净化高浓度有机废水的处理过程。
(3)掌握常规指标(BOD、COD)的测定方法及去除率的计算。

二、实验原理

有机废水处理所用的光合细菌主要是红螺菌,这类菌在厌氧光照、好氧光照或好氧黑暗的条件下都能利用有机酸、氨基酸及糖类小分子等有机物迅速增殖,使有机废水得以净化。光合细菌中的红螺菌既不像好氧细菌那样受污水中氧浓度的限制,可以利用光能高效进行能量代谢,即使在微弱的光照条件下也能进行,使废水中有机物作为供氢体被利用;又不像严格厌氧的甲烷菌那样对氧的浓度高度敏感,可以在有氧条件下分解有机物,通过氧化磷酸化获得能量从而生长繁殖。这种随环境条件的变化而灵活改变代谢类型的特性,是光合细菌能够处理高浓度有机废水的主要原因。

PSB 法模拟自然界废水净化的生态循环,自然界的高浓度有机废水经过包括光合细菌在内的一系列微生物和藻类的演替而被净化。在此生态系统中,光合细菌和异氧细菌及藻类保持稳定的生态关系。微生物的增殖情况,随废水的污染度而变化,在 BOD 达 10000 mg/L 以上的废水中,异氧细菌首先增殖,分解废水中的蛋白质、纤维素、淀粉等大分子物质。当这些大分子物质减少而且分解产物达到一定浓度时,异氧细菌逐渐减少,而光合细菌则利用这些大分子物质的分解产物(有机酸、氨基酸、氨等)开始迅速增殖。两周后,废水的 BOD 降至每升数百毫克,此时光合细菌开始迅速减少,藻类逐渐增多,并将废水净化到 BOD<30 mg/L。

PBS 法主要分为可溶化处理和光合细菌处理两个阶段。废水中的高浓度有机物首先在可溶化处理阶段被异养细菌降解为小分子有机酸、醇、氨基酸等,再经 pH 或营养盐的调整后进入光合细菌处理阶段,由光合细菌对小分子有机物进一步降解。悬浮法光合细菌处理阶段一般设置回流培养槽和菌种培养槽,将光合细菌处理阶段增殖的光合细菌部分回流至菌种培养槽,给予适宜光照和溶解氧进行活化培养,并抑制其他杂菌的生长,再定期送入光合细菌处理槽,以保持处理槽内光合细菌的相对优势。应用中通常将工厂内高浓度有机废水单独收集进行 PBS 法处理后,再与厂内其他低浓度废水混合进行后续处理,达标后回收利用或排放。

三、实验仪器

(1)显微分析系统:显微镜、电脑显微摄像仪等。
(2)生化培养箱。
(3)不锈钢电热蒸馏水器。
(4)冰箱等。

四、材料与试剂

(1)圆柱形曝气池模型。
(2)毛刷填料。

(3) 曝气头：2个。

(4) 实验用水采用人工配水，模拟某淀粉厂实际的淀粉废水成分配制。1000 mL 淀粉废水：可溶性淀粉 10 g、蛋白胨 1.5 g、NaCl 3.0 g、$(NH_4)_2SO_4$ 0.1 g、KH_2PO_4 0.06 g、$NaHCO_3$ 0.1 g、$MgSO_4$ 0.09 g、$CaCl_2$ 0.06 g。用配制好的淀粉废水与生活污水以 9:1 的比例配制实验用水。生活污水 COD 573 mg/L、BOD 242 mg/L，实验用水 COD 8940 mg/L、BOD 3700 mg/L。

五、实验步骤

在水解酸化阶段中，首先加入一定比例的酵母菌液，加强水解酸化效果。水解酸化后的上清液用 $NaHCO_3$ 调节 pH 至 7.0，之后进入 PSB 膜反应器，其中以比表面积较大的圆柱形生物毛刷作为填料，使光合细菌在其上进行挂膜，从而提高废水的处理效果。

六、数据记录与处理

测定原水、出水中各指标，将数据记录到表 3-3-2 中，计算去除率。

表 3-3-2　测定指标记录表

测定指标	原水			出水			去除率/(%)		
	1	2	3	1	2	3	1	2	3
pH									
BOD/(mg/L)									
COD/(mg/L)									

七、注意事项

(1) 实验过程中应尽量避免实验误差。

(2) 对实验数据的处理应严格遵守相关计算标准。

八、思考题

(1) PSB 法净化高浓度有机废水的优缺点。

(2) 经 PSB 法处理后的水可否直接排放？后续应该如何处理？

实验 4　活性污泥法处理生活污水

活性污泥法是一种利用人工培养和驯化的微生物群落进行污水处理的好氧生物处理法。它通过在污水中注入一定量的活性污泥,利用其中的微生物群落去除污水中溶解性的和胶体状态的部分有机物及能被活性污泥吸附的悬浮固体和一些其他物质,同时也能去除一部分无机磷和氮,从而达到净化污水的目的。这种方法不仅能有效去除生活污水中的有机物、氮、无机磷和氮等污染物,还能消除水体异味和改善水质。活性污泥法及其衍生改良工艺广泛用于处理城市污水。

一、实验目的

(1)了解标准活性污泥法系统的基本构造和运转管理的基本方法。
(2)了解并掌握培养活性污泥的过程和基本方法及其对生活污水的净化作用。
(3)加深活性污泥法对生活污水中污染物去除的理解,了解活性污泥运行参数(进水负荷、曝气时间等)与处理效率的关系。

二、实验原理

活性污泥是由细菌、原生动物等与悬浮物质、胶体物质等混杂在一起所形成的具有很强吸附分解有机物能力的凝絮体,肉眼可见,具有良好的沉降性能。它是以能形成菌胶团的细菌为主所组成的一种特异性颗粒,其组成包括活的微生物细胞和死去的微生物细胞及微生物分泌物等非生命物质。

在适宜温度和通氧的条件下,将含有营养物质的污水与活性污泥充分接触,使微生物附着在污泥上形成颗粒污泥,形成污水处理的生物反应器。在该生物反应器中,微生物通过降解有机物、氧化氨、氮等代谢过程,将有机物转化为二氧化碳、水等。同时,通过合理的混合和曝气等措施,保证活性污泥中微生物充足的氧气供应和混合状态,从而提高污水处理效率。

标准活性污泥法是活性污泥法中应用最广的一种。本实验利用长方形活性污泥曝气池模型,进行活性污泥的培养和净化生活污水的运转实验。

三、实验仪器

长方形活性污泥曝气池模型(曝气区容积 9.5 L,有机玻璃制作)、玻璃蓄水箱(40 L 或 60 L)、转子流量计(用于液体,量程 5～50 mL/min)、试剂瓶(20 L,具下口,作为高位水箱)、显微镜、pH 计、冰箱、分析天平、水分快速测定仪、电烘箱、生化培养箱等。

四、材料与试剂

1. 活性污泥

取自污水处理厂。

2. 生活污水

按表 3-4-1 配制模拟生活污水作为基础培养液,使用时可按需增加浓度,使模拟生活污水进水浓度为这一基础培养液的 2 倍、3 倍或更高倍数。这种模拟城市污水的 COD 值为 174 mg/L,总氮量约为 27.5 g/L,氨氮量约为 7.2 mg/L,配成后需实测。

表 3-4-1　模拟生活污水配方

材料名称	数量	材料名称	数量
淀粉,工业用	0.067 g	$NaHCO_3$,工业用	0.02 g
葡萄糖,工业用	0.05 g	Na_3PO_4,工业用	0.017 g
蛋白胨,实验用	0.033 g	尿素,工业用	0.022 g
牛肉膏,实验用	0.017 g	$(NH_2)_2SO_4$,工业用	0.028 g
$Na_2CO_3 \cdot 10H_2O$,工业用	0.067 g	水	1000 mL

3. 指标测定材料和试剂

测定化学需氧量(COD)、生物需氧量(BOD)、溶解氧(DO)、氨氮量、活性污泥性质(含污泥浓度和污泥指数等)的材料和试剂。

五、实验步骤

1. 原水各项指标测定

取一定量配制好的模拟生活污水,测定其中 COD、BOD、DO、氨氮量、pH,并详细记录。

2. 接种液的制备

从污水处理厂取正常运行的活性污泥曝气池中上层水作为接种液。用显微镜检查,可以观察到接种液中有大量的凝絮体。

3. 活性污泥的培养和观察测定

实验开始时,按表 3-4-1,除水外各种药品的数量均乘 4,即配制 4 倍浓度的模拟生活污水。将 4 倍浓度的模拟生活污水 7 L 加入长方形活性污泥曝气池模型中,然后将模型整个放入玻璃蓄水箱中,使曝气区略高出玻璃蓄水箱内的自来水水面,出水口要能通畅地排水。再加入接种液 2.5 L,最后再加 4 倍浓度的模拟生活污水至曝气池模型充满为止。培养开始时,打开充氧器进行"闷曝"(只对曝气区曝气充氧而不流入和排出模拟生活污水)。

连续"闷曝"48 h 后,开始从高位水箱下口连续向曝气池中通入 1 倍浓度的模拟生活污水,调节进水流速,观察转子流量计上的读数,以保持 8 mL/min 的小流量进水。继续曝气运转,可以观察到曝气池臭气逐渐消失,曝气区可出现微量凝絮体。72 h 后,如镜检凝絮体情况良好,凝絮体继续增多,可将进水流量加大到 10 mL/min,以后可再根据凝絮体增长情况提高进水流量。在运转期间,高位水箱底部由于长期静置,可能出现沉淀,应使用长玻璃棒每隔 1~2 h 搅动污水 1 次。在连续曝气运转过程中,为了及时了解和控制活性污泥的生成、增加和存在状态,需每天用显微镜检查曝气池混合液中细菌及凝絮体情况,观察和描述菌胶团形态,并记录在表 3-4-2 中。当曝气池混合液中有肉眼可见、数量较多的凝絮体出现时,开始逐日测定污泥性质,包括污泥沉降率、污泥浓度(污泥干重)并计算污泥指数,结果记录在表 3-4-3 中,其他分析数据也记入表中。运转过程中要根据活性污泥的性质、各项分析化验数据和模型运转情况,采取相应的调节措施,包括调节曝气量、改变进水流量等,以保持模型正常运转,活性污泥增加正常,污泥性质良好。当污泥体积增长到 8%～10% 后,将进水流量提高到 15 mL/min,继续曝气,直到污泥体积增长到 25%～30% 为止,即基本上完成活性污泥从少到多的培养全过程。

在培养和运转的过程中,必须不断向曝气池混合液提供充足的溶解氧。一般认为,曝气池混合液中的溶解氧维持在 1.5～3.0 mg/L 为宜。因此,每天上午、下午和晚间应测定曝气池混合液中溶解氧至少各 1 次,并根据所测得的溶解氧数值,通过及时调节曝气量,使溶解氧保持在上述适宜范围内。培养过程中应经常测定曝气池混合液的 pH,如偏离过大,应加以调节,使之保持在 6.5～8.0 为宜。

4. 菌胶团形态的观察

用高倍显微镜观察曝气池中的凝絮体,可以见到各种形态的菌胶团,一般有分枝状、垂丝状、球状、椭圆形或蘑菇形等多种有规则的形状,观察并用简图记录。

5. 活性污泥培养期间微型动物类群的演替

微型动物体形比细菌大,对于水体中各种因素的变化反应较为灵敏,掌握和观察较为方便,能及时反映出运转操作中出现的问题和净化效果。可以通过观察污水处理构筑物中的微型动物在种类和个体数量上的变化及它们在形态、生理和生态上的变化情况,结合水质分析结果,进行运转操作管理和预测出水效果。一般认为,固着型的纤毛虫占优势时,处理效果良好,出水的 BOD 和浑浊度较低;在活性污泥培养和驯化过程中,若出现大量有柄纤毛虫,可进入正常运转期。

6. 活性污泥法净化生活污水的效果评价

当活性污泥体积增长到 15% 左右以后,连续 3 天每天测定曝气池模型进水和出水的 COD、BOD、DO、氨氮量,并计算去除率。

六、数据记录与处理

1. 数据记录

自开始培养活性污泥之日起,每天填写表面加速曝气的活性污泥沉淀池模型培菌和运转实验观察及运行记录表(表 3-4-2)和分析记录表(表 3-4-3)。

表 3-4-2　表面加速曝气的活性污泥沉淀池模型培菌和运转实验观察及运行记录表

日期	时间	显微镜观察记录	本班运行管理记录	对本班运行情况的评价和下班的建议	记录人签名

表 3-4-3 表面加速曝气的活性污泥沉淀池模型培菌和运转实验分析记录表

日期	时间	室温/℃	水温/℃	pH	DO/(mg/L) 进水	DO/(mg/L) 出水	DO/(mg/L) 曝气区	COD/(mg/L) 进水	COD/(mg/L) 出水	COD/(mg/L) 去除率/%	BOD/(mg/L) 进水	BOD/(mg/L) 出水	BOD/(mg/L) 去除率/%	氨氮量/(mg/L) 进水	氨氮量/(mg/L) 出水	氨氮量/(mg/L) 去除率/%	污泥性质 体积/%	污泥性质 干重/(g/L)	污泥性质 指数	进水流量/(mL/min)	排泥量/mL	记录人签名

2. 分析评价

用简图表示在曝气池中用显微镜观察到的菌胶团和微型动物的形态,并区别微型动物所属大类。

对表 3-4-2 和表 3-4-3 加以分析整理,写出总结报告,内容应包括模拟生活污水(进水)水质、实验条件、凝絮体出现时间、培养和运转过程中活性污泥外观形状的变化、污泥体积增长动态、污泥干重、污泥指数的变化情况、曝气池中微型动物类群的演替、水质净化效果、对异常情况的处理措施等。

综合以上两项,针对本次实验中活性污泥培养和运转实验效果以及经验教训,做出分析评价报告。

七、注意事项

(1) 当高位水箱中模拟生活污水量下降至一半(10 L)左右时,即须向箱中补充以保持一定的静水压力,使进水流速稳定,出水通畅。

(2) 高位水箱中易有沉淀,须用长玻璃棒搅拌。

(3) 经常测定进水流量并及时加以调节,以保持其在规定的流量范围内。

(4) 经常检查曝气是否均衡,并及时调节,使溶解氧保持在 1.5~3.0 mg/L。

(5) 经常观察回流缝污泥回流是否通畅,如有堵塞,应及时疏通。

(6) 经常测定曝气池混合液的 pH,必要时加以调节,使其保持在 6.5~8.0。

八、思考题

(1) 普通活性污泥处理生活污水的效率如何?有何改进措施?

(2) 实验过程中有哪些注意事项?

实验 5　污染物对藻类细胞形态结构及初级生产力的影响

藻类是最简单的光合营养有机体,种类繁多,分布很广,是水生生态系统的生产者。藻类形态结构非常简单,在维持水生态系统的平衡、净化水质、吸收营养盐、拦截污染物和保护生物多样性等方面起着非常重要的作用。藻类能制造有机物,繁殖方式简单,通常以细胞分裂为主,当环境条件适宜、营养物质丰富时,藻类个体数的增长非常快。水污染引起水体物理、化学条件的改变,这种改变会直接影响生活在水中的浮游藻类及其他生物。由于藻类对水域环境变化敏感,其群落的物种组成、优势种、现存量等指标在不同营养水平的水环境中各异,能够及时、准确、综合反映水域生态环境状况,有些则有较大的耐受性,还有些只生活在污水中,因而藻类在水环境评价中作为生物学监测指标得到了广泛应用。

一、实验目的

(1)掌握藻类的培养方法。
(2)熟悉显微镜的使用。
(3)学会藻细胞绘图。
(4)了解测定水生生态系统中初级生产力的意义和方法。

二、实验原理

藻类生长因子包括光照、二氧化碳、温度、pH 及氮、磷、微量元素等其他营养成分,这些生长因子的变化会刺激或抑制藻类的生长。如果某种有毒有害的化学物质及其复合污染物进入水体,藻类的生命活动就会受到影响,生物量就会发生改变。所以,通过在一定实验条件环境下暴露藻类细胞于一定浓度的污染物中,观察和测量细胞的形态结构变化、测定藻类的数量、叶绿素 a 以及初级生产力指标的变化,就可以评价该污染物对藻类生长的影响及其对整个水生生态系统的综合环境效应。

测定水体初级生产力较常用的方法是黑白瓶测氧法。在黑瓶内的浮游植物,在无光条件下只进行呼吸作用,瓶内氧气将会被逐渐消耗而减少,而白瓶在光照条件下,瓶内植物进行光合作用与呼吸作用两个过程,但以光合作用为主,所以瓶内氧气会逐渐增加。

光合作用的过程可以用下列化学反应式来表示:

$$6CO_2 + 12H_2O \longrightarrow C_6H_{12}O_6 + 6H_2O + 6O_2$$

三、实验仪器

三角瓶、显微镜及培养皿等。

四、材料与试剂

可采用蛋白核小球藻、铜绿微囊藻、水华鱼腥藻、小环藻、菱形藻、羊角月牙藻、普通小球藻、斜生栅藻等作为实验藻种,也可以直接用某自然水体的混合藻作为实验材料。

五、实验步骤

1. 评估污染物对藻类细胞形态结构的影响

1）藻种预培养 将得到的实验藻种移种至盛有培养基的三角瓶中,在实验设定的温度和光照强度(同正式实验)下,通气或在三角瓶内保留足够空间培养,隔 96 h 移种 1 次,反复 2～3 次,使藻类达到同步生长阶段,以此作为实验藻种。每次移种均需利用显微镜观察,检查藻类的生长情况及是否保持纯种。

2）预备实验 预备实验的目的在于探明污染物对藻类生长影响的半数有效浓度(EC_{50})的大致范围,为正式实验打下基础,其处理浓度的间距可大一些。预备实验的方法与培养条件均同正式实验。

3）正式实验

(1) 培养容器及容器的清洗:一般要求使用质量好的硼硅酸玻璃容器,如果是研究痕量元素的影响,则应选用特殊的硬质玻璃容器。在同一批实验中,应自始至终使用一种类型的玻璃容器,以便比较实验结果。通常选用三角瓶作为培养容器,瓶口覆盖灭菌纱布(2～3 层)。

(2) 实验浓度的选择:根据预备实验的结果,设计等对数间距 5～7 个污染物浓度,其中必须包含一个能引起实验藻类的生长率下降约 50% 的浓度,并在此浓度上下至少各设两个浓度,另设一个不含污染物的空白对照。各浓度组均设 2 个平行。

(3) 培养液的制备:将储存母液混合、稀释,按(4)配制培养基,按一定体积分装在各个三角瓶中,经 121 ℃高压蒸汽灭菌 20 min,或经 0.45 μm 滤膜过滤除菌。由于限制 CO_2 交换的是介质的表面积与体积之比,所以在分装培养液时必须预留一定空间,通常是 40 mL 液体/125 mL 三角瓶、60 mL 液体/250 mL 三角瓶、100 mL 液体/500 mL 三角瓶,且液体体积=培养基体积+污染物溶液体积+藻类液体体积,吸取一定体积母液加到灭菌后的培养液中,摇匀,得到所需浓度。

(4) 培养基:使用 Bold Basal 培养基,调 pH 至 6.6,适合蓝藻、绿藻。

① 常量元素 10 mL · (940 mL)$^{-1}$:$NaNO_3$ 10 g · (400 mL)$^{-1}$、$CaCl_2$ · $2H_2O$ 1 g · (400 mL)$^{-1}$、$MgSO_4$ · $7H_2O$ 3 g · (400 mL)$^{-1}$、K_2HPO_4 3 g · (400 mL)$^{-1}$、KH_2PO_4 7 g · (400 mL)$^{-1}$、NaCl 1 g · (400 mL)$^{-1}$。

② 乙二胺四乙酸(EDTA) 1 mL · L^{-1}:乙二胺四乙酸(EDTA) 50 g · L^{-1}、KOH 31 g · L^{-1}。

③ 铁 1 mL · L^{-1}:$FeSO_4$ · $7H_2O$ 4.98 g · L^{-1}、H_2SO_4 1.0 mL · L^{-1}。

④ 硼 1 mL · L^{-1}:H_3BO_3 11.42 g · L^{-1}。

⑤ 微量元素 1 mL · L^{-1}:$ZnSO_4$ · $7H_2O$ 8.82 g · L^{-1}、$MnCl_2$ · $4H_2O$ 1.44 g · L^{-1}、MoO_3 0.71 g · L^{-1}、$CuSO_4$ · $5H_2O$ 1.57 g · L^{-1}、$Co(NO_3)_2$ · $6H_2O$ 0.49 g · L^{-1}。

(5) 接种培养:将达到同步生长的藻种培养液充分摇匀,吸取一定体积加至各组培养液中。一般初始藻种浓度可采用 $(1\sim5)\times10^6$ 个/mL,接种量控制在 10%～20%。

(6) 培养条件:在 (24±2)℃、白色荧光灯光照下培养,光照强度 (2000±200) lx;绿藻在同样的温度,(4000±400) lx 的条件下培养。培养容器可置摇床上振荡(110 次/分),也可人工通含 3% CO_2 的空气,以便空气交换。光暗比为 14 h:10 h 或 12 h:12 h。

(7)生长测定:在藻类毒性实验中,应定时取样测定藻类的生长情况,一般为每 24 h 或 48 h 取样一次。在 96 h 取样测定污染物对藻类生长影响的 EC_{50} 值,与对照组相比。测定藻类生长情况的指标较多,因而在设计藻类急性毒性实验时,必须考虑所有相关的环境因素,根据实验目的和实际条件选择测试指标。常用的测试指标如下。

①吸光度:用分光光度计测定,使用 4 cm 比色皿在波长 600～750 nm 处直接测定藻液的吸光度。

②细胞数:在显微镜下用血细胞计数器或 0.1 mL 计数框直接计数。如果是丝状藻类,则先用超速搅拌器或超声波使丝状藻体团分散后,再行显微计数。同一样品计数 2 次,2 次计数结果之差如果大于 15%,则需计数 3 次。

③叶绿素 a 含量:取一定体积的藻液,3000g 离心 10 min,往沉淀物中拌入少量碳酸镁,匀浆,用 95%乙醇(或 80%丙酮)萃取,4 ℃放置 2～4 h 后,4000g 离心 10 min,取上清液,用分光光度计在 665 nm 和 649 nm 波长处分别测定吸光度(A_{665},A_{649}),以 95%乙醇作为空白对照。用 95%乙醇提取叶绿素 a,其浓度的计算公式(经验公式)如式(3-5-1),不同提取溶剂采用不同经验公式。

$$c = 13.95 A_{665} - 6.88 A_{649} \tag{3-5-1}$$

再根据所取藻液的体积求出藻液中叶绿素 a 的含量。

④细胞干重:用过滤技术滤去水分后,高温烘干或灰化后称量藻类的干重或灰分重。一般来说,同一实验最好选用两种测试指标,以利于实验结果的分析与比较。藻类细胞计数和吸光度测定因操作简便,重复性好,不需昂贵仪器,应用最普遍,是藻类急性毒性实验中最主要的测试指标。

2.水体初级生产力的测定

(1)挂瓶:用采水器采 0～1 m 深度的水样(采样深度可分别取 0m、0.05 m、0.10 m、0.15 m、0.20 m、0.25 m、0.30 m、0.35 m、0.40 m、0.50 m、0.60 m、1.00 m),装满实验瓶,灌水时要使水满溢出。每个深度装 3 个实验瓶,其中一瓶应立即进行溶氧量测定(称 IB 瓶),测定原始溶氧量;另一白瓶(称 LB 瓶)与一黑瓶(称 DB 瓶)装满水后挂入与采水相同深度的水层中,然后经一定时间分别测定黑白瓶两瓶中的溶氧量,如测定光照强度与初级生产力的关系,可每 2～4 h 测定一次,如测定全天初级生产力,则可在挂瓶后 24 h 测一次。本实验挂瓶时间为 6 h(一般 10:00 挂瓶,16:00 取瓶)。

(2)记录:在野外测定时,要选择晴天。在室内进行时,水族箱应放在靠窗户位置,或加人工光源。不论室内或室外,均可用照度计定时测定光照强度,还要测定水温、pH、透明度(或浊度)、电导率等水质参数。野外工作还要详细记录当天的天气情况,如晴、阴、雨、风向、风力等,以备实验分析时参考。

(3)测定 DO:6 h 后取瓶,用溶氧仪分别测定黑瓶、白瓶的 DO(先测黑瓶,再测白瓶)。在取瓶的同时还要将步骤(2)中各指标再测定一遍。

六、数据记录与处理

1.污染物对藻类细胞形态结构影响的记录

污染物对藻类细胞形态结构影响的记录表见表 3-5-1。

表 3-5-1　污染物对藻类细胞形态结构影响的记录表

实验菌种名称：　　　　　　　　　　　　　　藻种编号：
标准培养基：　　　　　　　　　　　　　　　受试物：
实验条件　　　　　　　　　　　　　　　　　初始测定
控温:(　±　)℃　　　　　　　　　　　　　pH：
光照强度：　　　　　　　　　　　　　　　　藻类细胞数：　　个/mL
光暗：　　　　　　　　　　　　　　　　　　光密度：
通气情况：　　　　　　　　　　　　　　　　叶绿素 a：

组别	瓶号	浓度	24 h			48 h			72 h			96 h		
			细胞数	c_a	A	细胞数	c_a	A	细胞数	c_a	A	细胞数	c_a	A
对照	1													
	2													
	3													
处理 I	4													
	5													
	6													
处理 II	7													
	8													
	9													
处理 III	10													
	11													
	12													
处理 IV	13													
	14													
	15													
处理 V	16													
	17													
	18													

按下法求出 96 h-EC_{50}，各组设 2 个平行，取其平均值，在半对数坐标纸上，以实验浓度为纵坐标，以 $\dfrac{V_{空白}-V_n}{V_{空白}}$ 为横坐标，用内插法求出使藻类生长率下降 50% 的污染物浓度，即为 EC_{50}。

2. 水体初级生产力测定记录

水体采样原始记录表见表 3-5-2。

表 3-5-2 水体采样原始记录表

采样深度/m	采样瓶溶氧量/(mg/L)					
	IB		LB		DB	
	挂瓶	取瓶	挂瓶	取瓶	挂瓶	取瓶
0						
0.05						
0.10						
0.15						
0.20						
0.25						
0.30						
0.35						
0.40						
0.50						
0.60						
1.00						

(1) 溶氧量单位均为 mg/L，见式(3-5-2)、式(3-5-3)、式(3-5-4)。

$$R = IB - DB \tag{3-5-2}$$

$$P_G = LB - DB \tag{3-5-3}$$

$$P_N = LB - IB \tag{3-5-4}$$

式中：R——呼吸量；

IB——原始溶氧量；

P_G——总生产量；

LB——白瓶溶氧量；

P_N——净生产量；

DB——黑瓶溶氧量。

(2) 计算日总产量和日净产量，单位为 mg/L。

(3) 将 O_2 量转换成 C 量。

七、注意事项

(1) 提取液的 A_{665} 要求在 0.2~1.0 之间，若 $A_{665} < 0.2$，则应增加取水样量；若 $A_{665} > 1.0$，可稀释提取液或减少取水量。

(2) 光对叶绿素有破坏作用，实验操作应在弱光下进行，且匀浆时间尽量短。

(3) 若色素提取液混有其他物质而造成浑浊，将影响吸光度的测定，应重新过滤或离心。

八、思考题

(1)初级生产力的测定方法还有哪些?

(2)水生生态系统初级生产力的限制因素有哪些?

(3)为什么各实验组要设 2 个平行?为什么污染物浓度设计要采用等对数间距的 5~7 个浓度?

(4)为什么可以用藻类叶绿素 a 的含量来表示藻类的生物量?

实验6　重金属尾矿对植物种子萌发的影响

重金属尾矿一般物理性质不良、贫瘠、处于极端的 pH、含有较高的盐分或高浓度的有害物质,影响植物种子的萌发和生长。以重金属尾矿为盆栽基质进行种子萌发实验,可为矿业废弃地的复垦再利用提供科学的理论参考。

一、实验目的

(1)了解重金属尾矿的分类及危害。
(2)掌握植物种子萌发的盆栽实验方法。

二、实验原理

我国矿产资源种类多、储量大,随着需求增加、低品位矿石过量开采、冶炼技术进步,大量堆积的尾矿不仅增大了矿山生态恢复的难度,而且铜、砷、铬、汞等有毒污染物经复杂的迁移转化后释放到环境中,严重威胁矿山及周边地区生态安全。虽然目前已采取了矿山填充、建材生产、生产高附加值材料及再回收等措施,但仍存在综合利用率低和堆存量不断增加的问题,产生大量失去使用价值的矿业废弃地。矿业废弃地修复技术主要有物理修复技术(换土、深耕翻土法等)、化学修复技术(化学的淋洗、溶剂的浸提、还原脱氮修复、化学氧化修复和化学还原等)和生物修复技术(植物修复技术、动物修复技术与微生物修复技术)。植物修复是矿业废弃地修复中应用前景较好的技术。

植物修复主要依赖在矿业废弃地表种植适宜、稳定的本地物种和外来绿色植物,在一定的程度上防止水土流失,同时去除矿业废弃地中的污染物质,利用植被的富集作用、稳固作用和根际过滤作用来逐步改善受损的矿山生态环境,改良土壤的理化性质,增加动物和微生物多样性,最终使矿业废弃地生态系统重新进入良性循环。植物正常萌发所需要的营养来自种子本身,所以影响种子萌发的主要因素为空气、水以及溶解于水中的物质,如 H^+ 和可溶性的矿质元素。但是矿业废弃地土壤结构差、养分流失和重金属毒性的影响,往往导致植物种子难萌发,甚至死亡。直接以尾矿为基质进行植物种子萌发影响的研究,有利于筛选出适合矿业废弃地种植的植物。

三、实验仪器

镊子、培养盘(20 cm×42 cm)、游标卡尺、恒温水浴锅、气候培养箱等。

四、材料与试剂

(1)种子:选择发育正常、无霉、无蛀、完整而没有任何损坏的豆科植物种子,如绿豆、刺槐、田菁等。
(2)基质:某矿业废弃地的尾矿砂和正常土壤(如校园内、道路旁花坛内的表层 0～20 cm 土壤),自然风干,研磨后过 2 mm 筛,备用。
(3)10% H_2O_2 溶液。

五、实验步骤

1. 实验前处理

将植物种子用 10% H_2O_2 溶液消毒 15 min 后用去离子水冲洗干净,备用。分别取正常土壤、尾矿砂和正常土壤+尾矿砂作为对照组、实验组 1 和实验组 2,并将它们分别均匀地铺在洗净晾干的培养盘中,总厚度约 2 cm。实验组 2 是在尾矿砂上覆盖正常土壤,厚度分别为 1 cm。每组设置 3 个平行。

2. 种子的摆放和培养

将处理后的植物种子均匀放置在培养盘中,每盘放入 100 粒,并浇入等量的水。将培养盘放入气候培养箱,20～25 ℃培养。

3. 观察种子生长情况

每天观察种子发芽情况,记录发芽种子数、温度、湿度,及时除去感染霉菌的种子,每组补充等量的水。

4. 测定种子的发芽势和发芽率

参见第二篇实验 11。

六、数据记录与处理

参见第二篇实验 11。

七、思考题

(1) 查找资料熟悉种子的发芽过程,用图示说明胚根和胚轴的区别。
(2) 矿业废弃地有哪些?各种修复技术的优缺点是什么?
(3) 除了豆科植物,还有哪些植物可用于重金属污染土壤的修复?

实验 7 土壤重金属对农作物生长的影响及积累毒性

汞、镉等重金属对农作物细胞具有极强的毒性危害。当这类重金属的浓度增高时,会破坏农作物的细胞膜,进而影响其细胞结构和功能。若浓度更高,有害物质或分解产物在土壤中逐渐积累,则引起土壤质量下降,导致农作物生长发育受阻、光合作用受限、叶绿素合成减少等,严重时使植物死亡。这些影响都会导致农作物的产量和品质下降,对农业生产造成严重威胁。当农作物吸收了土壤中的重金属,重金属会逐渐积累并进入食物链,然后通过食物链进入人体,最终对人体的器官、骨骼造成影响。

一、实验目的

(1)通过种植芥菜型油菜盆栽实验,观察种植在重金属污染土壤植物的生长变化。
(2)通过分析植物各部位的重金属含量,了解重金属在植物体内积累转运的变化。

二、实验原理

重金属污染是当今面积较广、危害较大的环境问题。过量的重金属影响植物正常的生长发育,尽管如此,仍有些植物(如超积累植物)能在高浓度重金属污染的土壤上(如矿区)完成生活史,这表明植物在长期的自然进化过程中发生了一系列生理生化反应,对吸收与积累的重金属形成了特定的适应性、抗性、耐性、解毒等机理,适应了相应的生长环境。植物对重金属的吸收与积累在种间和种内存在明显差异。

植物吸收重金属并将其转移和积累到地上部,要经过一系列的生理生化反应,包括根际土壤金属离子的活化、根细胞表面吸附与扩散、跨根细胞质膜运输、通过木质部、韧皮部向地上部的长途运输、从木质部卸载到叶细胞(跨叶细胞膜运输)、叶细胞内的分配与区室化等。现代分子生物学与生物技术的发展,使人们从分子水平上阐明植物对重金属离子的吸收、转运、积累、忍耐和解毒机理成为可能。近年来,人们开始研究植物与吸收与积累重金属相关的基因或转运蛋白并取得了一定进展,但对于这些基因及转运蛋白功能和调控的分子机理,仍缺乏足够了解。深入研究植物对重金属吸收、转运、积累、忍耐和解毒的物质基础和分子机理,可以揭示超积累植物的耐性与超积累机理,分离克隆超积累相关基因,培育高效的修复植物,为重金属污染土壤的修复提供理想材料。

三、实验仪器

恒温干燥箱、电子天平(0.01 g、0.0001 g)、原子吸收分光光度计、镉元素空心阴极灯、粉碎机、电热板、高温电炉、瓷坩埚、手持叶绿素测定仪和实验室其他常用仪器(如玻璃器皿等)。

四、材料与试剂

(1)带托盘的塑料盆:直径 36.5 cm、高 26 cm。
(2)尿素、磷酸二氢钾、硫酸钾、$CdCl_2 \cdot 2.5H_2O$:均为分析纯。
(3)浓硝酸、浓盐酸、$HClO_4$:均为优质纯。
(4)种植营养土。
(5)1%硝酸溶液:取 10.0 mL 硝酸加入 100 mL 蒸馏水中,稀释至 1000 mL。

(6)盐酸(1+1):取 50 mL 盐酸慢慢加入 50 mL 蒸馏水中。

(7)镉标准储备液(1000 mg/L):准确称取 2.0311 g $CdCl_2 \cdot 2.5H_2O$ 于 300 mL 烧杯中,分次加入 20 mL 盐酸(1+1)溶解,加 2 滴 1%硝酸,移入 1000 mL 容量瓶中,用蒸馏水定容至刻度线,混匀。

(8)镉标准使用液(100 mg/L):吸取镉标准储备液 10 mL 于 100 mL 容量瓶中,用 1%硝酸定容至刻度线。

(9)镉标准曲线工作液:准确吸取镉标准使用液 0 mL、0.5 mL、1.0 mL、1.5 mL、2.0 mL、3.0 mL 于 100 mL 容量瓶中,用 1%硝酸定容至刻度线,即得 0 mg/L、0.50 mg/L、1.0 mg/L、1.5 mg/L、2.0 mg/L、3.0 mg/L 的镉标准曲线工作液。

(10)硝酸-高氯酸混合溶液(9+1):取 9 份硝酸与 1 份高氯酸混合。

五、实验步骤

1. 土培实验

1)制备培养土壤　用直径 36.5 cm、高 26 cm 带有托盘的塑料盆,每盆装过筛风干土壤 7.5 kg(供试土壤可取自校园后山表层 0~20 cm 土壤,自然风干,研磨后过 2 mm 筛备用)。按照盆栽植物对养分的需求比例,分别加入 2000 mg/kg 尿素、400 mg/kg 磷酸二氢钾和 400 mg/kg 硫酸钾作为底肥,并充分混匀。以分析纯 $CdCl_2 \cdot 2.5H_2O$ 作为受试物,用蒸馏水配成母液,按照 Cd 添加量浓度为 0、10 mg/kg、40 mg/kg,喷洒到盆栽实验的土壤中,边喷边搅拌,以保证 Cd 均匀分布,保持土壤湿度为田间持水量的 60%~70%,并在温室中稳定 3 个星期,每种添加量设 3 个重复。

2)培育芥菜型油菜幼苗　受试植物为芥菜型油菜,在 3 个直径 36.5 cm、高 26 cm 带有托盘的塑料盆中加入营养土,将种子均匀撒在营养土上,在种子上再撒上一薄层营养土,浇足水,覆盖一层薄膜。待幼苗长成后,选择生长健壮、长势和个体大小一致的油菜幼苗分别移栽到实验土壤中,每盆 6 株。

3)盆栽培养　植物在自然光照下生长,定期以称重法加自来水浇灌,保持土壤湿度为田间持水量的 60%~70%。

4)植株采集与处理　收获前测定株高及鲜重,并采集叶片,用手持叶绿素测定仪测定叶绿素含量。所有植株用蒸馏水洗净、晾干,分为地上部分和地下部分,在 105 ℃杀青 0.5 h,70 ℃烘干至恒重,用电子天平称取各部分干重。烘干样品过 40 目筛,用于测定重金属 Cd 含量。

2. 样品制备

分别准确称取上述已制备的油菜地上部分和地下部分样品 1~2 g(精确至 0.0001 g),放入 150 mL 锥形瓶中,加数粒玻璃珠,加入 10 mL 硝酸-高氯酸混合溶液(9+1),盖上弯颈漏斗,置于通风橱内浸泡过夜。将样品转移到可调温度的电热板上消解,若变为棕黑色,再加硝酸,直至冒白烟,待消化液呈无色透明或略带黄色,冷却后用中速定量滤纸过滤到 50 mL 容量瓶中,用少量 1%硝酸洗涤装滤液的锥形瓶 3 次,洗液合并于容量瓶中,并用 1%硝酸定容至刻度线,混匀备用。同时做试剂空白样 1 份。

3. 镉标准曲线绘制

将镉标准曲线工作液按浓度由低到高的顺序各取 20 μL 注入石墨炉,测定吸光度,以镉标准曲线工作液浓度为横坐标,相应的吸光度为纵坐标,绘制标准曲线并求出吸光度与镉浓度关系的一元线性回归方程。相关系数 R 应不小于 0.995。

4. 样品镉浓度的测定

吸取样品消解液 20 μL 注入石墨炉,测定吸光度,代入方程中求出样品消解液中镉浓度。若测定结果超出标准曲线范围,用 1% 硝酸稀释后再测定。

六、数据记录与处理

1. 数据记录

将不同镉添加量对植株的影响准确记录于表 3-7-1 中。

表 3-7-1 实验记录表

项目	地上部分			地下部分		
镉添加量/(mg/kg)	0	10	40	0	10	40
株高/cm						
株高平均值/cm						
鲜重/g						
鲜重平均值/g						
叶绿素含量(spad)				—	—	—
叶绿素含量平均值(spad)				—	—	—
镉含量/(mg/g)						
镉含量平均值/(mg/g)						
转运系数	0 mg/kg 镉含量组:			10 mg/kg 镉含量组:		40 mg/kg 镉含量组:

2. 数据处理

(1) 按式(3-7-1)计算植物各部位中镉含量。

$$c_{Cd} = \frac{V(c_x - c_0)}{m} \tag{3-7-1}$$

式中:c_x——从镉标准曲线上查到的镉浓度,mg/L;

c_0——试剂空白样中镉含量,mg/L;

V——定容体积,L;

m——样品重量,g。

(2) 按式(3-7-2)计算植物对重金属的转运系数。

$$转运系数 = \frac{植物地上部分重金属含量}{根部重金属含量} \tag{3-7-2}$$

七、注意事项

(1) 注意样品的消解应在通风橱中进行,并且有专人看管。

(2) 样品测定前应认真学习仪器的操作,并在老师陪同下操作,不得擅自使用仪器。

八、思考题

(1)随着土壤中镉含量的增加,植物的生长有什么变化?
(2)植物的株高、鲜重以及叶绿素含量与体内镉含量的变化有什么关系?

实验 8　植物对大气污染物的吸收净化

大气污染直接影响生态环境，危害人体健康。植物作为现代化城市环境建设的主体，在美化城市景观、调节区域小气候等方面发挥着重要作用。植物不仅对一定浓度范围内的环境污染物有抵抗力，而且可以通过吸附、吸收、蓄积和转化等途径有效地持留和去除大气污染物，净化大气。通过植物对大气污染物的吸收净化实验，可以测定植物对大气污染物的吸收能力，为选择大气净化植物提供理论依据。

一、实验目的

(1) 掌握检测植物对大气主要污染物 SO_2 吸收净化能力的实验方法。
(2) 掌握使用氧瓶燃烧法、比浊法测定 SO_2 含量的原理和操作。
(3) 能够对实验数据进行分析评价，提出科学性建议。

二、实验原理

一般情况下，植物叶片中污染物的积累量与大气中污染物的浓度成正比，所以，通过对叶片中某污染元素的化学分析便可了解和查明植物对大气中该元素的吸收量。本实验对研究材料的处理采用人工模拟熏气实验，对部分主要绿化树种每平方米叶面积每小时对大气污染物 SO_2 的吸收能力进行了测定。

本实验采用氧瓶燃烧法，将植物样品充分燃烧后释放出来的硫被吸收液中的 H_2O_2 氧化成 SO_4^{2-}，加入已知量的氯化钡镁混合液后生成硫酸钡，离子方程式如下。

$$Ba^{2+} + SO_4^{2-} = BaSO_4 \downarrow$$

利用分光光度计进行硫酸钡比浊，测定植物叶片中硫含量，通过配制标准溶液和测定标准溶液的吸光度来绘制标准曲线。测定样品溶液的吸光度后，再根据标准曲线的拟合线性方程计算所测植物叶片的含硫量。借助对叶片的化学分析测得的叶片中硫含 SO_2 量，既可反映大气 SO_2 污染水平，又可反映植物对大气 SO_2 污染的吸收净化效果。叶片中硫含 SO_2 量高的植物，对 SO_2 吸收强度大，转化能力强，对大气的净化能力也高。

三、实验仪器

熏气箱、鼓风干燥箱、粉碎机、80 目筛、氧气钢瓶、燃烧筐、定量滤纸、瓷坩埚、分光光度计、电磁搅拌器、锥形瓶、容量瓶、三角瓶、比色管等。

四、材料与试剂

硫酸钠、氯化钠、浓盐酸、甘油、95% 乙醇、$BaCl_2$、H_2O_2，均为分析纯。

(1) 硫酸盐标准溶液：称取 0.1480 g 烘干的 Na_2SO_4 移入 100 mL 容量瓶中，加二次蒸馏水至刻度线，摇匀，此溶液 SO_4^{2-} 浓度为 1 mg/mL。再用 25 mL 移液管取 25 mL 此溶液于 250 mL 容量瓶中，加二次蒸馏水至刻度线，摇匀，即 SO_4^{2-} 浓度为 0.1 mg/mL。

(2) 稳定剂：称取 25 g 氯化钠溶于 100 mL 水中，加入 10 mL 浓盐酸、16.7 mL 甘油和 33.3 mL 95% 乙醇，混合均匀。

(3) 氯化钡：筛取 80～100 目 $BaCl_2$ 晶体，在粗天平上称取 0.2 g，包好备用。

（4）1∶4 H_2O_2 溶液：1 份 30％ H_2O_2 溶液加入 4 份二次蒸馏水中，用时现配。

五、实验步骤

1. 人工模拟熏气

熏气实验在熏气箱中进行，箱内气体每分钟交换 3 次。实验气体的浓度根据其对植物毒性的大小而不同。一般 SO_2 约为 4 μg/L，暴露时间均为 8 h。植物在上述浓度气体中，按规定时间暴露后，叶片呈现的受害症状较轻，多为褪绿斑，只有少数植物间或有面积不大的褐色斑。受试植物完成暴露实验后便进行采样，分析测定。将相同植株的枝条置于无毒实验室内作为对照。

2. 样品前处理

将采集的叶片用去离子水刷洗 3 次，风干，置于鼓风干燥箱中，以 80 ℃ 温度烘干。然后研磨并通过 80 目筛，过筛后的样品保存待用。

3. 样品灰化（氧瓶燃烧法）

将定量滤纸剪成 4.5 cm×5 cm 的小块，称取 0.09 g 试样后置于滤纸中央，包折后，紧夹在小筐中，碘量瓶中加二次蒸馏水 10 mL，1∶4 H_2O_2 溶液 0.5 mL，通氧 2 min 后，点燃滤纸包尾部，立即插入瓶中，按紧瓶塞，将瓶倾斜并轻轻转动，燃烧完毕后，静置 30～40 min，至瓶内无烟雾时，打开瓶塞，用移液管吸 20 mL 二次蒸馏水冲洗瓶塞、瓶壁及试样筐，过滤于 100 mL 小烧杯中，再用 17 mL 二次蒸馏水冲洗碘量瓶，过滤。每种植物样品要做 3 个平行样和 1 个空白样。

4. 标准曲线制备测定

取 10 支 50 mL 比色管编号，按表 3-8-1 制备标准曲线系列溶液。用 1 cm 比色皿在分光光度计上 420 nm 波长处测定吸光度，并填入表 3-8-1 中。

表 3-8-1 标准曲线系列溶液制备

编号	1	2	3	4	5	6	7	8	9	10
硫酸盐标准液/mL	0	0.5	5	10	15	20	25	30	35	40
均加入 2.5 mL 稳定剂和 0.2 g $BaCl_2$										
二次蒸馏水/mL	47.5	47	42.5	37.5	32.5	27.5	22.5	17.5	12.5	7.5
硫酸根含量/(mg/L)	0	1	10	20	30	40	50	60	70	80
A_{420}										

5. 样品测定（分光光度法）

在样品滤液中加 2.5 mL 稳定剂，用玻璃棒搅匀后，加 0.2 g $BaCl_2$，在电磁搅拌器上搅拌 1 min，静置 30 min，用 1 cm 比色皿在分光光度计上 420 nm 波长处测定吸光度，记录相应数据。

六、数据记录与处理

1. 标准曲线绘制

根据表 3-8-1 中数据,以吸光度为纵坐标,硫酸根含量为横坐标,绘制标准曲线,添加趋势线,得到拟合线性方程和相关系数 R。

2. 植物样品数据记录和处理

根据吸光度和拟合线性方程计算出样品中硫酸根含量。本实验中,样品测定体积与吸收液体积相同(均为 50 mL),故可用式(3-8-1)计算得出每种植物叶片中含硫量。

$$\omega = \frac{m}{3W} \tag{3-8-1}$$

式中:ω——叶片含硫量,mg/g;

m——样品测定液中硫酸根含量,mg;

W——分析用的植物叶片样品干重,g;

3——硫元素在硫酸根中的比例。

将植物叶片中硫含量测定及计算数据填入表 3-8-2。

表 3-8-2　植物叶片中硫含量测定及计算

植物叶片	叶片干重 W/g	A_{420}	样品测定液中硫酸根含量 m/mg	叶片含硫量 ω/(mg/g)	平均值
植物 1					
植物 2					
植物 3					

3. 分析讨论

根据不同植物吸硫量的差异,评价不同植物对大气中 SO_2 的吸收净化能力强弱并进行分类。按 0.5 距离截取,可将它们划分为 3 类,即Ⅰ类,吸硫量高的植物(叶片含硫量>1.0 mg/g);Ⅱ类,吸硫量中等的植物(0.5 mg/g≤叶片含硫量≤1.0 mg/g);Ⅲ类,吸硫量低的植物(叶片含硫量<0.5 mg/g)。

七、注意事项

(1) 用氧气钢瓶通气时要注意安全,可在氧气钢瓶出口处连接缓冲瓶,瓶内装水。

(2) 试样加 $BaCl_2$ 后在磁力搅拌器上搅拌时,要严格控制搅拌速度与时间,否则对 $BaSO_4$ 颗粒的形成有影响。

(3) 滤纸包燃烧后要立即插入碘量瓶中,并按紧瓶塞,保证燃烧气体被完全吸收。

八、思考题

(1) 实验结果有没有达到预期效果?若没有,可以如何改进?

(2) 影响实验结果的因素主要有哪些?

实验9　络合剂/植物对重金属污染土壤的修复

植物修复重金属污染土壤作为一种绿色修复技术,成为国内外土壤修复关注的焦点。然而,目前研究的超累积植物往往表现为植株矮小、生物量低、生长缓慢等,严重阻碍了植物修复技术在重金属污染土壤修复方面的推广应用。因此,利用生物诱导剂强化植物修复重金属污染土壤成了有效可行的替代方法。向土壤中施加络合剂(如 EDTA、柠檬酸等)能够活化土壤中的重金属,提高重金属的生物有效性,促进植物吸收,被广泛应用于植物对土壤中重金属的提取修复。

一、实验目的

(1)通过种植芥菜型油菜盆栽实验,观察了解植物对重金属污染土壤的修复效果。
(2)通过观察了解络合剂施加能辅助种植植物的修复。

二、实验原理

目前研究的超累积植物大多数是对重金属起作用,而污染土壤中往往是几种重金属的复合污染。由于一些超累积植物植株矮小、生长速度慢,加上受气候、土壤环境的限制,超累积植物对重金属的积量有限,很难具有实际应用价值,也不利于大面积的机械操作。此外,只有当土壤污染物为特定的潜在有毒金属或非重金属时,采用植物提取法才能有效去除,而普通的高产农作物能被触发累积大量生物利用度低的金属的前提条件是在土壤中添加一些活化物,以提高这些金属在土壤中的迁移活度。络合剂常被作为活化剂使用,其能够从有机物中将金属离子解吸出来,增加土壤中金属的溶解度,促进金属自根系向地上部分转运,从而降低土壤中金属的含量。

近年来,广大学者对重金属污染土壤的修复方法展开了一系列研究,主要分为物理修复、化学修复、生物修复技术。络合剂修复技术是近年来新发展起来的,其主要原理是人工往土壤中添加 EDTA、EDDS 等络合剂,通过络合剂增加土壤液体中重金属离子浓度,再通过植物吸收或富集来降低土壤中重金属浓度,从而完成土壤修复。络合剂的主要作用是增加土壤液体中重金属浓度,从而增大植物吸收重金属的可能性。不同的络合剂对重金属的吸附能力不同,如铜(Cu)的最佳络合剂是 NTA,但是 Pb(铅)的最佳络合剂是 EDTA。

三、实验仪器

恒温干燥箱、电子天平(0.01 g、0.0001 g)、分光光度计、镉元素空心阴极灯、粉碎机、电热板、高温电炉、瓷坩埚、手持叶绿素测定仪及实验室其他常用仪器,如玻璃器皿等。

四、材料与试剂

(1)带托盘的塑料盆:塑料盆直径 36.5 cm、高 26 cm。
(2)尿素、磷酸二氢钾、硫酸钾、$CdCl_2 \cdot 2.5H_2O$、EDTA(乙二胺四乙酸):以上试剂均为分析纯。
(3)浓硝酸、浓盐酸、$HClO_4$:以上试剂均为优质纯。
(4)1%硝酸:取 10 mL 浓硝酸加入 100 mL 水中,稀释至 1000 mL。

(5)盐酸(1+1):取 50 mL 浓盐酸慢慢加入 50 mL 蒸馏水中。

(6)镉标准储备液(1000 mg/L):准确称取 2.0311 g 分析纯 $CdCl_2 \cdot 2.5H_2O$ 于 300 mL 烧杯中,分次加 20 mL 盐酸(1+1)溶解,加 2 滴浓硝酸,移入 1000 mL 容量瓶中,用蒸馏水定容至刻度线,混匀。

(7)镉标准使用液(100 mg/L):吸取镉标准储备液 10 mL 于 100 mL 容量瓶中,用 1% 硝酸定容至刻度线。

(8)镉标准曲线工作液:准确吸取镉标准使用液 0 mL、0.5 mL、1.0 mL、1.5 mL、2.0 mL、3.0 mL 于 100 mL 容量瓶中,用 1% 硝酸定容至刻度线,即得到 0 mg/L、0.50 mg/L、1.0 mg/L、1.5 mg/L、2.0 mg/L、3.0 mg/L 的镉标准曲线系列溶液。

(9)硝酸-高氯酸混合溶液(9+1):取 9 份浓硝酸与 1 份高氯酸混合。

(10)种植营养土。

五、实验步骤

1. 土培实验

1)制备盆栽土壤 用直径 36.5 cm、高 26 cm 带有托盘的塑料盆,每盆装过筛风干土壤 7.5 kg(土壤可采自校园后山表层 0~20 cm,自然风干,研磨后过 2 mm 筛备用)。按照盆栽植物对养分的需求比例,分别加入 2000 mg/kg 尿素、400 mg/kg 磷酸二氢钾和 400 mg/kg 硫酸钾作为底肥,并充分混匀。以分析纯 $CdCl_2 \cdot 2.5H_2O$ 作为受试物,用去离子水配成母液,再逐级稀释配成溶液,按照 Cd 添加量为 40 mg/kg(称量 0.610 g 分析纯 $CdCl_2 \cdot 2.5H_2O$,溶解定容于 1 L 蒸馏水中,此溶液含镉浓度为 40 mg/L)喷洒到盆栽土壤中,边喷边搅拌,以保证 Cd 均匀分布。保持土壤湿度为田间持水量的 60%~70%,并在温室中稳定 3 个星期。

2)培育芥菜型油菜幼苗 受试植物为芥菜型油菜,在 3 个直径 36.5 cm、高 26 cm 带有托盘的塑料盆中加入盆栽土壤,将种子均匀撒在土壤上,再在种子上撒上一层薄土壤,浇足水,覆盖一层薄膜。待幼苗长成后,选择生长健壮、长势和个体大小一致的幼苗分别移栽到实验土壤盆栽中,每盆 6 株。

3)盆栽培养 植物在自然光照下生长,定期以称重法加自来水浇灌,保持土壤湿度为田间持水量的 60%~70%。幼苗移栽生长 40 天后测定株高,并采集叶片,用手持叶绿素测定仪测定叶绿素含量;移栽 50 天后在盆栽中添加络合剂 EDTA,浓度分别为 0 nmol/kg、2 nmol/kg、6 nmol/kg(每个处理重复 3 次),喷洒到盆栽实验的土壤中,进行络合强化实验。

4)植株采集与处理 加入络合剂 10 天后收获所有植株,用去离子水洗净植株、晾干,分为地上部分和地下部分,在 105 ℃杀青 0.5 h,70 ℃烘干至恒重,用电子天平称取各部分干重。烘干样品过 40 目筛,测定重金属 Cd 含量。

2. 样品制备

分别准确称取上述已制备的芥菜型油菜地上部分和地下部分烘干样品 1~2 g(准确至 0.0001 g)到 150 mL 锥形瓶中,加数粒玻璃珠,加入 10 mL 硝酸-高氯酸混合溶液(9+1),盖上弯颈漏斗,置于通风橱内浸泡过夜。将样品转移到可调温度的电热板上消解,若变为棕黑色,再加 1% 硝酸,直至冒白烟、消解液呈无色透明或略带微黄色。冷却后用中速定量滤纸过滤到 50 mL 容量瓶中,用少量 1% 硝酸洗涤锥形瓶 3 次,将洗液合并于容量瓶中并用 1% 硝酸定容至刻度线,混匀备用。同时做试剂空白 1 份。

3. 标准曲线绘制

将标准曲线系列溶液按浓度由低到高的顺序各取 20 μL 注入石墨炉,测定吸光度,以标准曲线浓度为横坐标,相应的吸光度为纵坐标,绘制标准曲线并求出吸光度与浓度关系的一元线性回归方程,相关系数应不小于 0.995。

4. 样品溶液的测定

吸取样品消解液 20 μL 注入石墨炉,测定吸光度,求出样品消解液中镉含量。若测定结果超出标准曲线范围,用 1% 硝酸稀释后再测定。

六、数据记录与处理

1. 数据记录

将不同络合剂添加量对种植植物对重金属污染土壤的修复的影响准确记录于表 3-9-1 中。

表 3-9-1 不同络合剂添加量对种植植物对重金属污染土壤的修复的影响实验数据记录表

络合剂添加量 /(nmol/kg)	地上部分						地下部分					
	0		2		6		0		2		6	
株高/cm												
株高平均值/cm												
叶绿素含量 (spad)							—					
叶绿素平均值 (spad)							—					
镉含量/(mg/g)												
镉含量平均值 /(mg/g)												
转运系数	0 nmol/kg 络合剂:						2 nmol/kg 络合剂:				6 nmol/kg 络合剂:	

2. 数据处理

(1) 按式(3-9-1)计算植物各部位中镉含量。

$$\omega = \frac{V(c_x - c_0)}{m} \tag{3-9-1}$$

式中:ω——植物中镉含量,mg/g;

c_x——样品消解液中的镉浓度,mg/L;

c_0——空白液中镉浓度,mg/L;

V——定容体积,L;

m——样品重量,g。

(2)按式(3-9-2)计算植物对重金属的转运率。

$$转运系数=\frac{植物地上部分重金属含量}{植物地下部分重金属含量} \quad (3-9-2)$$

七、注意事项

(1)注意样品的消解过程应在通风橱中进行,并且专人看管。

(2)样品测定前应认真学习仪器的操作,并在老师陪同下操作,不得擅自使用。

八、思考题

(1)施用络合剂后能够促进植物生长的原理是什么?(可结合株高和叶绿素含量进行分析)

(2)施用络合剂后植物镉含量转运发生了什么变化?其发生变化的主要原因是什么?

实验 10 婴幼儿奶瓶微塑料的释放对斑马鱼生长的影响

婴幼儿奶瓶是日常生活中使用较广泛的塑料制品。聚丙烯制成的婴幼儿奶瓶冲泡配方奶粉时,会释放出大量微塑料。

微塑料可通过进食进入鱼体内,虽然多数能够随粪便排出体外,但仍有部分微塑料积累在鱼鳃或者内脏中,引发机体的氧化应激反应,甚至造成死亡。这些微塑料还能够与环境中的其他污染物发生相互作用,产生复合毒性影响,经过食物链传递给人类,严重威胁着人类健康。斑马鱼具有饲养方便、产卵量大、胚胎透明和易于观察等优点,是目前研究污染物毒性较好的动物模型。

一、实验目的

(1)了解微塑料在日常生活中的存在方式。

(2)掌握微塑料的释放以及其对斑马鱼生长的影响的测定方法原理与操作。

二、实验原理

微塑料作为一种新型污染物,一旦进入食物链,将对人类健康构成威胁。部分欧美国家已颁布法令,禁止在个人护理品中使用微塑料。目前,微塑料污染已成为各国政府、学者和公众共同关注的环境问题。在自然或实验室条件下,微米级和纳米级的粒子可以在各级食物链中转移,且微塑料粒径越小,生物利用度越高,甚至可以穿过胎盘、血脑屏障,进入生物的胃、肺等器官。

聚丙烯(PP)婴幼儿奶瓶释放出的微塑料数量高达 1620 万个/L,婴幼儿暴露在微塑料的风险高于以前的认知。有研究表明,微塑料释放量与水温之间呈指数增长关系。

斑马鱼卵法是一种常用的毒性测试方法,可以快速、简便地评估不同物质对鱼卵的影响。该方法基于斑马鱼在早期发育阶段的特殊敏感性,通过观察卵的孵化情况来判断受试物的毒性程度。在测试过程中,将不同浓度的受试物与斑马鱼卵接触,然后记录卵的孵化率、胚胎畸形率以及其他相关指标,从而确定受试物的毒性效应。其主要原理是通过测定不同浓度的受试物对斑马鱼卵或早期胚胎的影响,从而评价其毒性程度。通常采用孵化率、畸形率、运动能力等指标来评估受试物的毒性效应,由此推断出该物质对人体或其他生物的毒性风险。使用斑马鱼具有材料方便易得、操作简单、可重复性及可靠性较高等优点,而且与传统的鱼类急性实验相比,具有成本低、影响因素少、灵敏度高等特点。

三、实验仪器

(1)显微镜:配照相系统,最大放大倍数大于 80 倍的立体显微镜。

(2)电子天平(精确到 0.01 g)。

(3)恒温水浴锅。

(4)pH 计。

(5)溶解氧测定仪。

(6)电导率测定仪。

(7)测试容器:玻璃材质的24孔板。

(8)实验室其他常用仪器设备。

四、材料与试剂

1. 斑马鱼卵(作为实验材料)

将成年斑马鱼(雌雄鱼数量比约为1:2)饲养在经活性炭过滤并充分曝气的水中,培养水温度保持在(26 ± 1)℃,pH 8.34,总硬度为28~32 dH。养殖密度最好控制在每升水1~2尾鱼,以及每天固定12~16 h光照且需保持良好过滤系统。每天喂食经过消毒处理的冷冻红线虫2次,并辅助混合干饲料以增加产卵量。

2. 婴幼儿奶瓶浸提液(作为鱼卵培养液)

用去离子水清洗并消毒聚丙烯奶瓶(2~4 h)后,将奶瓶放置于烧杯中并加入1 L的去离子水,70 ℃恒温(用水浴锅水浴加热)搅拌均匀浸泡2天,冷却备用。调节溶液的含量及硬度:$MgSO_4 \cdot 7H_2O$含量为123.3 mg/L,$CaCl_2 \cdot 2H_2O$含量为294.0 mg/L,KCl含量为5.5 mg/L,$NaHCO_3$含量为63.0 mg/L,pH 8.34,总硬度为28~32 dH(30~300 mg/L碳酸钙),溶解氧≥80%饱和度,电导率为500~800 μS/cm。

3. 空白对照培养液

用去离子水代替婴幼儿奶瓶浸提液,并调节溶液的含量及硬度:$MgSO_4 \cdot 7H_2O$含量为123.3 mg/L,$CaCl_2 \cdot 2H_2O$含量为294.0 mg/L,KCl含量为5.5 mg/L,$NaHCO_3$含量为63.0 mg/L,pH 8.34,总硬度为28~32 dH(30~300 mg/L碳酸钙),溶解氧≥80%饱和度,电导率为500~800 μS/cm。

五、实验步骤

接下来进行成鱼的饲养、鱼卵的收集和设计实验。斑马鱼在见光30 min后产卵结束,马上收集鱼卵并用培养液浸洗2次,可用倒置显微镜挑选受精卵(四分裂时期的胚胎),备用。

24孔板每个孔的容积为3 mL,加入2 mL培养液,其中12个孔加入空白对照培养液,其余12个孔加入鱼卵培养液。每孔放1枚受精卵,以排除相互干扰(每孔作为一个实验组)。为保持培养液浓度不变,用透明胶带密封24孔板。染毒期间温度保持在26 ℃(置于恒温培养箱)。

使用倒置显微镜观察并记录72 h内受精卵各个发育阶段的毒理学终点(表3-10-1)。

表3-10-1　72 h内受精卵各个发育阶段的毒理学终点

染毒时间/h	毒理学终点
4	卵凝结 囊胚发育异常
8	外包活动阶段异常
12	原肠胚作用不开始或终止
16	胚孔关闭 体节数显著减少

续表

染毒时间/h	毒理学终点
24	尾部无延展 20 s内无主动活动 眼点发育异常
36	心跳、血液循环异常 黑素细胞、耳石的发育异常
48	心律显著减缓
72	孵化率下降甚至不孵化,畸形率显著升高

六、数据记录与处理

将72 h内受精卵的观察指标填入表3-10-2中。

表3-10-2　72 h内受精卵的观察指标记录表

染毒时间/h	毒理学终点	空白组出现症状/个	实验组出现症状/个
4	卵凝结 囊胚发育异常		
8	外包活动阶段异常		
12	原肠胚作用不开始或终止		
16	胚孔关闭 体节数显著减少		
24	尾部无延展 20 s内无主动活动 眼点发育异常		
36	心跳、血液循环异常 黑素细胞、耳石的发育异常		
48	心律显著减缓		
72	孵化率下降甚至不孵化,畸形率显著升高		

七、注意事项

(1)实验过程中应严格参照各项标准进行。
(2)合理使用显微镜。

八、思考题

(1)为什么鱼类的早期发育阶段对污染物最敏感?
(2)微塑料的释放对鱼类的胚胎发育有什么影响?

九、知识拓展

微塑料指的是在人为生产或太阳照射、太阳侵蚀、生物降解、机械破裂等过程中形成的直径小于 5 mm 的塑料颗粒。微塑料已成为国际上广泛关注的新污染物之一,广泛存在于土壤、空气以及水体环境中,对植物、动物和人类都产生了一定的毒害作用。

1. 环境中微塑料的来源与分布

当前,污泥利用、农用地膜使用、工业生产、塑料废弃物降解、灌溉水污染以及大气沉降等都是微塑料的主要来源。这些微塑料在土壤中广泛分布,经雨水冲刷在河池湖泊中汇聚,并实现迁徙。其次,在人类生产活动如渔业捕捞、漂浮装置的使用以及水产养殖等中,长时间的水体浸润、阳光辐照、海浪侵袭,可加速塑料制品老化以及破损。此外,研究表明,大气沉降的污染物中也含有人造纤维,这证明了大气沉降也是陆地环境中微塑料污染的一个来源。

2. 环境中微塑料的危害

生物是生态系统的重要组成部分,环境中塑料及微塑料的大范围污染对生物生存的威胁已经逐步显现。不断有研究表明,海洋中的大块塑料,如渔网、塑料袋以及塑料瓶等被海洋生物误食而受到伤害,而微塑料对生物生存造成的负面影响是否会威胁生态系统的健康与稳定以及对生物体是否有毒性已成为当前重点关注的问题。

1) 微塑料对动植物的影响　微塑料被称为海洋中的"PM2.5",这表明其在海洋环境中广泛存在。微塑料粒径小,具有较高的稳定性以及强迁徙性,现已成为全世界环境科学家以及生物学家的关注热点。现有研究表明,微塑料在水体资源中的沉降与其个体性质以及漂浮时间息息相关。密度较小的微塑料会呈自然漂浮状态,并黏附在具有吸附、黏附表层作用的动植物表面,如微塑料颗粒可以吸附在微藻细胞表面,形成包裹体甚至存在于微藻细胞功能区,从而限制细胞与环境之间的能量与物质交换或转移,并阻碍营养物质、光、CO_2 和 O_2 进入藻细胞内。其次,有害的藻代谢产物也有可能由于包裹作用被锁定在细胞内而扰乱藻细胞的生长。该类底栖生物或浮游植物受到微塑料污染后,会进一步通过食物链实现富集。

当前,不断有研究表明,世界上大多数鱼体内,特别是消化器官中,均含大量微塑料甚至塑料制品。微塑料的蓄积会导致鱼类消化道出现堵塞、扩张等问题,并降低生物体摄食频率,抑制鱼类的生长发育以及器官的正常运作,进一步提高鱼类的死亡率或鱼类不良死亡发生率。

2) 微塑料对人类的影响　人类是食物链中的顶端捕食者,也是食物链中的富集者。现有研究表明,有害物质如重金属等会通过食物链不断在人体形成放大效应。当前,微塑料已经被发现在人体组织中如胎盘,存在蓄积行为,这进一步提高了微塑料蓄积或传递对人体具有潜在危害的可信度。其次,不断有研究证明,除了食物链以外,皮肤、呼吸道等也是微塑料侵入人体的重要途径。当前,利用小鼠以及斑马鱼等模拟人体毒性后发现,通过食物链摄入微塑料会导致肠道炎症反应,并改变肠道微生物丰度,导致菌群结构发生动态变化,人体肝、肾、脾等脏器是微塑料经食物链摄食蓄积的主要器官,肺部是呼吸道摄入微塑料的主要器官。小粒径的微塑料可以通过多途径进入人体循环系统,并在不同的器官或组织实现分布与蓄积,这与微塑料进入人体的途径以及循环系统的循环路径息息相关。

实验 11　重金属在生物体内的分布与积累

重金属是指原子密度(比重)大于 5.0 g/cm³ 的金属元素。重金属污染物在环境中迁移时,一旦进入生物体内,可能由于生物浓缩和生物放大作用在生物体内蓄积,当蓄积量达到一定程度的时候,便会产生生物毒性,严重时甚至会造成生物死亡。重金属进入生物体内通过生物转运可以分布到不同的组织器官,产生不同的生物反应。

一、实验目的

(1)通过本实验了解重金属在鱼类中的迁移、分布及积累特征,加深对环境污染物在生物体内分布、积累的理解。

(2)学习生物样品中重金属含量的测定方法(样品的制备、消化前处理、原子吸收分光光度计的原理及使用方法等)。

二、实验原理

鱼类是人类摄入蛋白质的重要来源之一,鱼类长期生活在低浓度的微量元素水域中,伴随着水域污染的日积月累,某些重金属元素将会在鱼类的组织器官中积累,通过食物链危及人类健康,有些也会直接引起鱼类大面积死亡。重金属在鱼体内不同组织和器官中的浓度分布存在差异,一般鳃和肝中重金属含量较高,肌肉中含量较低,冬季较夏季含量高。因此,鱼类常被作为指示生物来评估水域的重金属污染程度。

一般的检测方法难以检测出生物体内低浓度的重金属,本实验采取原子吸收分光光度计测定样品中重金属元素的浓度,这种方法能检测到浓度为 10^{-9} g/mL 数量级的重金属。将鱼分成鱼肉、内脏、鱼鳞等不同部位之后,消解处理成溶液,再进行检测。通过检测鱼体内组织官中重金属的含量,能够了解重金属在鱼体内的分布与积累。

三、实验仪器

鱼缸、解剖刀、勺子、直尺、烧杯、移液管、电子天平、研钵、比色管、剪刀、冰柜、冷冻干燥机、电热板或微波消解仪、原子吸收分光光度计等。

四、材料与试剂

(1)消解所用试剂浓硝酸、浓盐酸、高氯酸等为优级纯,水为去离子水。

(2)标准溶液:用金属氧化物或盐类配成 1000 μg/mL Cu、Zn、Cd、Pb、Cr 标准储备液,再用 1% HNO_3 溶液稀释成不同浓度的标准溶液。

(3)实验用鱼:取自某工厂附近存在重金属污染的水体,同时采集水样。

五、实验步骤

1. 鱼的解剖及预处理

对于采集回来的鱼,先测定鱼的体重及体长,做好记录。用滤纸吸干鱼体表面的水分,用解剖刀对鱼进行解剖,每尾鱼用一把刀,避免相互污染。取用鱼的肉、鳞及内脏作为样本,并且用刀及研钵将肉及内脏制成匀浆,用剪刀将鱼鳞尽量剪碎。用塑料瓶分装,保存备用。

2. 含水率的测定

为每种鱼准备 3 个烧杯,称量空干烧杯的重量,记为 $G_{杯}$,以及加入样品后的湿重,记为 $G_{湿}$,在 $-20\ ℃$ 冰箱中冷冻 24 h,然后置冰冻干燥机冰冻干燥 $48\sim72$ h 后称重,记为 $G_{干}$,据此计算含水率。

3. 标准曲线绘制

用原子吸收分光光度计测定重金属 Cu、Zn、Cd、Pb、Cr 标准溶液的吸光度。以标准溶液浓度为横坐标,相应的吸光度为纵坐标,绘制标准曲线并求出吸光度与重金属浓度关系的一元线性回归方程,相关系数应不小于 0.995。

4. 样品消解

称取大约 1 g(精确至 0.0001 g)干样于 50 mL 高型烧杯中,加入 10 mL 浓硝酸,在电热板上加热到没有泡沫,取下,再加入 10 mL 浓硝酸,在电热板上加热到近干,然后再加入 5 mL 高氯酸,在电热板上加热到白烟冒尽,转移到 50 mL 比色管中,定容至刻度线,摇匀,静置,待测。鱼的每部分一般做 3 个平行、1 个空白。

样品消解也可以使用微波消解仪,具体操作方法见仪器相关说明。

5. 样品的测定

于测定标准溶液吸光度相同的条件下,测定样品溶液的吸光度,做好记录和数据处理,根据标准曲线计算出样品溶液中各重金属 Cu、Zn、Cd、Pb、Cr 的浓度(mg/L),需换算成固体样品中各重金属的含量 M(mg/kg)。注意:采集的水样需与鱼各部位一起进行消解、测定其中各重金属的含量,也需做 3 个平行。

六、数据记录与处理

1. 数据记录

将测定得到的数据填入鱼类基础数据记录表(表 3-11-1)和鱼类各部位重金属含量记录表(表 3-11-2)中。

表 3-11-1 鱼类基础数据记录表

小组	鱼名	鱼长/cm	鱼重/kg	部位	$G_{杯}$/g	$G_{湿}$/g	$G_{干}$/g	含水率/(%)
1				鱼肉				
				内脏				
				鱼鳞				
2				鱼肉				
				内脏				
				鱼鳞				
3				鱼肉				
				内脏				
				鱼鳞				

续表

小组	鱼名	鱼长/cm	鱼重/kg	部位	$G_{杯}$/g	$G_{湿}$/g	$G_{干}$/g	含水率/(%)
4				鱼肉				
				内脏				
				鱼鳞				
5				鱼肉				
				内脏				
				鱼鳞				

表 3-11-2 鱼类各部位重金属含量记录表

小组	鱼名	部位	Cu / (mg/kg)	Zn / (mg/kg)	Cd / (mg/kg)	Pb / (mg/kg)	Cr / (mg/kg)	K_{BCF}				
								Cu	Zn	Cd	Pb	Cr
1		鱼肉										
		内脏										
		鱼鳞										
2		鱼肉										
		内脏										
		鱼鳞										
3		鱼肉										
		内脏										
		鱼鳞										
4		鱼肉										
		内脏										
		鱼鳞										
5		鱼肉										
		内脏										
		鱼鳞										

2.计算方法

(1)计算含水率:含水率(%)=$(G_{湿}-G_{干})/(G_{湿}-G_{杯})\times 100\%$。

(2)计算富集系数:$K_{BCF}=M/M_{水体}$。

七、注意事项

(1)饲养时不要使用含重金属的饲料,保证鱼的健康。

(2)注意样品消解过程应在通风橱中进行,并且专人看管。

(3)样品测定前应认真学习仪器的操作,并在老师陪同下操作,不得擅自使用。

八、思考题

(1)举例说明重金属对动植物有哪些危害。如何理解环境污染物在生态环境中的迁移及转化?

(2)重金属在鱼体内各部位的分布和含量高低有什么特点?可能是什么原因造成的?

实验 12　塑料生物降解的影响因素探究

塑料污染已成为全球面临的严重环境问题。为了解决这一问题,塑料生物降解方法正被广泛研究和探索,以减少塑料在环境中的积累和影响。然而,塑料生物降解的效率和速度受到多种因素的影响。本实验旨在探究影响塑料生物降解的关键因素,通过模拟真实环境条件,研究一些因素对塑料生物降解过程的影响。

一、实验目的

(1)了解塑料生物降解的影响因素。
(2)了解并掌握对于塑料生物降解影响因素的实验研究方法。

二、实验原理

塑料生物降解是在微生物的作用下进行的,因此,降解速度的快慢除与塑料本身的特性有关外,还与塑料接触的微生物有关。对同一种塑料来说,对生物降解起作用的微生物的数量和活性越大,塑料生物降解速度就越快。对于同一种塑料,影响塑料生物降解速度的因素,基本上就是影响微生物繁殖的因素,这些因素包括微生物所需的营养物质、温度、pH 和氧气等。

黄粉虫是一种昆虫,被广泛研究和应用于塑料生物降解中。虽然黄粉虫本身并不具备降解塑料的能力,但它们可以通过咀嚼和啃食塑料物质,将塑料破碎成小碎片,这个过程有助于增加塑料的表面积,在塑料降解过程中发挥了重要的作用。本实验通过观察黄粉虫在不同条件下对几种样品的生物降解,研究影响塑料生物降解速度的因素。

三、实验仪器

人工气候箱、电子天平(精确至 0.0001 g)、解剖镜、饲养器具(养虫盒、产卵箱和不同孔径的筛子)、90 mm 培养皿等。

四、材料与试剂

黄粉虫、聚苯乙烯(PS)泡沫、线性低密度聚乙烯(LLDPE)粉剂、高密度聚乙烯(HDPE)购物袋、聚乙烯(PE)农膜、麦麸等。

五、实验步骤

1. 黄粉虫单头饲养

采用组建黄粉虫年龄-龄期两性生命表的方法,对取食聚苯乙烯(PS)、线性低密度聚乙烯(LLDPE)的黄粉虫在单头饲养条件下的生命特征进行研究。观察仅将 PS 和 LLDPE 作为黄粉虫唯一食物时,该虫是否可以正常完成生长发育。同时,设置正常饲喂麦麸处理和饥饿处理作为对照。具体方法如下。

在室内以麦麸饲养黄粉虫成虫,在成虫开始产卵后铺一张纸接一批卵用于孵化幼虫,孵化出来的幼虫作为实验用虫备用。选取大小一致(龄期一致)的黄粉虫,分别以 PS、LLDPE 和麦麸作为唯一食物于 90 mm 培养皿中进行单头饲喂。每种处理设置以下几种对比实验组。

①PS 处理：分别选取 2 龄、4 龄、8 龄、12 龄、14 龄幼虫各 100 头，将 PS 作为唯一食物进行单头饲喂。

②LLDPE 处理：分别选取 10 龄、12 龄、14 龄幼虫各 100 头，将 LLDPE 作为唯一食物进行单头饲喂。

③麦麸处理：分别选取 12 龄、14 龄幼虫各 100 头，将麦麸作为唯一食物进行单头饲喂。

④饥饿处理：选取 12 龄幼虫 100 头进行单头饥饿处理。

2. 黄粉虫群体饲养

通过设计不同的饲喂方式、饲喂比例，观察黄粉虫在群体饲养条件下取食 PS 等塑料后的生长发育情况，比较分析黄粉虫的生命特征变化。

(1) PS 和麦麸混合饲喂黄粉虫实验：实验设置麦麸与 PS 混合饲喂、麦麸与 PS 交替饲喂和麦麸与 PS 梯度饲喂 3 组处理，其中麦麸与 PS 混合饲喂组中麦麸与 PS 重量比分别为 0∶1、1∶3、1∶1、3∶1、1∶0 5 个水平；麦麸与 PS 交替饲喂组为每 10 天更换 1 次，即先饲喂 PS 10 天，再换麦麸饲喂 10 天，再换 PS 饲喂 10 天，如此重复；麦麸与 PS 梯度饲喂组按照以下麦麸与 PS 重量比进行饲喂：1~10 天 (麦麸与 PS 重量比 3∶1，下同)，11~20 天 (1∶1)，21~30 天 (1∶3)，30 天以后 (0∶1)。

(2) 不同塑料单独饲喂黄粉虫实验：实验选用 PS、HDPE 和 PE 分别饲喂黄粉虫，其中 HDPE 购物袋和 PE 农膜需要剪成小片，以饥饿处理作为对照。

(3) LLDPE 和麦麸混合饲喂黄粉虫实验：按照麦麸与 LLDPE 重量比分别为 0∶1、1∶4、2∶3、3∶2、4∶1、1∶0 进行饲喂。

六、数据记录与处理

1. 黄粉虫单头饲养

每天定时观察黄粉虫的生长发育情况，根据取食情况及时更换食物，清理蜕皮及虫粪，记录其蜕皮日期、死亡情况等于表 3-12-1。幼虫化蛹后，在解剖镜下对蛹进行雌雄鉴别，称量蛹重量，出现成虫后，取雌雄虫进行配对并于培养皿中继续饲喂，培养皿底部铺一张纸作为接卵纸，上铺一层麦麸，每天定时统计产卵量，直至成虫死亡。实验均于温度 27 ℃、相对湿度 $(70\pm5)\%$ 的人工气候箱中进行。

表 3-12-1　黄粉虫单头饲养记录表

处理	龄期	死亡数量/头	蜕皮日期
PS 组	2 龄		
	4 龄		
	8 龄		
	12 龄		
	14 龄		
LLDPE 组	10 龄		
	12 龄		
	14 龄		

续表

处理	龄期	死亡数量/头	蜕皮日期
麦麸组	12 龄		
	14 龄		
饥饿组	12 龄		

2. 黄粉虫群体饲养

选取一批 12 龄左右黄粉虫进行饲喂实验。每组受试虫 100 头，重复 3 次。饲养过程中及时清除死虫、蜕皮、虫粪等，每隔 10 天更换 1 次食物，统计存活虫数，称量总虫重量，计算存活率、存活虫平均重量等。

3. 数据处理

根据年龄-龄期两性生命表理论统计原始数据，在软件 TWOSEX-MSChart 中用 bootstrap 方法计算，得到不同处理相关参数的平均值及标准误，运用软件 Excel 和 SPSS 21.0 计算得到蛹重量、存活率和存活虫平均重量等数据的平均值及标准误，运用 paired bootstrap test 进行差异显著性检验（$P<0.05$），运用软件 Sigma-Plot 12.0 作图。

七、注意事项

(1) 实验过程中应严格参照各项标准进行。

(2) 饲养过程注意密切观察，及时调整，以免黄粉虫出现大面积意外死亡导致实验失败。

八、思考题

(1) 塑料生物降解的影响因素具体有哪些？它们又是如何影响的呢？

(2) 塑料生物降解的原理是什么？

九、拓展知识

人类产生垃圾的速度远远超过自然降解的速度，其中塑料垃圾不仅污染环境，也开始危害人类的健康。利用人工主导的生物降解方法降解塑料或许是目前解决塑料垃圾问题的最好方式。黄粉虫幼虫只以 PS 泡沫作为唯一食物来源，可以存活超过一个月之久，最后还能长成成体。黄粉虫可以塑料作为食物，其所啃食的 PS 被完全降解矿化为 CO_2 或同化为虫体脂肪，从而完全改变其化学性质而实现降解。

黄粉幼虫啃食降解 PS 的机理：第一步，PS 泡沫首先被黄粉幼虫嚼噬成细小碎片并摄入肠道中；第二步，嚼噬作用增加了 PS 泡沫与微生物和胞外酶的接触面积，所摄食的细小碎片在肠道微生物所分泌的胞外酶作用下，进一步解聚成小分子产物；第三步，这些小分子产物在黄粉幼虫自身酶等的作用下，进一步被降解并同化形成幼虫自身组织；第四步，残留的 PS 泡沫碎片与部分降解中间产物，混合部分肠道微生物，以虫粪的形态排出体内，在虫粪中 PS 泡沫可能还会被继续降解。

实验 13　重金属污染对土壤微生物群落结构的影响

微生物是生态系统中多样性较丰富和分布较广泛的生命形式之一,在物质循环和能量流动中发挥着关键作用,是生态系统中生物化学循环的重要驱动力之一。外界环境干扰会显著影响微生物群落结构的变化,甚至改变整个生态系统的物质循环和能量流动过程。土壤微生物是土壤生态系统中的重要组成部分,对土壤的生物化学过程、养分循环和有机质分解等起着重要的作用。然而,土壤中长期累积的重金属,由于其毒性和生物累积性,会对土壤微生物群落结构造成显著影响。

一、实验目的

(1)了解重金属污染能够影响土壤微生物群落结构的原因。
(2)研究土壤微生物群落结构与土壤重金属污染之间的关系。

二、实验原理

在土壤—微生物—植物系统中,微生物如细菌、真菌、藻类、原生动物以及线虫类等在维持土壤生产力方面发挥着极其重要的作用。土壤中重金属含量过高时,会导致土壤微生物群落种类的减少,群落结构和生理活性的改变。土壤微生物的种类和种间差异包括生理功能多样性、细胞组成多样性及遗传多样性。土壤微生物种群数量是表征土壤生态系统结构和稳定性的重要参数之一,它能较早地预测土壤养分及环境质量的变化过程,被认为是较有潜力的敏感性生物指标之一。

由于土壤微生物通常和土壤黏土矿物和有机质结合在一起,生理及形态差异大,目前对微生物种群进行定量分析还存在很大困难。而 Biolog 碳素法是近年发展的能根据微生物利用碳源引起的指示剂的变化,检测不同的微生物群落结构的先进方法。它对细菌群落测定的重现性较好,能区分不同土壤类型的微生物群落结构,及同一类型土壤中种植不同植物产生的微生物群落结构差异。

三、实验仪器

移液枪和枪头、高压蒸汽灭菌锅、Biolog 自动微生物鉴定仪及其他实验室常用仪器设备。

四、材料与试剂

(1)V 形槽、Biolog 生态板(ECO 板)、已灭菌 1 mL 枪头、玻璃器皿等。
(2)pH 7.0 磷酸盐缓冲液:称取 KH_2PO_4 2.65 g 和 K_2HPO_4 6.96 g,加入去离子水溶解后定容至 1000 mL,置于 121 ℃高压蒸汽灭菌锅灭菌 20 min。
(3)$CdCl_2$,分析纯。

五、实验步骤

1. 培养实验准备

(1) 称取 250 g 干重的混匀土壤样品(表层 0~20 cm 土壤),自然风干,将其过 2 mm 筛备用。

(2) 设置 4 个处理组,即土壤中 Cd 含量分别为 0 mg/kg、1 mg/kg、8 mg/kg、30 mg/kg,每个处理组设 3 个重复。

(3) 以氯化盐形态提供重金属 Cd,用去离子水溶解后喷洒至土壤中。

(4) 调节土壤含水量至田间持水量的 40%,装入 500 mL 烧杯中。

(5) 用透气薄膜封口,并将烧杯放入 25 ℃ 恒温培养箱内预培养 3 周。

2. 进行培养实验

(1) 根据处理要求,将重金属溶液与土壤充分混匀。

(2) 调节土壤含水量至田间最大持水量的 60%。

(3) 用透气薄膜封口,并将烧杯放入 25 ℃ 恒温培养箱中。

(4) 每隔 3 天使用称重法调节土壤水分,以保持土壤湿度不变。

(5) 培养周期为 56 天,分别于第 0、14、28、42 和 56 天取样,备用。

3. 分析方法准备

(1) 取出第 0、14、28、42 和 56 天的新鲜土壤样品,每份样品 10 g。

(2) 将样品放入 100 mL pH 7.0 磷酸盐缓冲液中。

(3) 在超净工作台上使用振荡机振荡 30 min。

(4) 吸取 1 mL 悬浮液加入装有 9 mL 无菌 pH 7.0 磷酸盐缓冲液的试管中,制成 10^{-2} 稀释液。

(5) 用同样的方法得到 10^{-3} 稀释液。

(6) 将 10^{-3} 稀释液的样品倒入已灭菌的 V 形槽中。

4. ECO 板培养和测量

(1) 取 150 μL 10^{-3} 稀释液加入 ECO 板的孔中(对每份土壤样品设置 3 次重复,包括样品空白)。

(2) 将 ECO 板置于 25 ℃ 恒温培养箱中培养。

(3) 在培养后的 24 h、36 h、48 h、60 h、96 h,使用 Biolog 自动微生物鉴定仪在 750 nm 和 590 nm 波长处测量吸光度。

六、数据记录与处理

1. 数据分析

对于 Biolog 自动微生物鉴定仪数据,以平均吸光度 AWCD 来描述,可以表征微生物群落对碳源利用的总能力。计算表达式如式(3-13-1)。

$$\text{AWCD} = \frac{\sum(C_i - R)}{95} \tag{3-13-1}$$

式中:C_i——除对照孔外所测得 95 个反应孔各自的吸光度;
R——对照孔的吸光度。

2. 数据记录

将实验数据记录于表 3-13-1。

表 3-13-1　数据记录表

培养天数/天	读板时间/h	AWCD			
		\multicolumn{4}{c}{Cd 含量/(mg/kg)}			
		0	1	8	30
0	24				
	36				
	48				
	60				
	96				
14	24				
	36				
	48				
	60				
	96				
28	24				
	36				
	48				
	60				
	96				
42	24				
	36				
	48				
	60				
	96				
56	24				
	36				
	48				
	60				
	96				

七、注意事项

(1)实验过程中应严格参照各项标准进行。

(2)在超净工作台上稀释、接种时，注意在手部消毒后才能进行，避免污染样品。

八、思考题

(1)整合数据绘制以时间为横坐标，AWCD 为纵坐标的土壤微生物群落平均吸光度的变化图，观察该图有什么变化？

(2)根据土壤微生物群落平均吸光度的变化图，分析重金属污染土壤中，微生物群落对碳源的利用能力。

九、拓展知识

Biolog 碳素法(biolog carbon source utilization)被称为生物活性炭源利用技术，是一种用于评估土壤微生物群落功能和多样性的方法。Biolog 碳素法基于土壤微生物对不同碳源的利用能力。在分析中，将经过预处理的土壤样品进行混合、稀释，将混合液均匀地加在含有不同碳源的微孔板上，然后观察土壤微生物对这些碳源的利用情况(通过检测碳源代谢反应产生的二氧化碳释放量来评估微生物活性和多样性)。

Biolog 碳素法可以提供关于土壤微生物群落结构、功能和活性的信息，帮助我们了解土壤中微生物的代谢特征和生态功能。生成的数据一般是微孔板上各碳源代谢反应的呈色强度或吸光度。利用这些数据可以计算出多样性指数(如丰富度指数、均匀度指数)和相似性指数，从而比较不同样品之间的差异性和相似性，具有高通量、快速、可重复性好的优点。通过同时评估多个碳源，可以更全面地了解土壤微生物群落的功能和多样性，对土壤生态系统的研究具有较大的帮助。但是，它只能检测微生物对特定碳源的利用情况，不能覆盖所有可能的代谢途径和功能。此外，实验条件、样品处理和数据解释等因素也可能对结果产生影响，因此需谨慎分析、解释数据。

实验 14　植物群落数量特征调查

植物群落的基本特征主要指其种类组成、种类的数量特征、外貌和结构等，其中数量特征是植物群落中最基本的特征。通过对植物群落数量特征的调查，可了解调查地区植物群落的种类组成特征、分布规律及其环境的相互关系。

一、实验目的

(1) 对不同群落进行相互比较、分类，以达到认识群落的目的。
(2) 将植物群落的分布或变异和生境条件的变化加以比较，阐明群落与环境的联系。
(3) 对同一植物群落类型进行分析，阐明它的内部结构与均匀程度。
(4) 将同一植物群落的不同时期加以比较，说明其动态变化规律。

二、实验原理

在植物群落的研究工作中，一般常用的客观取样方法有随机取样、规则取样(系统取样)与分层取样。一般认为随机取样是理想方法，要求每一样品单位具有同等的被选择机会，可在互相垂直的两个轴上利用成对随机数字作为坐标来确定样品的位置。其缺点是样品的分布是不均匀的。规则取样可以做到样品的规则排列，先随机决定一个样品单位，然后隔一定数目的取样单位取一样品。分层取样是根据对总体特性的了解，将总体分成不同的区组，在区组内随机取样。在具镶嵌现象或成带现象的场合，特别适合选用。

在取样时，可根据研究目的和研究对象的特点，选择不同的取样方法。取样方法的准确性由总体本身的变异程度和取样数目所决定。在总体本身的变异程度已确定的前提下，取多少数量的样方才能使误差符合研究目的的要求？这是一个很重要的问题。此外，样方的形状与大小对取样有着明显的影响，若样方大小选得不合适，可使调查结果完全歪曲总体的真实特征，这是取样中的另一个重要问题。

表现面积是指在一个最小地段内，对一个特定群落类型能够提供足够的环境空间或能保证展现出该群落类型的种类组成和结构的真实特征的群落面积，或能包括群落绝大多数种类，并表现出群落一般结构特征的最小面积，又称群落的最小面积。不同的群落类型和环境条件下，群落的最小面积会有所差别，常用确定方法为巢式样方法(图 3-14-1)。群落调查中常用的方法有样方法、样线法、点样法等。本实验就种-面积曲线的绘制进行叙述。

三、实验材料

钢卷尺、尼龙绳、铁条、方格纸、记录表格等。

四、实验步骤

(1) 根据植物群落中的优势种、外貌特征和地形部位的变化，选择典型调查地段。
(2) 在距草坪边缘 1 m 的地方拉一条绳，每隔 1 m 一格，每人一格，找出格子中除优势物种外的其他物种。

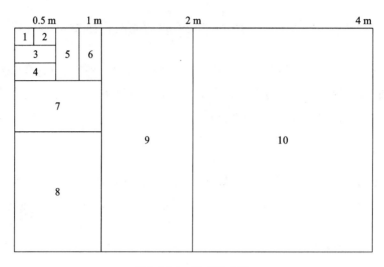

图 3-14-1 巢式样方法

（3）在不断地扩大累计取样面积的同时,应记录相继出现的新种名称、生活型和累计种数,记入表 3-14-1、3-14-2 中。

（4）以直角坐标系的 x 轴代表累计的取样面积,而以 y 轴代表由小到大累计的取样面积上所发现的累计植物种数,绘制出种类-面积曲线。

（5）确定群落的最小面积：在最初一些取样次数的相应面积中,累计的植物种类数会上升得较快,种类-面积曲线表现得较陡。随着取样次数的增加,累计的取样面积增大,则新出现的植物种类数逐渐减少,而重复出现的植物种类数逐渐增多。当面积再增大时,累计的植物种类数变化很小甚至无变化,种类-面积曲线趋于平稳。此时曲线上出现一个由陡变缓的转折点,说明继续扩大累计的取样面积已无意义,这一转折点所对应的累计取样面积对揭示群落的植物种数而言已经足够。我们把转折点对应的取样面积称为该群落的表现面积或最小面积,这就为之后调查样地大小（或标准地）的确定提供了依据。

五、数据记录与处理

表 3-14-1 样地种类组成

取样面积/m^2	累计种类数	取样面积/m^2	累计种类数
1/64		1	
1/32		2	
1/16		4	
1/8		8	
1/4		16	
1/2		32	

表 3-14-2　样地植物种类

取样面积/m²	序号	植物名称	取样面积/m²	序号	植物名称
	1			21	
	2			22	
	3			23	
	4			24	
	5			25	
	6			26	
	7			27	
	8			28	
	9			29	
	10			30	
	11			31	
	12			32	
	13			33	
	14			34	
	15			35	
	16			36	
	17			37	
	18			38	
	19			39	
	20			40	

六、注意事项

(1) 如果调查的是森林群落，单株林木占的面积很大，而树冠下又很少有植物，此时开始取样的面积应大些，可以 2 m×2 m、5 m×5 m 或 10 m×10 m 为初始样方规格。如果调查的是草本植物群落，则初始样方规格可为 1 m×1 m。

(2) 应当根据植物群落的特征、分布状况选择有代表性的地段取样调查。

(3) 在扩大面积时，不要超出该群落所固有的特征之外。

(4) 调查过程中不能在野外对一些灌木、草本种类定名时，应立即采集标本，在标本上编注号码，并在记录表中记载相应的编号，以便查对种名。

七、思考题

(1) 如按样地面积扩大 1/10，种类数增加不超过 5% 计，所研究群落的最小面积为多少？如按包括样地总种类数的 84% 计算，群落的最小面积又是多少？你认为适宜的样方面积为多少？

(2) 如以种的分布格局衡量，群落的最小面积又是多少？

实验15　水生生物群落调查

水生生物群落在维持水体生态系统的物质循环、能量流动方面起着重要的作用,其对外部干扰敏感,群落结构的变化对水质污染负荷累积有很好的响应,有助于从生态系统的角度客观评价水体污染状况与富营养化程度。调查水生生物群落,有助于了解水生生物群落的结构特征、水体生态质量状况,为生物物种保护和推进水生态管理目标提供科学依据。

一、实验目的

(1)学习不同水生生物调查与监测的技术方法。
(2)掌握水生生物调查技术规范。

二、实验原理

以水生生物作为指标,根据生物个体、种群和群落结构变化及生理、生化反应来说明水环境质量。由于生物生存条件和对环境的适应能力不同,生存环境的改变将会引起生物种类、密度和生物形态的变化,水生生物监测就是利用这一特性监测水环境质量。其方法包括采样、计数、种类鉴定、生物量测定、代谢活动率测量、毒性测定、污染物累积和生物放大以及生物调查数据的整理和解释。

三、浮游植物调查

1. 调查时间和水深

浮游植物样品的采集应在一天中的 8:00—17:00 进行,依调查水体的水深和调查目的而定。水深<5 m,可只取表层(距水面0.5 m);水深 5~10 m,应取表层和底层(距水底0.5 m);水深>10 m,应取表层、中层和底层。

2. 试剂与仪器

(1)甲醛(HCHO),化学纯。
(2)鲁氏碘液:称取碘化钾 60 g 溶于 100 mL 蒸馏水中,待完全溶解后加入 40 g 碘,振荡至碘完全溶解后加蒸馏水定容至 1000 mL,然后存储于磨口棕色试剂瓶中备用。
(3)25 号浮游生物网:网孔直径为 0.064 mm。
(4)水样瓶:规格为 1500 mL。
(5)浓缩样品瓶:规格为 50 mL 或 60 mL。
(6)量筒:量程为 1000 mL。
(7)虹吸管。
(8)沉淀瓶:规格为 1000 mL。
(9)显微镜:放大率为 40~1000 倍。
(10)计数框:容积为 0.1 mL。
(11)微量移液器:量程为 100 μL。
(12)采水器:规格为 5 L。

3. 实验步骤

1) 定性样品的采集和鉴定

(1) 样品采集：将 25 号浮游生物网系于竹竿或绳索上，网口向前，在各调查点水面下绕"8"字拖动 3～5 min，然后从水中缓慢提出，使水样集中到网底收集管内，打开收集管活塞，将样品注入浓缩样品瓶中，加入约占水样体积 0.5% 的甲醛固定。所有样品应及时加贴标签，写明时间、地点等内容。样品带回实验室，在 4 ℃ 冰箱内保存，一个月内完成鉴定。

(2) 样品鉴定：借助显微镜和淡水藻类分类工具书，一个月内完成种类鉴定，鉴定到种。浮游植物优势种群的确定，应在定量测定完成后进行，采用优势度（Y）表示，按式（3-15-1）计算。当某种浮游植物的 $Y>0.02$ 时，即为优势种群。

$$Y = f_i \times P_i \tag{3-15-1}$$

式中：Y——优势度；

f_i——某种浮游植物在所有样品中出现的频率；

P_i——某种浮游植物数量占总量的比例。

2) 定量样品的采集和处理

(1) 样品采集：定量样品采集应在定性样品采集之前进行。根据水深用采水器在目标水样层采样，每个样品采样大于 1 L，立即加入占水样体积 1%～1.5% 的鲁氏碘液固定。应采集平行样品，平行样品数量应为采集样品总数的 10%～20%，每批次应不少于 1 个。

(2) 样品处理：将水样带回实验室，摇匀后用量筒量取 1000 mL，倒入沉淀瓶内，静置 24～36 h。用虹吸管（插入水中的一端应用 25 号筛网封盖）缓慢吸去上层清液，保留瓶底部的沉淀浓缩液 50 mL 左右，倒入浓缩样品瓶（每瓶标记 30 mL 刻度）。用少量蒸馏水冲洗沉淀瓶的内壁和底部 2～3 次，冲洗液均倒入浓缩样品瓶中。将浓缩样品瓶继续静置沉淀 24 h 以上，最后虹吸、定容至 30 mL。

4. 数据记录与处理

1) 密度计算　采用视野计数法。用 0.1 mL 计数框，在显微镜视野下进行浮游植物的鉴定和计数，视野内浮游植物应均匀分布在计数框内，按式（3-15-2）计算其密度。每个样品计数 2 片，每片计数的视野数根据浮游植物的密度大小而定（表 3-15-1），应选取两次计数的平均值作为有效值（误差需要控制在 ±15%）。

表 3-15-1　浮游植物密度和计数视野表

计数视野/个	浮游植物密度/(个/平均视野)
200～300 或全片	1～2
100	3～5
70～80	6～9
50	10
20～30	>10

浮游植物细胞（个体）密度按式（3-15-2）计算。

$$N = \frac{C_s}{F_s \times F_n} \times \frac{V}{U} \times P_n \tag{3-15-2}$$

式中：N——1 L 水样中浮游植物细胞（或个体）密度，个/L；

C_s——计数框面积，mm^2；

F_s——视野面积,mm²;
F_n——计数过的视野数,个;
V——1 L水样经沉淀浓缩后的体积,mL;
U——计数框体积,mL;
P_n——每片计数出的浮游植物细胞(或个体)数,个。

视野面积的计算:用物镜测微尺(台微尺)测定一定倍数下(通常为×400或×600)的视野直径,按圆面积公式 $S=\pi r^2$ 计算。

2) 生物量计算 常用单位体积中浮游植物的生物量(湿重)作为定量单位。由于浮游植物体积太小,无法直接称重,但大多数种类的细胞较为规则,可按最近似的几何图形在显微镜下测定所需数据(长度、高度、直径等),按几何图形的体积公式计算体积;对于形状不规则的浮游植物,可将其分为几个规则的部分,分别测量计算体积,然后求和得到浮游植物体积。

对于浮游植物的优势种,每个种类至少随机测定30~50个,然后求平均值,计算体积,根据 $10^9 \mu m^3 \approx 1$ mg鲜藻重把浮游植物的体积换算为生物量(mg/L,湿重)。

对于其他非优势种,可根据已有的资料查得相应浮游植物的体积,求得生物量。

3) 调查统计 样品密度和生物量计算完成后,按表3-15-2所列内容做好统计。

表3-15-2 浮游植物调查统计表

调查水体: 密度单位:10^4个/L 生物量单位:mg/L

浮游植物类别	调查点名称:___月___日		调查点名称:___月___日		调查点名称:___月___日		___月___日		平均	
	密度	生物量	密度	生物量	密度	生物量	密度	生物量	密度	生物量
蓝藻门										
种属名称1										
…										
合计										
绿藻门										
种属名称1										
…										
合计										
硅藻门										
种属名称1										
…										
合计										
…										

四、浮游动物调查

1. 调查时间和水深

浮游动物样品的采集应在一天中的8:00—17:00进行,据调查水体的水深和调查目的而定。水深<5 m,可只取表层(距水面0.5 m);水深5~10 m,应取表层和底层(距水底0.5 m);

水深>10 m,应取表层、中层和底层。

2. 试剂与仪器

(1)甲醛(HCHO),化学纯。

(2)鲁氏碘液:称取碘化钾 60 g 溶于 100 mL 蒸馏水中,待完全溶解后加入 40 g 碘,摇动至碘完全溶解后加蒸馏水定容至 1000 mL,然后存储于磨口棕色试剂瓶中备用。

(3)采水器:规格为 5 L、10 L。

(4)13 号浮游生物网:网孔直径为 0.112 mm。

(5)25 号浮游生物网:网孔直径为 0.064 mm。

(6)浓缩样品瓶:规格为 50 mL 或 60 mL。

(7)金属分样筛。

(8)计数框:容积为 0.1 mL、1.0 mL、5.0 mL。

(9)实体显微镜。

(10)光学显微镜。

(11)恒温干燥箱。

(12)电子天平:精确度为 0.1 mg 或 0.01 mg。

3. 实验步骤

1)定性样品的采集和鉴定

(1)样品采集:应在一天中的 8:00—17:00 进行。浮游动物定性样品用 25 号浮游生物网在水面下绕"8"字拖动 3~5 min,然后从水中缓慢提出浮游生物网,使水样集中到网底收集管内,打开收集管活塞,将样品注入浓缩样品瓶,立即加入占水样体积 1%~1.5%的鲁氏碘液固定。另取一样品,不加固定液,用于活体观察。枝角类、桡足类定性样品可用 13 号浮游生物网在水面下绕"8"字拖动 3~5 min,将收集管内的水样注入浓缩样品瓶,加入约占水样体积 5%的甲醛固定。所有样品应及时加贴标签,写明时间、地点等内容。将样品带回实验室,放冰箱(4 ℃)内保存,一个月内完成鉴定。

(2)样品鉴定:借助显微镜和浮游动物分类工具书,一个月内完成种类鉴定,鉴定到种。

2)定量样品的采集和处理

(1)样品采集:原生动物、轮虫和无节幼体定量样品可参考浮游植物定量样品采集方法,按浮游植物的规定执行。对于枝角类、桡足类的定量样品,用 10 L 采水器采水,用 13 号浮游生物网过滤浓缩后注入浓缩样品瓶,加入约占水样体积 5%的甲醛固定。将样品带回实验室,放冰箱(4 ℃)内保存,一个月内完成定量测定。定量样品应采集平行样品,平行样品数量应为采集样品总数的 10%~20%,每批次应不少于 1 个。

(2)样品处理:原生动物密度测定可用浮游植物的定量样品,将水样摇匀,取 0.1 mL 样品置于 0.1 mL 计数框内,显微镜下全片计数。测定轮虫和无节幼体密度时,将浮游植物的定量样品摇匀,取 1 mL 置于 1 mL 计数框内,显微镜下全片计数。每个样品计数 2 片(误差不超过±15%),求出平均值,按式(3-15-3)计算水样中原生动物、轮虫、无节幼体的密度。

枝角类、桡足类密度测定时,将 10 L 过滤后的浓缩样品摇匀,迅速吸取 5 mL 置于 5 mL 计数框内,在 40×显微镜下全片计数。每个样品计数 2 片(误差不超过±15%),求出平均值,按式(3-15-3)计算水样中枝角类、桡足类的密度。

4. 数据记录与处理

1)密度计算　水体浮游动物密度等于各类群浮游动物密度之和。浮游动物密度的计算按照式(3-15-3)进行。

$$N_i = \frac{C \times V_1}{V_2 \times V_3} \tag{3-15-3}$$

式中:N_i——每升水样中 i 类浮游动物的个体数,个/L;

C ——计数所得的个体数,个;

V_1——浓缩样品体积,mL;

V_2——计算体积,mL;

V_3——采样量,L。

2)生物量计算

(1)体积法:根据浮游动物近似几何形状,在显微镜下测得计算该种浮游动物体积所需数据,按求体积公式计算体积。浮游动物的密度接近水的密度,将体积与密度相乘,得到该种浮游动物的体重(湿重),无节幼体 1 个可按 0.003 mg 湿重计算。

(2)直接称重法:对于枝角类和桡足类样品,可通过不同孔径的金属分样筛筛选出不同规格,在实体显微镜下挑选出体形正常、规格接近的个体测量其体长,枝角类的测量从头部顶端(不含头盔)至壳刺基部,桡足类测量从头部顶端到尾叉末端。将体长一致的个体放置于已烘干至恒重的载玻片上称量,一般选取 30~50 个,体形较小的称重 100 个以上,用滤纸吸收多余的水分,迅速用电子天平测量湿重,在恒温干燥箱中(70 ℃)烘干至恒重,将样品放在电子天平上称其干重,根据体长-体重回归方程,由体长求得体重。

3)调查统计　样品密度和生物量计算完成后,按表 3-15-3 所列内容做好统计。

表 3-15-3　浮游动物调查统计表

调查水体:　　　　　　　密度单位:个/L　　　　　　　生物量单位:mg/L

浮游动物类别	调查点名称:___月___日		调查点名称:___月___日		___月___日		___月___日		平均	
	密度	生物量	密度	生物量	密度	生物量	密度	生物量	密度	生物量
原生动物										
种类										
1										
2										
…										
合计										
轮虫种类										
1										
2										
…										
合计										
…										

五、大型底栖动物调查

1. 试剂与仪器

(1) 75%乙醇溶液。

(2) 采泥器:改良式彼得森采泥器或其他类型采泥器。

(3) 索伯网:60目,采样框尺寸为 0.3 m×0.3 m 或 0.5 m×0.5 m。

(4) 带网夹泥器。

(5) 塑料盆。

(6) 金属分样筛:60目,孔径 0.3 mm。

(7) 尖头镊子。

(8) 小型铁铲、胶鞋、雨靴、皮衩及救生圈等。

(9) 浓缩样品瓶。

(10) 放大镜、光学显微镜、实体显微镜。

(11) 电子天平。

2. 实验步骤

1) 样品采集

(1) 可涉水区:应选择 100 m 常年流水的河段作为采样区域布设调查点,选取水深 <0.6 m 处进行。浅滩/急流处生境(如卵石底质、树根、挺水植物覆盖处等)的底栖动物多样性及丰度通常是最高的,最具代表性且采集难度低,宜布设代表性样点。将索伯网采样框的底部紧贴河道底质,将采样框内较大的石块在索伯网的网兜内仔细清洗,使石块上附着的大型底栖动物全部洗入网兜内。然后用小型铁铲搅动采样框的底质,所有底质与底栖动物均应采入采样网兜内,搅动深度宜为 15~30 cm。每点采集 2 次(平行样)。

在岸边将网兜内的所有底质和大型底栖动物倒入盆内,加入一定量的水便于搅动。仔细清理盆中枯枝落叶等杂物,确保捡出的杂物中无底栖动物附着,然后轻柔地搅动盆内所有底质。由于底栖动物的重量相对较轻,会随着搅动漂浮于水中,需立即用 60 目金属分样筛过滤,重复数次,直至收集所有底栖动物为止。使用尖头镊子挑拣出底栖动物后立即放入盛有 75%乙醇溶液的浓缩样品瓶内固定。

(2) 不可涉水区:用改良式彼得森采泥器(或其他类型采泥器)采集底泥,主要用于采集水生昆虫、水生寡毛类及小型软体动物。每点采集 2 次(平行样)。将采集到的底泥倒入盆内,经 60 目金属分样筛过滤,去除泥沙和杂物,使用尖头镊子将筛网上肉眼可见的底栖动物挑拣出来后立即放入盛有 75%乙醇溶液的浓缩样品瓶内固定。

带网夹泥器,适用于采集以淤泥和细沙为主的软底质生境中螺、蚌等较大型的底栖动物。采集样品后将网口紧闭,在水中荡涤,除去网中泥沙后提出水面,使用尖头镊子挑拣出底栖动物后立即放入盛有 75%乙醇溶液的浓缩样品瓶内固定。

2) 样品鉴定 比较大型底栖动物样本时可直接用放大镜和实体显微镜观察,并参考有关资料进行种类鉴定。对于寡毛类和水生昆虫幼虫,应制成玻片标本后,在光学显微镜下观察,参考有关资料进行种类鉴定,鉴定到种并记录数量。

3. 数据记录与处理

1) 计数与称重 把每个点采集到的底栖动物,按不同种类,准确统计每个样品的个体数,用电子天平称其湿重,最后算出每个调查点底栖动物的密度(个/m^2)和生物量(mg/m^2)。

2)调查统计　样品密度和生物量计算完成后,按表 3-15-4 所列内容做好统计。

表 3-15-4　大型底栖动物调查统计表

调查水体：　　　　　　　　密度单位：个/m²　　　　　　　　生物量单位：mg/m²

底栖动物类别	调查点名称：___月___日		调查点名称：___月___日		___月___日		___月___日		平均	
	密度	生物量	密度	生物量	密度	生物量	密度	生物量	密度	生物量
种类										
1										
2										
…										
合计										

六、大型水生植物调查

1. 仪器与器具

(1)数码相机：像素＞1000 万,有变焦。

(2)钢卷尺、标本袋。

(3)水草定量夹：开口面积为 0.25 m²,网孔大小为 3.3 cm×3.3 cm。

(4)采样框：正方形,尺寸为 1 m×1 m。

(5)耙子或拖钩、镰刀等。

(6)胶鞋、雨靴、皮衩及救生圈等。

(7)电子天平。

(8)实体显微镜。

(9)鼓风干燥箱。

2. 实验步骤

1)定性样品的采集和鉴定　选择有代表性的采样样方(水生植物的密集区、一般区、稀疏区应都有代表性样方),拍摄群落全貌照片,宜拍样方垂直投影照片。定性样品主要采集水深在 6 m 以内生长的大型水生植物,带回实验室进行分类鉴定,鉴定到种或亚种。对于生长在水中的禾本科、香蒲科、莎草科、蓼科等挺水植物,可直接用手采集;对于浮叶植物,可用耙子连根拔起;对于漂浮植物,可直接用带柄的手网采集;对于沉水植物,可用耙子或拖钩采集。应选择带有茎、叶、花和果实的植物体作为标本,将新采集到的不同种类标本装入标本袋中,经鉴定后保存。每采集一种植物应立即做好采集记录,贴上采集标签,将鉴定结果记入表 3-15-5。

2)定量样品的采集　调查断面应设置 1~3 个带状调查区,河流型调查区垂直于河流流向,包含河流两岸和水体;湖库型水体沿岸带调查区应垂直于湖(库)岸线,湖库敞水带可先选定调查点,以调查点为中心点布置十字交叉形调查区。调查区宽度 5~10 m,每个调查区布置 3~6 个样方,样方面积 0.25~3 m²,考虑到植被群落结构的变异性,长方形样方更为有效,也可根据调查情况确定。将选取的样方用样方框围好,把样方(0.25~3 m²)内的全部植物从基部割断,分种类称重。挺水植物可用 1 m² 采样框采集,从植物基部割取,沉水植物、浮叶植物和漂浮植物的定量用水草定量夹(0.25 m²)采集。将采集到的植物洗净,装入已编号的标本袋内,带回实验室。在实验室内取出标本袋内植物,去除根、枯枝、败叶和其他杂质,去除植物体多余的水分,鉴定种类,分种称重(G_1,单位为 g),最后换算出每平方米内各种大型水生植物的鲜重(湿重),将结果记入表 3-15-6。

3. 数据记录与处理

1)生物量计算　干重测定:取某种植物的部分新鲜样品(不得少于该种样品总量的10%),用电子天平准确称重,为子样品鲜重(G_2)。将子样品在 80 ℃ 鼓风干燥箱内烘干,直至恒重,即为子样品干重(G_3)。

按式(3-15-4)计算样品干重

$$G = G_1 \times \frac{G_3}{G_2} \tag{3-15-4}$$

式中:G——样品干重,g;

G_1——样品鲜重,g;

G_3——子样品干重,g;

G_2——子样品鲜重,g。

2)植被覆盖率　现场调查时应注意观察、测量、记录水体的水面面积、各类大型水生植物的分布面积,可按式(3-15-5)计算

$$\varphi = \frac{(A+B+C+D)}{S} \times 100\% \tag{3-15-5}$$

式中:φ——植被覆盖率;

A——沉水植物面积,m^2;

B——浮水植物面积,m^2;

C——漂浮植物面积,m^2;

D——挺水植物面积,m^2;

S——水体的水面面积,m^2。

3)调查统计　样品种类统计和生物量计算完成后,按表 3-15-5、表 3-15-6 所列内容做好统计。

表 3-15-5　大型水生植物种类调查统计表

调查时间:　　　　　　　　　调查水域:　　　　　　　　　调查点:

编号	中文名	拉丁名	科	属	生境
		_____类植物			
1					
2					
…					
合计					
		_____类植物			
1					
2					
…					
合计					

续表

编号	中文名	拉丁名	科	属	生境
	＿＿＿类植物				
1					
2					
…					
合计					

表 3-15-6 大型水生植物群落样方生物量调查统计表

调查时间：　　　　　　　　调查水域：　　　　　　　　单位：g/m^2

编号	种类	样方1		样方2		平均	
		干重	湿重	干重	湿重	干重	湿重
1							
2							
3							
…							
合计							

七、着生藻类、着生原生动物调查

1. 试剂与仪器

(1) 甲醛（HCHO），化学纯。
(2) 刮刀、硬刷、钢卷尺等。
(3) 载玻片。
(4) 计数框：容积为 0.1 mL。
(5) 浓缩样品瓶：规格为 50 mL 或 60 mL。
(6) 光学显微镜。

2. 实验步骤

1) 样品采集

(1) 人工基质法：使用载玻片作为人工基质，将载玻片固定在固定架上。在深水湖（库）可在适当长度绳索的下端系牢一重物（大石块等），绳索的上端系牢一浮子，将载玻片固定架拴在设定位置，垂直放入调查点水中。在水深较浅的湖（库），可将棍棒插入调查点水中，把载玻片固定架拴在设定位置。自湖（库）底起，每隔 40 cm 设一层，每层应设 2 片或 4 片，放置 2 周后取样。取样时将基质上一定面积（现场测量）的着生生物用刮刀或硬刷刮（刷）到盛有蒸馏水的浓缩样品瓶中，再将基质冲洗干净，立即加入占样品水量体积1％的甲醛固定，贴好标签。

(2) 天然基质法：可分为无机基质（如岩石、砖块、泥沙等）法、有机基质（如水生高等植物等）法。

①无机基质法：取样时选择的天然基质要有代表性。将已知面积的计数框放在基质（如石头）上，先用刷子把计数框四周的生物等杂物清理干净，用刀片或刷子将计数框内的着生生物

等全部刷入浓缩样品瓶中(瓶中事先倒入几十毫升蒸馏水),应反复几次刷刮干净。立即加入占样品水量体积1%的甲醛固定,贴好标签,带回实验室。每个样点应刮取2个面积基质上的着生生物。

②有机基质法:采集水生高等植物上的着生生物,可剪取一定面积叶片(用卷尺测量)放入浓缩样品瓶中,加水震荡,使着生生物脱落,也可直接刮取。取样后立即加入占样品水量体积1%的甲醛固定,贴好标签。每个样点应刮取2个面积基质上的着生生物。

将所取样品带回实验室,静置沉淀24 h,吸去上清液,定容到30 mL(如样品量<30 mL,应补充蒸馏水至30 mL),用于定性、定量测定。

2)定性鉴定 借助显微镜和分类工具书,一个月内完成种类鉴定,鉴定到种。鉴定完成后载玻片上的样品应放回原浓缩样品瓶,并用原水冲洗干净。

3. 数据记录与处理

1)密度计算

(1)着生藻类密度计算:将水样摇匀,迅速吸取0.1 mL,放入0.1 mL计数框内,置于光学显微镜下观察、计数。可计算5行、10行、20行或全片。每个样品计数2片(误差不超过±15%),求出平均值。

将定量计数的各种藻类的个数换算为单位面积($1\ cm^2$)基质上着生藻类的个数(密度),可按式(3-15-6)计算

$$N_i = \frac{C_1 \times L \times R \times n_i}{C_2 \times h \times S} \tag{3-15-6}$$

式中:N_i——单位面积i种藻类的细胞数,个/cm^2;
C_1——样品的定容体积,mL;
L——计数框的边长,μm;
R——计数的行数;
n_i——实际计数所得i种藻类细胞数,个;
C_2——实际计数的样品体积,mL;
h——视野中平行线的间距,μm;
S——刮(或刷)取基质的总面积,cm^2。

(2)着生原生动物密度计算:将定量水样摇匀,迅速吸取0.1 mL,注入0.1 mL计数框内,置于光学显微镜下观察鉴定,全片计数。每个样品计数2片(误差不超过±15%),求出平均值。将定量计数的各种着生原生动物的个数换算为$1\ cm^2$基质上着生原生动物的密度,可按式(3-15-7)计算密度(个/cm^2)。

$$N_i = \frac{n_i \times E}{S} \tag{3-15-7}$$

式中:N_i——单位面积内i种着生原生动物的密度,个/cm^2;
n_i——实际计数得到的i种着生原生动物的个体数,个;
E——样品定容的体积,mL;
S——取样面积,cm^2。

2)生物量计算 计算单位面积($1\ cm^2$)基质上的生物量,着生藻类生物量测算方法按浮游植物调查的要求进行,着生原生动物生物量测算方法按浮游动物调查的要求进行。

3)调查统计 样品密度和生物量计算完成后,应按表3-15-7、表3-15-8所列内容做好

统计。

表 3-15-7　着生藻类调查统计表

调查水体：　　　　　　　　密度单位：10^4 个/cm^2　　　　　　　生物量单位：mg/cm^2

浮游植物类别	调查点名称：___月___日		调查点名称：___月___日		___月___日		___月___日		平均	
	密度	生物量	密度	生物量	密度	生物量	密度	生物量	密度	生物量
蓝藻门										
种属名称 1										
…										
合计										
绿藻门										
种属名称 1										
…										
合计										
硅藻门										
种属名称 1										
…										
合计										
…										

表 3-15-8　着生原生动物调查统计表

调查水体：　　　　　　　　密度单位：个/cm^2　　　　　　　　生物量单位：mg/cm^2

原生动物类别	调查点名称：___月___日		调查点名称：___月___日		___月___日		___月___日		平均	
	密度	生物量	密度	生物量	密度	生物量	密度	生物量	密度	生物量
种类										
1										
2										
…										
合计										

八、鱼类调查

1. 试剂与仪器

(1) 甲醛溶液（体积比为 10%）。

(2) 二甲苯（C_8H_{10}），化学纯。

(3)不同规格的网具。

(4)标本瓶(箱)、标本袋。

(5)纱布。

(6)载玻片。

(7)硬刷。

(8)数码相机、录像机。

(9)实体显微镜、放大镜。

(10)卷尺(30 m)。

2. 实验步骤

1)调查方法　鱼类调查全年均可进行。宜结合文献、访问相关部门及人士(当地渔业部门、水产协会、水务部门、当地渔民等),积累该水域鱼类的基础资料。在进行鱼类调查之前,应在有关主管部门办理好采捕手续等。

根据调查水体类型(湖库、河流)采捕方式分为如下两类。

(1)以围(拖)网具为主:水库(湖泊)的鱼类采集以围网、拖网为主,同时在水库(湖泊)水浅的区域、上游河流入库点使用定置网进行捕捞,并辅以其他方法(目前以电捕居多)进行采集。

(2)以定置网具为主:河流调查断面的鱼类采集以定置网具为主并辅以其他方法进行采集。

鱼类样本采集应做到够用即可,尽量少捕,除保存必要样本外,其余个体应放生。鱼类现场调查采集过程中,应进行录影、拍照作为调查结果分析的补充。

鱼类样本的固定和保存:将采集到的样本放入标本瓶(箱),立即用10%甲醛溶液固定、保存。如鱼体较大,应往腹腔内均匀注射10%甲醛溶液后固定、保存。容易掉鳞的鱼、稀有种类和小规格种类要用纱布包起来再放入固定液中。标本瓶(箱)上应注明水体名称、采集时间。将标本瓶(箱)带回实验室,2周内完成鉴定、测量。

2)鱼类样本年龄(鱼龄)鉴定

(1)采集鉴定鱼龄材料:鉴定鱼龄的材料有鳞片、鳍条、耳石、脊椎骨、鳃盖骨等。有鳞鱼类以鳞片为主,其他鉴定鱼龄的材料作为对照,无鳞或鳞片细小鱼类以鳍条为鉴定鱼龄材料。鱼磷从背鳍下方、侧线上方的部位取,在鱼体左右两侧各取5～10片。将取下的鳞片装入标本袋内,在标本袋上记录被取鳞片鱼的体长、体重、性别、取样日期、地点。

(2)材料的处理:从标本袋中取出鳞片,放入温水中浸泡,用刷子把鳞片表面的黏液、皮肤、色素等刷掉、洗净,吸干水分,夹入载玻片中间备用。将鳍条等骨质鱼龄材料用水煮10 min左右,洗净后晾干。测定鱼龄时把鳍条做成0.3 mm厚的骨磨片,在骨磨片上滴少量二甲苯增加其透明度,在载玻片上观察。

3. 数据记录与处理

1)鱼类样本的鉴定与测量　所采样本应鉴定到种,按表3-15-9所列内容做好鱼类种类统计,按表3-15-10所列内容做好鱼类生物学测定,可按式(3-15-8)计算肥满系数。

$$K = \frac{W}{L^3} \tag{3-15-8}$$

式中:K——肥满系数;

W——去内脏体重,g;

L——体长,mm。

表 3-15-9 鱼类调查统计表

调查时间：   调查水域：   调查点：

编号	中文名	拉丁名	数量/尾	生境
1				
2				
…				
合计				

表 3-15-10 鱼类生物学测定记录表

编号	全长/mm	体长/mm	体高/mm	头长/mm	体重/g	性别	摄食强度/级	肥满系数
1								
2								
…								
合计								

注：鱼类摄食强度表示鱼类胃内或肠道内食物充满的程度，可分为五级。

0 级：空胃肠。

1 级：胃肠内食物不足胃肠腔的 1/2。

2 级：胃肠内食物占胃肠腔的 1/2。

3 级：胃肠内充满食物，但胃肠壁不膨胀。

4 级：胃肠内充满食物，胃肠壁膨胀变薄。

2）鱼龄组的划分

(1)1 龄鱼组(0+～1)：经历了一个生长季，在鳞片(或骨质组织)上面还没有形成年轮(0+)或第一个年轮正在形成中(1)的个体。

(2)2 龄鱼组(1+～2)：经历了两个生长季，在鳞片(或骨质组织)上面已形成 1 个年轮(1+)或第二个年轮正在形成中(2)的个体。

(3)3 龄鱼组(2+～3)：经历了三个生长季，在鳞片(或骨质组织)上面已形成 2 个年轮(2+)或第三个年轮正在形成中(3)的个体。

(4)其他鱼龄组：按上述依此类推，将鉴定结果填入表 3-15-11。

表 3-15-11 鱼类年龄鉴定统计表

编号	鉴定日期	体长/mm	体重/g	性别	年龄	鳞片半径长度/mm					
						A	B	C	D	E	Σ
1											
2											
3											
4											
…											

九、注意事项

(1)水生生物调查点的布设应遵循下列原则:应在对所调查水体进行现场考察的基础上,根据水体的环境条件、水文特征和具体的工作需要布设。宜结合现有的水质、水文监测断面布设。若水质、水文监测断面位于河流的闸坝、支流、排污口上游,调查点布设范围应为监测断面至上游 500 m 以内水域;若水质、水文监测断面位于河流的闸坝、支流、排污口下游,布设范围应为监测断面至下游 500 m 以内水域。湖泊、水库应兼顾在近岸和中心布设,应在湖泊、水库的进水口、出水口、中心区、沿岸浅水区等处布设调查点。

(2)调查频率:宜在春、夏、秋季各调查一次。

十、思考题

(1)水生微生物监测断面布设的原则是什么?

(2)水生生物群落监测方法有哪些?试举几个例子。

下篇
环境生物学习题及参考答案

绪　　论

【章节内容】

第一节　环境科学概述
一、环境科学与环境问题
二、环境科学的发展历史
第二节　环境生物学概述
一、环境生物学定义
二、环境生物学的形成与发展
三、环境生物学的研究对象与任务
四、环境生物学的研究方法
五、环境生物学的发展趋势
六、环境生物学与相关学科的关系

【本章习题】

一、名词解释

1. 环境　　　　　　　2. 有毒物质　　　　　　3. 环境生物学
4. 生态毒理学　　　　5. 环境生物技术　　　　6. 环境污染

二、单选题

1. 1902年,Kolkwitz和Marsson提出了"(　　)"的概念。
   A. 污水生物系统　　B. 环境科学　　C. 可持续发展　　D. 环境生物学
2. 环境生物学的研究方法中,(　　)是第一性的。
   A. 实验室实验　　B. 动力学方法　　C. 野外调查和实验　　D. 模拟研究
3. 酸雨能直接伤害植物,(　　)(浓度)的二氧化硫能使棉花、小麦和豌豆等农作物明显减产。
   A. 1%　　　　　B. 2%　　　　　C. 3%　　　　　D. 4%
4. 在20世纪50年代,环境问题成为全球性重大问题后形成的学科是(　　)。
   A. 环境生物学　　B. 环境科学　　C. 环境毒理学　　D. 环境生态学
5. 下列属于因自然资源不合理开发和利用引起的现象是(　　)。
   ①水土流失　　②土地沙漠化　　③地面沉降　　④臭氧层的破坏
   A. ①②③④　　B. ①③④　　C. ②③④　　D. ①②③

三、填空题

1. 1962年,美国生物学家蕾切尔·卡逊写的科普作品_____详细描述了滥用化学农药造成的生态破坏,这本书在西方国家引起了强烈反响。

2. 人类干扰包括人类活动对生态系统造成的_____和对_____的不合理利用。

3. 环境生物学在应用_____学和_____学等学科研究方法的基础上已经形成自己的一套研究方法。

4. 酸雨一般是 pH<_____的雨。

5. 将生物学、化学和物理学融为一体的装置被称为_____。

6. 环境问题一般可以分为两大类,即_____和_____。

四、判断题

1. 研究污染物对 DNA 的化学修饰引起的改变,以反映特定环境因子的早期作用。（　　）

2. 环境生物学是以生态学的基本原理作为其理论基础的学科。（　　）

3. 环境问题的实质是人类活动超出了环境的承受能力,对其所赖以生存的自然生态系统的结构和功能产生了破坏作用,导致人与其生存环境的不协调。（　　）

4. 大气污染最严重的是含氮化合物污染。（　　）

5. 《气候变化框架公约》标志着各国对大气中温室气体增加的效应有了共同的认识。（　　）

五、简答题

1. 你认为环境科学的形成及其研究范畴与传统学科有哪些异同?
2. 环境生物学的研究对象与目的是什么?
3. 环境生物学在环境科学研究中有哪些作用?
4. 如何开展环境生物学的研究?
5. 阐述生态破坏和环境污染的关系及各自的特点。

【习题解答】

一、名词解释

1. 环境:环境科学所研究的环境是以人类为主体的外部世界,即人类赖以生存和发展的基本条件的综合体,包括自然环境和社会环境。

2. 有毒物质:对生态系统和人类健康有毒害作用的物质,排放到环境中会引起危害。

3. 环境生物学:研究生物与受人类干扰的环境之间相互作用的规律及其机理的科学,是环境科学的一个分支学科。

4. 生态毒理学:研究环境压力对生态系统内的种群和群落的生态学和毒理学效应,以及物质或因素的迁移途径及其与环境相互作用规律的学科。

5. 环境生物技术:应用于认识和解决环境问题过程的生物技术,主要涉及环境质量的监测、评价、控制以及废弃物处理过程中的生物学方法和技术的发展与应用,包括环境监测与评价的生物技术和污染净化的生物强化技术。

6. 环境污染:由于人类活动所引起的环境质量下降而有害于人类及其他生物的生存和发展的现象。

二、单选题

1. A 2. C 3. A 4. B 5. D

三、填空题

1. 《寂静的春天》
2. 污染　自然资源
3. 生态　毒理
4. 5,6
5. 生物传感器
6. 环境污染　生态破坏

四、判断题

1. × 2. √ 3. √ 4. × 5. √

五、简答题

1. 答：环境科学是在20世纪50年代环境问题成为全球性重大问题后形成的，是在传统学科的基础上，运用原有的理论和方法研究环境问题，逐渐形成新的边缘学科，进而形成环境科学学科体系。

环境科学是一门崭新的、独立的学科，来源于传统学科，又不是各传统学科的简单联合。它强调宏观与微观的结合，强调主观与客观的结合。它寻求协调人与自然关系的途径和方法，或者说，寻求正确处理自然生态系统和社会经济系统对立统一关系的理论和方法，有自己独立的理论框架、概念体系、逻辑方法和技术体系。

2. 答：环境生物学的研究对象是生物与受人类干扰的环境间的相互关系，包括环境污染引起的生物效应和生态效应及其机理，生物对环境污染的适应及抗性机理，利用生物对环境进行监测和评价的原理和方法；生物或生态系统对污染的控制与净化的原理与应用；自然保护生物学和恢复生态学及生物修复技术。

环境生物的研究目的在于为人类维护生态健康，保护和改善人类赖以生存与发展的环境，为合理利用自然资源提供科学基础，促进环境和生物的相互关系，以利于人类的生存和社会的可持续发展。

3. 答：环境生物学是环境科学的一个重要分支，其任务主要是阐明环境污染物的生物学或生态学效应，探索生物对环境污染的净化原理，提高生物对污染净化的效率，探讨自然保护生物学和恢复生态学的原理与方法。通过研究环境生物学，可为进行有效的环境管理，解决环境问题提供科学依据。

4. 答：生物学、生态学以及一般环境特征的研究方法在环境生物学中得到了广泛的应用，主要研究方法有野外调查和实验、实验室实验和模拟研究。

野外调查和实验是对人为干扰的环境进行调查和实验，通过对环境因素的确定和对生物各个层次效应的研究，探索环境中物理、化学或生物因素对生物或生态系统影响的基本规律。野外调查和实验方法是非常关键的，是开展其他研究方法的基础。

实验室实验是在实验室通过实验手段，进行环境污染的生物效应和生物净化过程及其机理的研究。实验室实验方法在人为控制的条件下进行,具有较好的稳定性和可重复性,可以从微观上探索环境污染与生物的相互关系,缺点是实验室条件与野外自然状态有差异,用实验室的结果去解释自然环境的情况必须十分谨慎。

模拟研究是在系统分析原理的基础上,利用计算机和近代数学的方法,在输入有关生物与环境相互关系规律的作用参数后,根据一些经验公式或模型进行运算,得到抽象的结果。研究者根据具体的专业知识,对其发展趋势进行预测,以达到进一步优化和控制的目的。环境生物学研究中常常应用数学模型来预测环境因素与生物相互作用规律或环境变化对生物作用的结果。

5.答:生态破坏是指人类不合理地开发、利用造成森林、草原等自然生态环境遭到破坏,从而使人类、动物、植物的生存条件发生恶化的现象。

环境污染是指由于自然或人类原因,产生有害化学成分及放射性物质、病原体、噪声、废气、废水、废渣等,引起环境质量下降,危害人类健康,影响生物正常生存发展的现象。

生态破坏和环境污染都是人为活动造成的,但概念不同,危害程度不同,侧重点不同。生态破坏侧重于平衡被打破,环境污染侧重于有害要素超量。生态破坏间接危害人类,危害较长期;环境污染直接危害人类,危害较短期。生态破坏比环境污染更严重,环境污染可能导致生态破坏。

第一章　环境污染物在生态系统中的行为

【章节内容】

第一节　环境污染概述

一、环境污染

二、污染源

三、污染物

四、优先污染物

第二节　污染物在环境中的迁移与转化

一、污染物在环境中的迁移

二、污染物的形态和分布

三、污染物在环境中的转化

四、污染物的生物地球化学循环

第三节　污染物在生物体内的生物转运和生物转化

一、生物转运

二、污染物在体内的生物转化

第四节　环境污染物在生物体内的浓缩、积累与放大

一、生物浓缩

二、生物积累

三、生物放大

四、生物浓缩系数

五、生物浓缩机理和浓缩模型

第五节　生物对污染物在环境中行为的影响

一、生物引起的环境污染

二、金属的生物转化

【本章习题】

一、名词解释

1. 环境污染　　　　2. 环境生物效应　　　　3. 环境化学效应
4. 环境物理效应　　5. 污染物　　　　　　　6. 生物污染
7. 优先(控制)污染物　8. 污染物的迁移　　　　9. 污染物的形态
10. 污染物的分布　　11. 污染物的转化　　　12. 生物合成作用
13. 矿化作用　　　　14. 生物小循环　　　　15. 氧垂曲线
16. 生物转运　　　　17. 污染物的吸收　　　18. 生物转化
19. 外源化合物　　　20. 内源化合物　　　　21. 生物浓缩
22. 生物积累　　　　23. 生物放大　　　　　24. 生物浓缩系数(K_{BCF})

二、单选题

1. 苯胺等弱碱类物质,在(　　)部位易被吸收。
   A. 胃　　　　　　　B. 肠　　　　　　　C. 肝　　　　　　　D. 肾

2. 土壤中的硫酸盐还原菌可将硫酸盐还原成(　　)。
   A. 有机硫　　　　　B. 单质硫　　　　　C. 硫化亚铁　　　　D. 硫化氢

3. 下列关于 DDT 和六六六等有机氯化合物能大量积累于机体内的描述错误的是(　　)。
   A. 这类物质具有很高的脂溶性　　　　B. 这类物质不易被降解
   C. 这类物质与脂肪组织有很高的亲和力　　D. 这类物质具有很高的水溶性

4. 下列分别属于环境污染和环境生物效应的是(　　)。
   A. 沙漠化;森林破坏　　　　　　　　B. 酸雨;农药等引起的效应
   C. 温室效应;臭氧层破坏　　　　　　D. 热污染;电磁污染

5. 污染物在体内的生物转化是指(　　)进入生物机体后在有关酶系统的催化作用下的代谢变化过程。
   A. 外源化合物　　　B. 化合物　　　　　C. 外源物　　　　　D. 生化物

6. 污染物沿着生态系统的食物链转移,处于食物链高位的生命体,则会遭受更大的毒害风险,这是因为污染物的(　　)作用。
   A. 生物富集　　　　B. 生物累积　　　　C. 生物放大　　　　D. 生物浓缩

7. 水生的蓼属植物积累一定数量的 DDT,随着这些植物生长时间的延长,体内污染物的浓度增大,这种现象称为(　　)。
   A. 生物富集　　　　B. 生物积累　　　　C. 生物放大　　　　D. 生物浓缩

8. 下列属于生物污染的是(　　)。
   A. 温室气体的排放　　　　　　　　　B. 农药的过度使用
   C. 外来物种入侵　　　　　　　　　　D. 汽车尾气的排放

9. 生物转运的特点:需要载体,顺浓度梯度(由高浓度向低浓度)而且不需要细胞供给能量,符合这一特点的转运方式是(　　)。
   A. 被动转运　　　　B. 易化扩散　　　　C. 特殊转运　　　　D. 膜动转运

10. 特殊转运包括(　　)。
    A. 简单扩散和滤过　　　　　　　　　B. 主动转运和滤过
    C. 主动转运和易化扩散　　　　　　　D. 胞饮作用和易化扩散

11. 比重在 4 或 5 以上的金属元素统称(　　),如汞、镉、铅、铬、铜、铍、镍、铊等。
    A. 重金属　　　　　B. 金属　　　　　　C. 轻金属　　　　　D. 复合重金属

12. 多氯联苯是(　　)的有机物,在工业上有广泛的用途,可导致全球性的环境污染。
    A. 天然　　　　　　B. 人工合成　　　　C. 来自自然　　　　D. 复合产物

13. 下列各种形态的汞化物,毒性最大的是(　　)。
    A. $Hg(CH_3)_2$　　B. HgO　　　　　C. Hg　　　　　　D. Hg_2Cl_2

14. 在光化学烟雾的形成过程中,下列污染物不属于二次污染物的是(　　)。
    A. 自由基三氧化硫　　　　　　　　　B. 臭氧(O_3)和过氧乙酰硝酸酯(PAN)
    C. 醛、酮、醇　　　　　　　　　　　D. 碳氢化合物和氮氧化物(NO_x)

15. 植物对污染物的吸收（　　）。
    A. 只能经由植物的根进行　　　　　　　　B. 只有当污染物存在于溶液中才能进行
    C. 只能经由植物的叶进行　　　　　　　　D. 可以通过与污染物接触的任何方式进行
16. 在简单扩散的生物转运过程中，污染物既要透过脂相，也要透过水相，因此脂水分配系数在（　　）左右者，更易进行简单扩散。
    A. 0.5　　　　　　　B. 1　　　　　　　C. 2　　　　　　　D. 3
17. 受有机污染物污染的河流，根据有机物分解水平和溶解氧的变化可分成相应的区段，其中溶解氧消耗殆尽，水体有机物进行缺氧分解的区段是（　　）。
    A. 分解区　　　　　B. 清洁区　　　　　C. 恢复区　　　　　D. 腐败区
18. 温室效应是大气中的（　　）等气体物质大量聚集，吸收近地表的太阳长波辐射，并将其反射回地表，从而使地表增温的现象。
    A. 二氧化碳　　　　B. 氮气　　　　　　C. 氯气　　　　　　D. 二氧化硫
19. 不同形态的污染物在环境中有不同的化学行为，并表现出不同的污染效应。下列描述不正确的是（　　）。
    A. 六价铬有强烈毒性，而三价铬毒性较弱
    B. 各种汞化物中，元素汞的毒性最强
    C. 六六六有七种异构体，其中γ型有最强杀虫力
    D. 有机汞毒性超过无机汞
20. 下列对生物污染的防治措施的表述错误的是（　　）。
    A. 要进一步加强进口货物的动植物检疫及微生物检疫工作，防止外来生物随货物侵入
    B. 要增加对外来物种的引进，提高一个地区的物种多样性
    C. 要加强有关生物污染的基础理论研究，建立国家级监控体系和数据库
    D. 要提高人口的整体素质，增强环境保护、物种保护、生物多样性保护和防止生物污染的意识
21. 人为污染物不包括（　　）。
    A. 燃烧的染料　　　B. 正在活动的火山　　　C. 交通污染源　　　D. 农业污染源
22. 人类活动产生的化学污染物进入土壤并积累到一定程度便引起土壤污染，其中影响最弱的是（　　）。
    A. 无机盐污染　　　B. 有机污染物　　　C. 重金属污染物　　　D. 化学肥料
23. 固体废弃物对生态环境的影响主要表现在（　　）。
    ①侵占大量土地，对农田破坏严重　　②污染土壤　　③污染水体　　④污染空气
    A. ①②③④　　　　B. ②③④　　　　　C. ①②③　　　　　D. ①②

三、填空题

1. 大多数动物对环境污染物的主要吸收途径有_____、_____、_____。
2. 环境污染物透过生物膜的生物转运过程主要分为_____、_____和_____ 3 种形式。
3. 土壤中，硫酸盐在硫酸盐还原菌的作用下被还原成_____。
4. 污染物经完整皮肤吸收，油/水分配系数接近_____的化合物最容易经皮肤吸收。
5. 铅被机体吸收后 90% 沉积在_____中，有机氯农药蓄积在_____组织中。

6. 环境生物效应指各种环境因素变化而导致_____的结果。
7. 污染物的迁移是指污染物在环境中发生的_____及其引起的富集、分散和消失过程。
8. 污染物的转化是指在环境中通过物理、化学或生物的作用_____或_____的过程。
9. 生物转化是指_____进入生物体内后在有关酶系统催化作用下的_____过程。
10. 生物污染按照物种的不同,可以分为_____污染、_____污染和_____污染。
11. 饮用水中 NO_3^- 含量过高,能使婴儿患_____症。
12. 经胆道分泌至肠道的外源化学物或其代谢产物,除可随粪便排出机体外,还可经肠道菌水解或代谢,重新以游离形式被吸收进入肝,称为_____循环。
13. 氮、磷、硫的生物地球化学循环受两个主要的生物过程控制,一是_____,二是_____。地球上 90% 以上有机物的矿化都是由_____完成的。
14. 溶于生物膜脂质的气体吸收情况主要取决于_____分配系数,较少受分子量大小的影响。
15. 重金属污染会对人体造成极大的危害,比如_____损害造血器官和神经系统;_____影响肝和肾,引起骨痛病;_____引起水俣病,影响神经系统。
16. 一氧化碳、氰化物等与含铁的_____有较强的亲和力,有机磷化合物吸附于红细胞表面,并与膜上_____酶结合。
17. 氮素化肥在土壤中以_____态氮和_____态氮两种形式出现,氮肥施用过多,促使土壤中硝酸盐浓度增加,在土壤微生物的作用下,硝酸盐转化为_____,此转化物可与土壤中各种胺类化合物反应生成强致癌物质_____,对人体危害极大。
18. 污染物存在的形态包括_____、_____、结构态、络合态。
19. 环境污染物随血液或其他体液的流动,分散到全身各组织细胞的过程被称为_____。
20. 污染物在环境中的迁移方式主要有_____、_____、_____。
21. 污染物在水体中转化的主要途径有_____、_____、_____。
22. 环境中微生物对金属的转化,主要是通过_____和_____作用。
23. 水体的富营养化作用是指大量的_____、_____等营养元素物质进入水体,使水中藻类等浮游生物旺盛增殖,从而破坏水体的生态平衡的现象。
24. 排泄的主要器官是_____,随尿排出;其次是经肝、胆通过消化道,随粪便排出;_____性化学物还可经呼吸道,随呼出气体排出。
25. 水解作用是_____农药在哺乳动物体内代谢的主要方式。

四、判断题

1. 由于溶解于水中的污染物比在大气中的扩散速度快,加上很多物质都要溶解在水中才能被吸收。因此当湿度大时,植物对污染物的吸收往往也会增加,积累量减小。（　　）
2. 微生物对重金属的吸收,可分为细胞表面吸附和胞内运输两个过程。（　　）
3. 重金属作为一类特殊的污染物,具有显著的不同于其他污染物的特点。（　　）
4. 环境生物效应是指各种环境因素变化而导致生态系统变好的效果。（　　）
5. 生物浓缩是指生物体或处于同一营养级上的许多生物种群,从周围环境中蓄积某种元素或难分解的化合物,使生物体内该物质的浓度超过环境中的浓度的现象,又称生物学浓缩、生物学富集。（　　）

6. 生物放大是指食物链中不同层次的生物可以逐级浓缩外源性物质的作用,结果使级别越高的生物体中浓度越高。（   ）

7. 人类像地球上的其他任何生物一样,都需要从自然界中以植物和动物为对象获取生存和发展必需的物质原料,同时将自己的代谢产物以及不能被利用和利用不完全的物质释放到自然界。（   ）

8. 污染物要进入生物体内,首先要使生物体表或细胞表面发生变化。（   ）

9. 造成环境污染的污染物发生源称为污染源。（   ）

10. 外源化合物的水解主要由脂酶、酰胺酶、糖苷酶等催化进行。（   ）

11. 黄曲霉毒素污染的品种以花生和玉米最常见。（   ）

12. 环境生物学研究的是生物与受损环境之间的关系,首先要对受损环境进行全面的认识,进而对生物与受损环境之间的整体关系进行了解,为进一步分析环境生物学问题提供基础。（   ）

五、简答题

1. 什么是水体富营养化？会造成哪些严重后果？
2. 阐述生物浓缩、生物积累和生物放大三者的联系与区别。
3. 生物膜有哪些特点？细胞与外界环境交换大分子物质有哪些方式及特点？
4. 阐述呼吸道吸收的特点和影响吸收的因素。
5. 阐述胃肠道吸收外源化合物的特点和影响吸收的因素。
6. 阐述污染物经皮肤吸收的特点和影响因素。
7. 简述微生物对金属汞、砷的生物转化。
8. 污染物在环境中的迁移方式和转化途径有哪些？
9. 动物对污染物的吸收途径有哪些？水生动物和陆生动物有何异同？
10. 什么是污染物在体内的生物转化？简述生物转化过程和主要反应类型。
11. 总结生物浓缩系数的作用和测定方法。
12. 什么是生物污染？生物对环境有哪些污染效应？

【习题解答】

一、名词解释

1. 环境污染：指有害物质或因子进入环境,并在环境中扩散、迁移、转化,使环境系统结构与功能发生变化,对人类以及其他生物的生存和发展产生不利影响的现象。

2. 环境生物效应：指各种环境因素变化而导致生态系统变异的效果。

3. 环境化学效应：指在多种环境条件的影响下,物质之间的化学反应所引起的环境效果。

4. 环境物理效应：指物理作用引起的环境效果。

5. 污染物：指进入环境后使环境的正常组成结构、状态和性质发生变化,直接或间接有害于人类生存和发展的物质,是造成环境污染的重要物质组成。

6. 生物污染：指对人和生物有害的微生物、寄生虫等病原体和变应原等污染水、气、土壤和食品,影响生物产量和重量,危害人类健康的污染。

7. 优先（控制）污染物：指在众多污染物中筛选出的潜在危险大的、作为优先研究和控制对象的污染物,指一些具有生物积累性、毒性大、自然降解能力弱和三致(致癌、致畸、致突变)作用的污染普遍的有毒有机化学污染物。

8. 污染物的迁移:指污染物在环境中所发生的空间位置的移动及其所引起的富集、分散和消失过程。

9. 污染物的形态:指环境中污染物的外部形状,是其化学组成和内部结构的表现形式。

10. 污染物的分布:指污染物在环境多组分间的分布,不仅指在环境空间的浓度分布,而且指污染物不同形态、不同相态之间的分配。

11. 污染物的转化:指污染物在环境中通过物理、化学或生物的作用,改变形态或转变成另一种物质的过程。

12. 生物合成作用:指生物(主要是绿色植物)将所吸收的环境化学物质转变成生物体自身有机物质的过程。

13. 矿化作用:指生物通过代谢作用(包括微生物的分解作用)将生物体的有机物转化为无机物或简单有机物的过程。

14. 生物小循环:指在生物地球化学循环过程中,植物吸收空气、水、土壤中的无机养分后合成植物的有机物,植物合成的有机物被动物吸收后合成动物的有机物,动、植物的残体经微生物的分解作用成为无机物回到空气、水、土壤中的过程。

15. 氧垂曲线:在河流受到大量有机物污染时,由于微生物对有机物的氧化分解作用,水体溶解氧发生变化,随着污染源到河流下游一定距离内,溶解氧由高到低,再恢复到原来的水平,可绘制一条溶解氧的下降曲线。

16. 生物转运:环境污染物经各种途径和方式与生物接触而被吸收、分布和排泄等过程的总称。

17. 污染物的吸收:指污染物在多种因素的影响下,自接触部位透过体内生物膜进入血液循环的过程。

18. 生物转化:外源化合物进入生物机体后在有关酶系统的催化作用下的代谢变化过程。

19. 外源化合物:指除了营养元素及维持正常生理功能和生命所需要的物质以外,在人类生活的外界环境中存在,可能与机体接触并进入机体,在体内呈现一定的生物学作用的一些化学物质,又称外源生物活性物质。

20. 内源化合物:指生物机体正常的生理活动的产物或中间产物。

21. 生物浓缩:指生物体或处于同一营养级上的许多生物种群,从周围环境中蓄积某种元素或难分解的化合物,使生物体内该物质的浓度超过环境中的浓度的现象,又称生物学浓缩、生物学富集。

22. 生物积累:指生物体在其整个代谢活跃期通过吸收、吸附、吞食等过程,从周围环境中蓄积某些元素或难分解的化合物,以致随生长发育浓缩系数不断增大的现象,又称生物学积累。

23. 生物放大:指生态系统中,由于高营养级生物以低营养级生物为食,某种元素或难分解化合物在生物机体中的浓度随着营养级的提高而逐步增大的现象,又称生物学放大。

24. 生物浓缩系数(K_{BCF}):指生物体内某种元素或难分解的化合物的浓度同其所存在的环境中该物质浓度的比值,可用以表示生物浓缩的程度,又称浓缩系数、生物富集系数、生物积累率等。

二、单选题

1. B 2. D 3. D 4. B 5. A 6. C 7. B 8. C 9. B 10. C
11. A 12. B 13. A 14. D 15. D 16. B 17. D 18. A 19. B 20. B
21. B 22. A 23. A

三、填空题

1. 呼吸系统   消化管   皮肤

2. 被动转运   特殊转运   胞饮作用

3. 硫化氢(H_2S)

4. 1

5. 骨骼   脂肪

6. 生态系统变异

7. 空间位置的移动

8. 改变形态   转化成另一种物质

9. 外源化合物   代谢变化

10. 动物   植物   微生物

11. 高铁血红蛋白

12. 肝内

13. 生物合成作用   生物分解作用(矿化作用)   微生物

14. 油/水

15. Pb   Cd   Hg

16. 血红蛋白   乙酰胆碱酯

17. 硝   铵   亚硝酸盐   亚硝酸铵

18. 价态   化合态

19. 污染物的体内分布

20. 机械迁移   物理-化学迁移   生物迁移

21. 氧化还原作用   配合作用   生物降解作用

22. 氧化还原   甲基化

23. 氮(磷)   磷(氮)

24. 肾   挥发

25. 有机磷

四、判断题

1. × 2. √ 3. √ 4. × 5. √ 6. √ 7. √ 8. × 9. √ 10. √ 11. √ 12. √

五、简答题

1. 答:(1)水体富营养化:指大量的氮、磷等营养元素物质进入水体,使水中藻类等浮游生物旺盛增殖,从而破坏水体生态平衡的现象。

(2)水体富营养化会造成以下严重后果。

①水体外观呈色,变浊:水中藻类及厌氧菌代谢活动产生大量杂质。

②水体散发出不良气味:水中藻类及厌氧菌代谢活动可产生各种化合物,使水体散发出土腥味、霉腐味、鱼腥味等。

③溶解氧含量下降:由于藻类死亡,需氧微生物分解藻体及有机物消耗大量溶解氧。

④水生生物死亡:由于水中溶解氧下降,使鱼类等水生生物窒息而死,水中藻类过度繁殖也会阻塞鱼鳃的进出水孔,使之不能呼吸而死亡,导致水面鱼尸漂浮,臭味很浓。

⑤产生藻毒素:有些藻类能产生毒素,这些毒素能直接危及人体健康,如某些藻产生的石房蛤毒素,经蛤、蚌等富集后,一旦被人们食用会引起中毒。

⑥污染饮用水源:如以富营养化水体作为自来水厂的水源,大量藻类可引起滤池堵塞,影响水厂生产,而且水中的气味以及毒素有时难以除尽,会严重影响水厂出水质量。

2. 答:生物浓缩是指生物体或处于同一营养级上的许多生物种群,从周围环境中蓄积某种元素或难分解的化合物,使生物体内该物质的浓度超过环境中该物质浓度的现象。

生物积累是指生物在其整个代谢活跃期通过吸收、吸附、吞食等过程,从周围环境中蓄积某些元素或难分解的化合物,以致随着生长发育,浓缩系数不断增大的现象。

生物放大是指在生态系统中,由于高营养级生物以低营养级生物为食,某种元素或难分解化合物在生物机体中的浓度随着营养级的提高而逐步增大的现象。

生物放大是针对食物链关系而言的,如不存在这种关系,机体中某物质浓度高于环境介质的现象可用生物富集和生物积累的概念来阐述。

3. 答:(1)生物膜的特点:生物膜是细胞外层的细胞膜(质膜)、细胞内的内质网膜、线粒体膜和核膜等的统称。一般生物膜由脂质分子和蛋白质分子组成,脂质分子主要是磷脂类。其亲水的磷酸部分和碱基部分向着膜的内外表面,疏水的脂肪酸部分向着膜的中心;蛋白质分子镶嵌在脂质分子层内;疏水性氨基酸多在膜内;亲水性氨基酸则露在膜外。

(2)细胞与外界环境交换大分子物质有以下方式及特点。

①被动转运:特点是生物膜不起主动作用,不消耗细胞的代谢能量,这种转运形式包括简单扩散和滤过两种方式。简单扩散是环境污染物由生物膜的高浓度一侧,透过生物膜向低浓度一侧的转运,这是脂溶性有机物的主要转运方式。滤过是环境污染物通过生物膜上的亲水性孔道的转运过程。滤过是分子直径小于生物膜亲水性孔道直径的水溶性化合物的主要转运方式。

②特殊转运:特点是具有特定结构的环境污染物和生物膜中的蛋白质构成的载体形成可逆性复合物进行转运,生物膜具有主动选择性。这种转运形式包括主动转运和易化扩散。主动转运是环境污染物由生物膜低浓度一侧逆浓度梯度向高浓度一侧转运,这种转运需要消耗细胞代谢产生的能量,是水溶性大分子化合物的主要转运形式。易化扩散也称促进扩散或载体扩散,是环境污染物与生物膜上的载体结合,由生物膜高浓度一侧向低浓度一侧转运,这种转运不能逆浓度梯度,不消耗细胞代谢产生的能量。

③胞饮作用:由于生物膜具有可塑性和流动性,因此,对颗粒状物质和液粒,细胞可通过细胞膜的变形移动和收缩,把它们包围起来,最后摄入细胞内。

4. 答:(1)呼吸道吸收的特点:环境中许多污染物以气体、蒸气和气溶胶等形式存在于空气中,这些气态污染物之所以容易经肺吸收,在于肺特定的解剖生理特点,如肺泡数量多,表面积大,相当于皮肤吸收面积的 50 倍。由肺泡上皮细胞和毛细血管内皮细胞组成的"呼吸膜"很薄,且遍布毛细血管,血容量充盈,便于污染物经肺迅速吸收进入血液。以气体和蒸气形式存在的化合物，到达肺泡后主要经被动扩散，通过呼吸膜被吸收入血。

(2) 影响呼吸道吸收的因素如下。

① 气体在肺泡与血浆中的浓度差：气体的吸收是一个动态平衡的过程，即气体由肺泡进入血液的速度等于由血液进入各组织细胞的速度。平衡状态下，气体在血液中的浓度(mg/L)与其在肺泡气中的浓度(mg/L)之比，称为血/气分配系数，每种气体的血/气分配系数为一常数。

② 肺的通气量与血流量：如气体在血液中的血/气分配系数较低，即使通气量增加，也不能使吸收入血的气体增多，因此必须增加血流量，才能使气体吸收增多。反之，血/气分配系数较高的气体，极易由肺泡吸收入血，因此增加通气量，即呼吸频率或每分通气量，就能使气体吸收增多。

③ 气体的分子量及在水中的溶解度：溶于水的气体大多通过亲水性孔道被转运，所以溶解度高和分子量小的气体更容易被吸收。溶于生物膜脂质的气体的吸收情况主要取决于油/水分配系数，油/水分配系数越大，越易被吸收，较少受分子量大小的影响。

5. 答：(1) 胃肠道吸收的特点：胃液的酸度较高(pH 0.9~2.5)，弱有机酸类多以未离解的分子状态存在，在胃中易被吸收。小肠内酸碱度已趋于弱碱性或中性(pH 6.6~7.6)，弱有机碱类在小肠内主要是非离解状态，容易通过简单扩散而被吸收。

(2) 影响胃肠道吸收的因素如下。

① 外源化合物的性质：溶解度较低者，吸收差；脂溶性物质较水溶性物质易被吸收；分散度越大，吸收越容易；离解状态的物质吸收慢。

② 机体方面的影响：胃肠蠕动较强，吸收少；反之，有利于吸收。胃肠内容物较多时，吸收减慢；反之，空腹或饥饿状态下容易吸收。某些特殊生理状况下，如妊娠和哺乳期对铅和镉的吸收增强；胃酸分泌量随年龄增长而降低，可影响弱酸或弱碱性物质的吸收。

6. 答：(1) 污染物经皮肤吸收的特点：经皮肤吸收是外源化合物由外界进入皮肤并经血管和淋巴管进入血液和淋巴液的过程。皮肤通透性不高，但当皮肤与外源化合物接触时，外源化合物也可透过皮肤而被吸收，例如氯仿可透过完整健康的皮肤引起肝损害，有机磷杀虫剂和汞的化学物可经皮肤吸收，引起中毒以至死亡。

外源化合物经皮肤以简单扩散方式吸收，主要通过表皮或皮肤附件，如汗腺管、皮脂腺和毛囊吸收，分为两个阶段。第一阶段为穿透角质层的屏障作用，但速度较慢。第二阶段为呼吸阶段，须经过颗粒层、棘细胞层、生发层和真皮，各层细胞都富有孔状结构，不具屏障功能，外源化合物极易透过，然后通过真皮中大量毛细血管和毛细淋巴管而进入全身循环。

(2) 影响皮肤吸收的因素如下。

① 外源化合物的理化性质：在通过角质层时，分子量的大小和油/水分配系数的影响较为明显，脂溶性化学物透过角蛋白丝间质的速度与其油/水分配系数成正比；但在吸收阶段，外源化合物将进入血液或淋巴液，是同时具有脂溶性和水溶性的液体，所以油/水分配系数在 1 左右者，更容易被吸收。非脂溶性的极性外源化合物的吸收与其分子量大小有关，分子量较小者较易穿透角质层被吸收。

② 皮肤的完整性：人体不同部位皮肤对外源化合物的吸收能力存在差异，角质层较厚的部位如手掌、足底，吸收较慢，阴囊、腹部皮肤较薄，外源化合物易被吸收。

③ 其他因素：血流速度和细胞间液流动加快时，吸收也快；皮肤大量排出汗液，外源化合物容易在皮肤表面汗液中溶解、黏附，延长外源化合物与皮肤接触的时间，也易于吸收。

7. 答：(1) 微生物对汞的生物转化如下。

①汞的氧化和还原：在有氧条件下，某些细菌使无机或有机汞化物中的 Hg^{2+} 还原为元素汞。

②汞的甲基化：无论在好氧或厌氧条件下，都可能存在能使汞甲基化的微生物。汞的生物甲基化往往与甲基钴胺素有关，甲基钴胺素中的甲基是活性基团，易被亲电子的汞离子夺取而形成甲基汞。在自然界，形成甲基汞的同时进行着脱甲基作用。

(2) 微生物对砷的生物转化如下。

①砷的氧化和还原：假单胞菌、黄单胞菌、节杆菌、产碱菌等细菌氧化亚砷酸盐为砷酸盐，使之毒性减弱。而另外有些细菌，如微球菌以及某些酵母菌、小球藻等，可将砷酸盐还原为更毒的亚砷酸盐，海洋细菌也有这种还原作用。

②砷的甲基化：细菌如甲烷杆菌和脱硫弧菌，酵母菌如假丝酵母，尤其霉菌如镰刀霉、曲霉、帚霉、拟青霉都能转化无机砷为甲基砷。砷生物甲基化中的甲基供体也是甲基钴胺素。

8. 答：(1) 污染物在环境中的迁移方式如下。

①机械迁移：水的机械迁移作用，气的机械迁移作用，重力的机械迁移作用。

②物理-化学迁移：污染物在环境中迁移重要的形式包括溶解-沉淀作用、络合-螯合作用、吸附-解吸作用、氧化-还原作用、水解作用、化学分解、光化学分解、生物化学分解。

③生物迁移：污染物通过生物的吸收、代谢、生长、死亡等过程所实现的迁移，是一种非常复杂的迁移形式，如生物通过食物链对重金属的放大积累作用。

(2) 污染物在环境中的转化途径如下。

①物理转化：指通过蒸发、渗透、凝聚、吸附以及放射性元素的蜕变等一种或几种过程来实现的转化。

②化学转化：指通过各种化学反应发生的转化，如氧化-还原反应、水解反应、络合反应、光化学反应等。

③生物转化：指通过生物的吸收和代谢作用而发生的变化。

9. 答：接触机体的环境污染物通过多种途径透过生物膜进入动物体内血液循环，主要经呼吸系统、消化管和皮肤吸收。

以气体、蒸气和气溶胶等形式存在于空气中的污染物容易经呼吸系统吸收；饮水和由大气、水、土壤进入食物链中的环境污染物均可经消化管吸收；皮肤是人体的一道相当良好的屏障，能将环境污染物隔绝于体外，但也有不少有毒的环境污染物可通过皮肤被吸收，引起全身性中毒。

水生动物：通过鳃呼吸，鳃是主要吸收器官；鳞和黏液层的皮肤吸收作用大，消化管吸收作用较弱。

陆生动物：主要通过消化管吸收，呼吸系统和皮肤的吸收作用相对较弱。

10. 答：(1) 污染物在体内的生物转化是指外源化合物进入生物机体后在有关酶系统的催化作用下的代谢变化过程。

(2) 生物转化一般分为 I、II 两个连续的作用过程。

在过程 I（相 I 反应）中，外源化合物在有关酶系统的催化下经由氧化、还原或水解反应改变其化学结构，形成某些活性基团（如 —OH、—SH、—COOH、—NH_2 等）或进一步使这些活性基团暴露。反应的主要类型有氧化反应、还原反应和水解反应等。

在过程 II（相 II 反应）中，相 I 反应产生的一级代谢物在另外的一些酶系统催化下通过上述活性基团与细胞内的某些化合物结合，生成结合产物（二级代谢物），亦称结合反应。结合产物的极性(亲水性)一般有所增强,利于排出。反应的主要类型有葡萄糖醛酸化、硫酸化、甲基化、乙酰化等。

11. 答:生物浓缩系数(K_{BCF})是指生物体内某种元素或难分解的化合物的浓度同其所生存的环境中该物质浓度的比值,可用以表示生物浓缩的程度,又称浓缩系数、生物富集系数、生物积累率等。阐述生物浓缩、生物积累和生物放大现象都可以用生物浓缩系数来表示相应的数量关系。

求得生物浓缩系数的方法有实验室饲养法、野外调查法和动力学方法。实验室饲养法条件易于控制,但数值不够准确。野外调查法数值标准,但技术难度大,时间周期长。动力学方法节省实验时间,更适合大体形生物。

12.(1)生物污染:指对人和生物有害的微生物、寄生虫等病原体和变应原等污染水、气、土壤和食品,影响生物产量和重量,危害人类健康的一类污染。

(2)生物对环境的污染效应包括环境中的病原微生物污染、水体的富营养化、微生物代谢产物与环境污染。

①环境中的病原微生物污染:能使人、家禽、家畜与植物致病的微生物统称为病原微生物或致病微生物。空气、土壤、水体均可作为病原微生物驻留与传播疾病的媒介。污水处理与污水灌溉可引起空气污染。水体中的病原体主要来自人、禽、畜的粪便,用未经彻底无害处理的人、畜粪便施肥,用未经处理的生活污水、医院污水和含有病原体的工业废水进行农田灌溉和利用其污泥施肥以及病畜尸体处理不当,均可造成土壤的微生物污染。

②水体的富营养化:指大量的氮、磷等营养元素进入水体,使水中藻类等浮游生物旺盛增殖,从而破坏水体生态平衡的现象。富营养化的水体外观呈色,变浊;水中散发出不良气味;溶解氧含量下降;水生生物死亡;产生藻毒素;污染饮用水源。

③微生物代谢产物与环境污染:微生物在环境中容易产生污染环境的代谢产物,如 H_2S、硝酸和亚硝酸、微生物毒素等。

第二章 污染物对生物的影响

【章节内容】

第一节 污染物在生物化学和分子水平上的影响

一、对生物机体酶的影响

二、对生物大分子的影响

第二节 污染物在细胞和器官水平上的影响

一、对细胞的影响

二、对组织器官的影响

第三节 污染物在个体水平上的影响

一、死亡

二、对行为的影响

三、对繁殖的影响

四、对生长和发育的影响

第四节 污染物在种群和群落水平的影响

一、对生物种群的影响

二、对生物群落的影响

第五节 化学污染物对生物的联合作用

一、协同作用

二、相加作用

三、独立作用

四、拮抗作用

五、联合作用的研究方法

【本章习题】

一、名词解释

1. 防护性生化反应　　2. 非防护性生化反应　　3. 酶的抑制作用

4. 靶器官　　5. 效应器官　　6. 蓄积器官

7. 致死剂量　　8. 致死浓度　　9. 回避行为

10. 蛋壳的厚薄指数　　11. 环境激素　　12. 生长指示器(SFG)

13. 种群　　14. 物种　　15. 群落

16. 优势种　　17. 耐污种　　18. 敏感种

19. 物种多样性　　20. 联合作用　　21. 协同作用

22. 相加作用　　23. 独立作用　　24. 拮抗作用

二、单选题

1. 亚硝酸盐和某些铵化合物在胃内发生反应生成亚硝酸铵,毒性增大,且可能为致癌剂,这属于联合作用的( )类型。
   A. 协同作用　　　　B. 相加作用　　　　C. 拮抗作用　　　　D. 独立作用

2. 污染物与 DNA 的相互作用过程有以下四个阶段,第一个阶段发生的是( )。
   A. 形成 DNA 加合物
   B. 发生 DNA 的二次修饰
   C. DNA 结构的破坏被固定
   D. 当细胞分裂时,外源化合物造成的危害可导致 DNA 突变及其基因能的改变

3. SFG 代表( )。
   A. 多氯联苯　　　　　　　　　　B. 多环芳烃
   C. 生长指示器　　　　　　　　　D. DNA 修复合成实验

4. 能诱导酶的化合物大都属于( ),并且有较长的生物半衰期。
   A. 重金属　　　　　　　　　　　B. 氯化物
   C. 无机物　　　　　　　　　　　D. 有机亲脂性化合物

5. 蛋壳变薄指数是评价污染物对( )影响的敏感指标。
   A. 鸟类行为　　　B. 鸟类生长　　　C. 鸟类繁殖　　　D. 鸟类发育

6. 对抗氧化防御系统描述不正确的是( )。
   A. 促进体内活性氧的增多　　　　B. 组成成分有维生素等
   C. 包括过氧化氢酶等　　　　　　D. 需氧生物所具有的

7. 化学物质 A 和 B 分别引起某动物 10% 和 40% 的死亡率,若 100 只活的动物经 A 和 B 作用后,存活动物为 54 只,则 A 和 B 具有( )。
   A. 协同作用　　　B. 相加作用　　　C. 独立作用　　　D. 拮抗作用

8. 化学物质 A 和 B 分别引起某动物 10% 和 40% 的死亡率,若 100 只活的动物经 A 和 B 作用后,存活动物为 50 只,则 A 和 B 具有( )。
   A. 协同作用　　　B. 相加作用　　　C. 独立作用　　　D. 拮抗作用

9. 化学物质 A 和 B 分别引起某动物 10% 和 40% 的死亡率,若 100 只活的动物经 A 和 B 作用后,存活动物为 46 只,则 A 和 B 具有( )。
   A. 协同作用　　　B. 相加作用　　　C. 独立作用　　　D. 拮抗作用

10. 化学物质 A 和 B 分别引起某动物 10% 和 40% 的死亡率,若 100 只活的动物经 A 和 B 作用后,死亡 8 只,则 A 和 B 具有( )。
    A. 协同作用　　　B. 相加作用　　　C. 独立作用　　　D. 拮抗作用

11. 群落的基本特征不包括( )。
    A. 具有一定的物种组成　　　　　B. 不同物种之间存在相互作用
    C. 形成群落环境　　　　　　　　D. 群落构成保持不变

12. 群落中各个种的( )越均匀,群落的异质性就越大。
    A. 数目　　　　B. 重量　　　　C. 相对密度　　　　D. 相互关系

13. 阿托品对胆碱酯酶抑制剂的作用和二氯甲烷 CH_2Cl_2 与乙醇间的作用是( )。
    A. 相加作用　　　B. 协同作用　　　C. 拮抗作用　　　D. 独立作用

14.抗氧化防御系统酶不包括( )。
 A.过氧化氢酶　　　　　　　　　　　B.超氧化物歧化酶
 C.谷胱甘肽转移酶　　　　　　　　　D.谷胱甘肽过氧化物酶
15.污染物对哪些酶没有诱导作用?( )
 A.混合功能氧化酶　B.抗氧化防御系统酶　C.谷胱甘肽转移酶　D.乙酰胆碱酯酶
16.下列属于金属酶的是( )。
 A.超氧化物歧化酶　　　　　　　　　B.细胞色素 P-450 酶系
 C.环氧化物水化酶(EH)　　　　　　　D.N-乙酰转移酶(NAT)
17.AChE 抑制具有较高的专一性和敏感性,用其作为指标可以表明生物受到( )的影响。
 A.亚硝酸盐　　　B.重金属　　　C.有机磷农药　　　D.脂类有机物
18.δ-氨基乙酰丙酸脱水酶(ALAD)在合成血红蛋白中起重要作用,( )能直接抑制动物体内 ALAD 的活性。
 A.Fe　　　　　B.Pb　　　　　C.Zn　　　　　D.Cd
19.金属硫蛋白可以被环境中的( )诱导,金属硫蛋白的诱导是一种防护性生化反应。
 A.亚硝酸盐　　　B.重金属　　　C.有机磷农药　　　D.脂类有机物
20.水污染环境可影响水生生物行为研究较多的不包括( )。
 A.回避行为　　　B.捕食行为　　　C.学习行为　　　D.警惕行为
21.化学污染物可影响搜索猎物策略和感觉系统,降低( )能力。
 A.回避　　　　B.捕食　　　　C.社会　　　　D.警惕
22.电离辐射和汞可以增加食蚊鱼被鲈鱼捕食的危险性,属于( )能力被破坏。
 A.回避　　　　B.捕食　　　　C.社会　　　　D.警惕
23.对鸟类行为影响最典型的污染物是( )。
 A.亚硝酸盐　　　B.重金属　　　C.有机磷农药　　　D.脂类有机物
24.环境污染可造成生物机体( )损害,导致种群数量下降,甚至导致物种灭绝。
 A.繁殖　　　　B.生长　　　　C.死亡　　　　D.发育
25.当 AChE 活性下降到正常水平的( )时,鸟类的行为就会发生改变。
 A.20%　　　　B.30%　　　　C.40%　　　　D.50%

三、填空题

1.抗氧化防御系统是需氧生物在长期进化中发展出的_____的系统。
2.联合作用是指两种或两种以上化学污染物共同作用所产生的_____。
3.行为毒性指一种污染物或其他因素(如温度、光照、辐射)使得动物一种行为改变超出_____。
4.环境激素具有动物和人体激素的_____,能干扰和破坏野生动物和人_____,导致野生动物繁殖障碍,甚至能诱发人类重大疾病,也称外源性激素或环境内分泌干扰物。
5._____、_____、_____、_____、疾病敏感性增加和代谢率变化是污染对动物个体水平上的影响。
6.化学物质 A 和 B 分别引起某动物 20% 和 30% 的死亡率,若 A 和 B 具有独立作用,则 100 只活的动物中将死亡_____只;若 A 和 B 具有相加作用,则 100 只活的动物中将存活_____只。

7. 污染物对生物膜损伤的主要表现：引起膜脂_____、影响膜的_____、与细胞膜上的_____结合，从而导致细胞膜结构和功能的改变。

8. 混合功能氧化酶是污染物在体内进行生物转化_____过程中的关键酶系，对人工合成化学物质的解毒具有重要的作用。谷胱甘肽转移酶是污染物在体内生物转化_____过程中的重要酶。

9. 污染物进入机体后导致的生物化学变化包括_____反应和_____反应。

10. 污染物对生物的不利影响最先作用于_____。

11. 酶抑制作用可分为_____和_____抑制作用两大类。

12. 化学污染物对生物的联合作用包括_____、_____、_____和_____4种类型。

13. 种群是在一定时空中同种个体的组合，有三个最基本的特征：_____、_____和_____。

14. 颤蚓、蜂蝇幼虫等仅在有机物丰富的水体中生活、繁衍，称为该环境中的_____种。

15. 石蝇、蜉蝣幼虫等喜在清洁的水体中生活，一旦水体受污染、溶解氧不足，就不能生存，称为该环境中的_____种。

16. 环境污染后，一般_____增多，_____逐渐消失，_____种群被广污性种群代替，群落组成和结构发生改变。

17. 种群的优势度可以用物种的_____、_____、_____和_____来衡量。

18. 抗氧化防御系统组成有_____组分，如谷胱甘肽、维生素C；_____组分，如维生素E、β-胡萝卜素和_____（如GPX、SOD等）。

19. 污染物对群落的影响表现在对群落组成和结构的改变及对_____的影响。

20. 污染物及其活性代谢产物易与蛋白质发生反应导致蛋白质化学损伤，主要是因为蛋白质中许多氨基酸带有_____，如—OH、—NH_2、巯基、胍基等。

21. 污染物对细胞的损伤，表现为细胞_____和_____的改变。

四、判断题

1. 污染物对动物个体水平的影响主要有死亡、行为改变、繁殖能力下降、生长和发育抑制，而对植物的影响主要表现为失绿黄化。（   ）

2. 一般情况下，成年雌性动物比雄性动物对化学物的毒性敏感。（   ）

3. 靶器官不一定是毒物浓度最高的场所。（   ）

4. 一般来说，污染物对新生和幼年动物的影响较成年动物小。（   ）

5. 镉(Cd)主要影响动物的肝和肾，引起骨痛病。（   ）

6. 有些污染物尽管不会危害生物机体的摄食率和生理代谢，但由于机体对该污染物的解毒消耗了大量能量，仍然能导致生长发育障碍。（   ）

7. 污染物在酶的催化下进行代谢转化，也可能导致体内酶活性改变，影响酶的数量和活性。（   ）

8. 化合物与生物大分子共价结合学说是中毒机理的重要理论之一。（   ）

9. 外源化合物对乙酰胆碱酯酶的抑制作用属于防护性生化反应。（   ）

10. 防护性生化反应的机理是通过降低细胞中游离污染物的浓度，防止或限制细胞组成部分发生可能的有害反应，消除对机体的影响。（   ）

11. 抗氧化防御系统的作用主要是消除活性氧对机体的损害作用。（   ）
12. 过氧化氢酶除了可以分解 H_2O_2 外,还能还原过氧化物。（   ）
13. 腺苷三磷酸酶存在于所有细胞中,在细胞功能,如活动、离子平衡等过程中起重要作用。（   ）
14. 乙酰胆碱酯酶在神经系统的信息传导中起重要作用,有机磷农药和氨基甲酸酯农药对其具有明显的诱导作用。（   ）
15. 血液中铅浓度与 ALAD 活性受抑制具有典型的剂量-效应关系,随着血液中铅浓度增加,ALAD 活性也不断增加。（   ）
16. DDT 可作用于细胞膜上的 Na^+ 通道,干扰 Na^+ 通过细胞膜,影响神经传导。（   ）
17. 靶器官是接触、吸收毒物的器官。（   ）
18. 污染物的毒作用总是直接由效应器官表现出来。（   ）
19. 污染物在蓄积器官内的浓度高于其他器官,同时显示毒作用。（   ）
20. 一般来说,水生生物对污染物的回避阈值低于污染物对水生生物的致死浓度。（   ）

五、简答题

1. 光化学烟雾对动植物有哪些影响？
2. 什么是脂质过氧化？脂质过氧化会导致哪些不良后果？
3. 人体一般有哪些渠道接触环境激素？环境激素对人类的影响有哪些？如何防止？
4. 什么叫环境激素？环境激素有哪几类？其危害体现在哪些方面？
5. 重金属与其他污染物相比有什么特点？其对生物体有哪些危害？
6. 阐述污染物对生物大分子的影响。
7. 污染物在细胞水平上的影响有哪些？
8. 环境污染物是如何对生物群落产生影响的？
9. 为何植物是大气污染的主要受害者？
10. 水域热污染后会产生哪些负面生物效应？
11. 土壤施用农药、除草剂后,有哪些负面生物效应？
12. 污染物对生物的影响可以从哪些水平上反映出来？试以有机磷农药为例,阐述少量有机污染物如何影响整个生物圈？
13. 什么是污染物对酶的诱导和抑制作用？
14. 什么是抗氧化防御系统？其作用是什么？
15. 什么是靶器官？污染物对生物组织器官的影响有哪些？
16. 什么是行为毒性？污染物对水生生物行为的影响有哪些？

【习题解答】

一、名词解释

1. 防护性生化反应：污染物进入机体后导致的生物化学变化,用来保护生物体抵抗污染物的伤害。
2. 非防护性生化反应：污染物进入机体后导致的生物化学变化,对生物体抵抗污染物的伤害不起保护作用。

3. 酶的抑制作用：指酶的功能基因受到某种物质的影响，而导致酶活性降低或丧失的作用，可分为不可逆性抑制、非竞争性抑制和竞争性抑制。

4. 靶器官：污染物产生直接毒作用的器官。

5. 效应器官：表现出中毒症状的器官。

6. 蓄积器官：污染物毒物在体内的蓄积部位。

7. 致死剂量：能引起动物死亡的污染物剂量。

8. 致死浓度：能引起动物死亡的污染物浓度。

9. 回避行为：指水生动物，特别是游泳能力强的水生动物，能主动避开受污染的水区，游向未受污染的清洁水区的行为。

10. 蛋壳的厚薄指数：指蛋壳的重量与壳的长宽乘积之比，已作为敏感指标，用于评价污染物对鸟类繁殖的影响。

11. 环境激素：环境中存在一些天然物质和人工合成的环境污染物，具有动物和人体激素活性，能干扰和破坏野生动物和人体正常的内分泌功能，导致野生动物繁殖障碍，诱发人类重大疾病。

12. 生长指示器(SFG)：反映生物机体能量获取利用和代谢的综合指标。

13. 种群：指在一定时空中同种个体的组合，具有3个基本特征，空间特征、数量特征和遗传特征。

14. 物种：指可以互交繁殖的相同生物形成的自然群体。

15. 群落：指在一定时间内，居住在一定区域或生境内的各种生物种群相互关联、相互影响的、有规律的一种结构单元。

16. 优势种：在群落中优势度大的即为群落优势种，它在群落功能中占有重要位置。

17. 耐污种：指只在某一污染条件下生存的物种。

18. 敏感种：指对环境条件变化反应敏感的物种。

19. 物种多样性：指群落中物种的数目（丰富度）和各个物种的相对密度（群落的异质性）。

20. 联合作用：指两种或两种以上化学污染物共同作用所产生的综合生物学效应。

21. 协同作用：指两种或两种以上化学污染物同时或数分钟内先后与机体接触，其对机体产生的生物学作用强度远远超过它们分别单独与机体接触时产生的生物学作用的总和。

22. 相加作用：指多种化学污染物混合所产生的生物学作用强度等于其中各化学污染物分别产生的作用强度的总和。

23. 独立作用：指多种化学污染物各自对机体产生毒性作用的机理不同，互不影响。总效果低于相加作用，但不低于其中活性最强者。

24. 拮抗作用：指两种或两种以上的化学污染物同时或数分钟内先后与机体接触，其中一种化学污染物可干扰另一化学污染物原有的生物学作用，使其减弱，或两种化学污染物相互干扰，使混合物的生物作用或毒性作用的强度低于两种化学污染物中任何一种单独输入机体时的强度。

二、单选题

1. A　2. A　3. C　4. D　5. C　6. A　7. C　8. B　9. A　10. D
11. D　12. C　13. C　14. C　15. C　16. A　17. C　18. B　19. B　20. C
21. B　22. D　23. C　24. A　25. D

三、填空题

1. 防御过氧化损害
2. 综合生物学效应
3. 正常变化的范围
4. 活性　内分泌功能
5. 死亡　行为改变　繁殖能力下降　生长和发育抑制
6. 44　50
7. 过氧化　离子通透性　受体
8. 相Ⅰ　相Ⅱ
9. 防护性生化　非防护性生化
10. 生物大分子
11. 可逆　不可逆
12. 相加作用　独立作用　拮抗作用　协同作用
13. 空间特征　数量特征　遗传特征
14. 耐污
15. 敏感
16. 耐污种　敏感种　狭污性
17. 密度　盖度　频度　生产量
18. 水溶性　脂溶性　酶
19. 物种多样性
20. 活性基团
21. 结构　功能

四、判断题

1. ×　2. √　3. √　4. ×　5. √　6. √　7. √　8. √　9. ×　10. √
11. √　12. ×　13. √　14. ×　15. ×　16. √　17. ×　18. ×　19. ×　20. √

五、简答题

1. 答：光化学烟雾是汽车、工厂等污染源排入大气的碳氢化合物和氮氧化物等一次污染物，在阳光的作用下发生化学反应，生成臭氧、醛、酮、酸、过氧乙酰硝酸酯等二次污染物，参与光化学反应过程的一次污染物和二次污染物的混合物所形成的烟雾污染现象。其对动植物的影响如下。

(1) 损害人和动物的健康：光化学烟雾在不利于扩散的气象条件时，会积聚不散，使人眼和呼吸道受刺激或诱发各种呼吸道炎症，危害人体健康。对人体最突出的危害是刺激眼睛和上呼吸道黏膜，引起眼睛红肿和喉炎，这与醛类等二次污染物有关。它的另一些危害与臭氧有关。当大气中臭氧浓度达到 200～300 $\mu g/m^3$ 时，会引发哮喘，导致上呼吸道疾病恶化，使视觉敏感度和视力降低；浓度在 400～1600 $\mu g/m^3$ 时，只要接触 2 h 就会出现气管刺激症状，引起胸骨下疼痛和肺通透性降低，使肌体缺氧；若浓度再高，就会出现头痛，并使肺部气道变窄，出现肺气肿等。

(2)影响植物的生长:光化学烟雾可以降低大气的能见度,减弱阳光强度,从而影响植物的光合作用,给其生长带来不利影响。臭氧影响植物细胞的渗透性,可导致高产作物的高产性能消失,甚至使植物丧失遗传能力。植物受到臭氧的损害,开始时表皮褪色,呈蜡质状,经过一段时间后色素发生变化,叶片上出现红褐色斑点。过氧乙酰硝酸酯使叶子背面呈银灰色或古铜色,影响植物的生长,降低植物对病虫害的抵抗力。

2. 答:(1)脂质过氧化指的是强氧化剂,如过氧化氢或超氧化物等,能使油脂的不饱和脂肪酸经非酶性氧化生成氢过氧化物的过程。

(2)脂质过氧化的后果:①细胞器和细胞膜结构的改变和功能障碍是脂质过氧化最明显的后果,包括膜流动性降低,脆性增加;膜上的受体和酶类的功能改变;膜通透性变化,如 Ca^{2+} 内流,钙稳态失调和能量代谢改变等。②脂质过氧化物的分解产物具有细胞毒性,其中特别有害的是一些不饱和醛类,如反式-4-羟基-2-壬烯醛。③对 DNA 影响有两个方面:一是脂质过氧化自由基和烷基自由基可引起 DNA 碱基,特别是鸟嘌呤碱基的氧化;二是脂质过氧化物的分解产物丙二醛可以共价结合方式,导致 DNA 链断裂和交联。④对低密度脂蛋白(LDL)的作用,脂质过氧化产物使 LDL 发生氧化修饰,使 LDL 失去对其受体的高度亲和力。

3. 答:(1)人体接触环境激素的渠道:环境中的一些天然物质和人工合成的环境污染物具有动物和人体激素的活性,如杀虫剂、农药、洗涤剂、油漆、化妆品、食品添加剂、瓜果、蔬菜、肉类等,这些物质经呼吸道、消化道、皮肤进入人体。

(2)影响:环境激素进入人体容易被吸收,干扰破坏人体正常内分泌功能(激素失调),导致生殖障碍,甚至诱发重大疾病,如肿瘤等。

(3)防止措施:加强对人工合成化学物质从生产到应用的管理,从源头上杜绝,不向环境中释放环境激素,包括停用或替代目前正在使用的环境激素,如杀虫剂、农药、塑料添加剂等。不焚烧垃圾,特别是废旧塑料制品垃圾。注意个人防护,不使用泡沫塑料制成的容器,少用化妆品、洗涤剂等。加强对环境中环境激素污染水平的监测。加大科研投入,有效处理已进入环境的有毒有害环境激素。

4. 答:(1)环境激素指的是具有动物和人体激素活性的外源化合物,这些物质能干扰和破坏野生动物和人体正常的内分泌机能,导致野生动物繁殖障碍,诱发人类重大疾病。

(2)环境激素的种类:①天然雌激素和合成雌激素,天然雌激素可由动物和人经尿排出,合成雌激素包括与雌二醇结构相似的类固醇衍生物;②植物雌激素,这类物质由某些植物产生,并具弱激素活性,以非甾体结构为主;③具有雌激素活性的环境化学物质,包括离子表面活性剂中的烷基苯酚化合物、食品添加剂(抗氧化剂)、工业废水和生活污水等。

(3)环境激素的危害:①可使野生动物的性发育和雄性生殖器异常;②使鱼类等发生性逆转,导致繁殖成功率下降;③引起人体多种形式的雄性生殖系统发育障碍;④与人类许多重大疾病的发生有关。

5. 答:(1)与其他污染物相比,重金属的特点如下。

①重金属具有富集性,很难在环境中被降解,即使浓度小,也可在藻类和底泥中积累,被鱼和贝类体表吸附,产生食物链浓缩,造成环境危害。

②重金属污染不仅是量的问题,还与金属的存在形式、形态和价态有关,如重金属在迁移转化过程中形成的有机物比相应的金属毒性要强很多,可溶态重金属比颗粒态重金属的毒性要大,六价铬比三价铬毒性要大等。

(2)重金属对生物体的危害如下。

①重金属的生物累积作用:重金属一旦进入生物体内,不易被代谢、分解、排出体外,非常容易在生物体内富集。

②生物早期发育毒性:重金属可与生物体内的核酸、酶、维生素、激素等物质发生反应,改变其化学结构和生物活性,进而对遗传发育、内分泌以及中枢神经等多个系统的功能造成损害,引起病变甚至死亡等。

③生物免疫毒性:高剂量浓度重金属或长期暴露能够显著干扰生物细胞的吞噬能力,因为重金属能够与细胞膜结合,从而改变细胞膜的流动性和细胞膜上离子泵的通透性,降低细胞膜的稳定性。

④基因突变和变异:高剂量浓度重金属或长期暴露下,重金属会对生物体组织器官造成损伤,并诱导大量的活性氧及亲电子代谢产物产生,进而与 DNA 分子结合,使得生物体内的细胞受到外界环境的氧化攻击,导致生物体内脂质发生一系列的反应,如过氧化反应、遗传物质改变等,进而造成某些细胞死亡或者癌变。

⑤内分泌干扰毒性:重金属进入生物体内会对激素合成、分泌产生干扰,并形成内分泌干扰毒性,增加代谢紊乱的发病率。

6. 答:污染物抑制生物大分子的合成。污染物及其活性代谢产物可直接与生物大分子反应,导致生物大分子的化学损伤,从而影响生物大分子的功能。

(1)对蛋白质的影响如下。

①蛋白质中许多氨基酸带有活性基团,如—OH、—NH$_2$、胍基、巯基等,这些氨基酸活性集团在维持蛋白质的构型和酶的催化活性中起重要作用。这些基团易与污染物及其活性代谢产物发生反应,导致蛋白质的化学损伤,引起一系列的生物学后果,对细胞膜和亚细胞造成损伤,最终可导致细胞死亡和组织坏死。

②污染物除导致蛋白质的化学损伤外,亦可诱导生物机体内一些功能蛋白产生。

(2)对脱氧核糖核酸(DNA)的影响如下。

①DNA 可以受到不同途径的损伤,DNA 发生损伤的生物学后果是严重的,但细胞本身具有修复能力,一旦损伤发生,修复反应迅速被激活,各种修复酶增加并被活化。如果损伤的 DNA 不能被修复,则对 DNA 结构和功能造成影响,导致细胞死亡或细胞突变,产生遗传疾病。

②外源化合物及其活性代谢产物能引起 DNA 损伤。外源化合物及其活性代谢产物与 DNA 相互作用形成 DNA 加合物和其他化学损伤,最终导致 DNA 突变和基因功能的改变,受损的 DNA 可以被机体自身修复。

(3)对脂质的影响:细胞和亚细胞膜系统的磷脂富含多烯脂肪酸侧链,这些多烯脂肪酸侧链可使蛋白膜对亲水性物质具有一定的通透性,但多烯脂肪酸很容易发生过氧化降解。某些污染物如卤代烃、多环芳烃等在细胞内代谢形成自由基,攻击多烯脂肪酸,引起脂质过氧化。脂质过氧化是一个系列反应,多烯脂肪酸上不形成双链的亚甲基碳,易受到氧自由基的攻击,形成脂质自由基。脂质自由基直接或经共振后与分子氧反应,生成脂质过氧自由基。在脂蛋白膜的碳氢中心,脂肪酸侧链是交错对插的,故在一个磷脂脂肪酸侧链上的脂质过氧自由基,经夺氢反应攻击相邻的饱和脂肪酸亚甲基碳上的氢,生成一个脂质过氧氢和一个新的脂质过氧自由基,脂质过氧氢经分子内环化和酯解生成丙二酯、其他酯类和酮类,导致多烯脂肪酸的迅速降解。

7.答:污染物在细胞水平上的影响如下。

(1)对细胞膜的影响:许多环境因素作用于细胞膜,引起细胞膜结构和功能的改变。首先,污染物引起的膜脂过氧化作用使细胞膜结构损伤,污染物带有自由基或与膜结合产生自由基,具有强氧化作用,从而破坏了膜结构。其次,影响细胞膜的离子通透性。再次,污染物与细胞膜上的受体结合,干扰了受体正常的生理功能。

(2)对细胞器的影响如下。

①线粒体:污染物不仅可以引起细胞线粒体膜和嵴形态结构的改变,而且可以影响线粒体的氧化磷酸化和电子传递功能。

②光面内质网和糙面内质网:某些污染物经代谢活化产生自由基,可导致光面内质网结构和微粒体膜的一些重要组分,如混合功能氧化酶的破坏。多种结构的化学致癌物,则能引起附着于糙面内质网上的核糖体脱落,导致蛋白质合成控制的改变。

③微管、微丝、高尔基体、溶酶体等其他细胞器:污染物导致溶酶体解体,有损害性的水解酶异常释放,产生细胞损害。

④叶绿体:阻碍叶绿素合成,加速叶绿素分解,破坏叶绿体超微结构,影响光合作用。

8.答:环境污染物会在基因、细胞、组织、器官和个体水平上给生物个体带来巨大影响,无疑也会给生物个体及其种群在整个生物群落中的数量密度、影响力、竞争力和遗传强度等产生影响。

当某一范围的地域或水域发生污染后,由于这一生态系统中的各个生物种群对污染物的敏感性不同,有些敏感种被迫死亡,有些耐污种受毒害但并不死亡,即活着但并不兴旺,有些则丝毫不受影响而一如既往,有些却受到刺激而成为优势种。动物可选择或逃离回避,或继续滞留。这样改变了生物群落的生物多样性,也改变了这一污染地域的生物群落的结构与组成,即环境污染使生物群落中的优势种群和弱势种群的地位发生改变,也会改变这一生态系统中生物链(食物链)的构成。这种生物群落的结构性改变无疑会影响整个生态系统的结构组成和生态功能。

9.答:大气污染的主要受害者是陆生植物,其原因在于植物陆生自身的特点:①植物的无运动特性,因而一旦生长地域大气受污染,无能力主动逃离避开;②植物叶片大面积与大气接触,且有众多的气孔与大气交换气体,极易允许大气污染物进入体内;③植物本身无液体循环系统,进入的污染物转运至全身速度的较慢,甚至集中累积于吸收部位或邻近部位。

10.答:水域热污染后会产生如下负面生物效应:各类生物都有自己的生长上限温度,从总体上看,越高级的生物,其生长生存的上限温度越低。在水域受到热污染后,首先因水体温度升高,水中的溶解氧明显减少,20 ℃时水中溶解氧浓度仅为5 ℃时的2/3。这无疑会改变原水体中的生物结构,需氧性生物难以良好生存而逃离,如各种鱼类发生迁移,某些海洋鱼类的季节性大迁移,除了需寻找适合繁殖、栖息等更好环境外,海洋温度变化引起的诸如溶解氧、食物结构改变等可能也是造成它们大迁移的部分原因,不然在热污染水域中可能会引起发育受阻,精卵细胞受损,受精卵难以孵化等。尤其在夏季或热带水域,本身水域温度已接近水生生物的上限温度,一旦受热污染而温度再度上升,即使是稍微升高,也可能使水生生物处于死亡边缘。

11.答:土壤施用农药、除草剂污染后的负面生物效应有以下几个方面。

(1)对动、植物的负面影响:农药和除草剂是农业生产中常用的化学物质。农药不仅杀死目标害虫,而且很多非目标生物也会被杀死:一种是直接杀死,即在施用农药后,蟾蜍、青蛙、泥鳅、蚯蚓等都可因农药毒害而迅速大量死亡;另一种是间接死亡,即青蛙、蟾蜍等捡食被农药杀死的昆虫,农药在体内积累达到致死量而死亡。不管是杀虫剂、杀菌剂或除草剂,超量施用情况下可使植物枯萎、卷叶、落果、矮化、畸形、种子发芽率低等。含酚类物质可破坏植物细胞的渗透性,使植物变形,抑制植物生长。低浓度的酚类物质可使人出现头痛失眠、腹泻、皮疹、贫血、肝、肾损害,并伴有精神损害,较高浓度的酚类物质可使鱼类、贝类中毒死亡。对于人和动物,有机氯农药具有神经毒性,诱发肝酶系变异,影响代谢,使人贫血,肝、肾受损或致癌;影响鸟类繁殖,甚至导致死亡。有机磷农药多为剧毒物,可致畸、致癌、致死。

(2)对土壤微生物及其活性的负面影响:尽管农药和除草剂的目标不是土壤中的微生物,但在施用过程中有相当一部分会进入土壤,对土壤微生物及其活性也有明显的不同影响,起码在短时期内对土壤微生物具有生物效应。这种现象不仅与农药、除草剂本身的特性有关,也与土壤微生物的类群有关。如农药甲胺磷施用于旱地之后的短期内,各类细菌、放线菌和真菌都会受到程度不同的抑制,而经一段时间后可恢复;阿特垃津、苏达灭、普杀特等除草剂施用于沙质土壤后,第一周就显示出对细菌和真菌具有抑制作用,但随后就恢复到对照水平。

12. 答:(1)污染物对生物的影响可以从各级生物学水平反映出来,包括机体酶、生物大分子、细胞、器官、个体、种群、群落、生态系统。

(2)少量有机磷农药排入环境后,主要抑制体内乙酰胆碱酯酶(AChE)的活性,破坏生物神经系统的信息传递功能,受累器官通常是大脑,表现为瞳孔缩小、流涎、肌束颤动及平衡性、协调性损害等。当 AChE 活性下降到正常水平的 50% 时,个体的行为就会发生改变,如改变水生生物呼吸作用、游泳能力、摄食能力和社会关系;改变鸟类的行为(姿态效应等)、内分泌功能、繁殖和对非污染环境变化的耐受力;导致无脊椎动物的死亡和种群变化等,最后影响生态多样性和生态系统的平衡。

13. 答:(1)污染物对酶的诱导作用:污染物使酶的合成速度增加或降低酶被分解的速度,如亚砷酸、百草枯等农药可诱导生物体相关的应激蛋白起保护作用;二价金属离子(如锌、铜、镉和汞)可促进生物体内金属硫蛋白的合成,从而保护细胞免受重金属的危害,如被多氯联苯和多环芳烃污染的河水对鱼的混合功能氧化酶具有诱导作用。

(2)污染物对酶的抑制作用:污染物与酶的功能基团结合而抑制酶的活性,如 DDT 对 Na^+/K^+ ATPase 和 Mg^{2+}-ATPase 有抑制作用;有机磷农药对乙酰胆碱酯酶的抑制作用(不可逆性抑制);某些污染物与酶分子中半胱氨酸残基的巯基可逆性结合,引起酶构型改变,使酶活性受到可逆性但非竞争性抑制;氨基蝶呤、氨甲蝶呤、5-氟尿嘧啶、6-巯基嘌呤等抑制合成氨基酸以及嘌呤和嘧啶衍生物所必需的酶系统(竞争性抑制)。

14. 答:(1)抗氧化防御系统:需氧生物防御过氧化损害的系统。

(2)抗氧化防御系统的作用:控制体内代谢产生的活性氧,消除活性氧对机体的损害作用;在一定范围内清除氧化还原过程产生的大量活性氧。

15. 答:(1)靶器官:污染物产生直接毒害作用的器官。

(2)①污染物对植物的影响:表现为叶面出现点、片伤害斑,造成叶、蕾、花、果实等的脱落。②污染物对动物的影响:污染物对动物组织器官的影响相当复杂,不同污染物的影响具有很大的差别。以重金属污染为例,铅可损害造血器官和神经系统,镉可损害肝、肾,导致骨痛病。

16. 答:(1)行为毒性:指一种污染物或其他因素(如温度、光照、辐射)使动物一种行为超过正常变化的范围。

(2)污染物对水生生物行为的影响如下。

①回避行为:生物主动避开污染区,迁移到清洁区域的行为。回避行为会改变生态系统中

的生物分布，打乱原有的生态平衡。污染物种类、生物种类和状态、环境因素都会影响回避行为。

②捕食行为：生物体获得的资源减少，生长、发育和繁殖受阻。

③警惕行为：容易被捕食，死亡率上升，种群数量下降。

第三章 污染物的生物效应检测

【章节内容】

第一节 生物测试及方式

一、生物测试的定义

二、生物测试的方式

三、生物测试的标准化

第二节 一般毒性实验

一、生物毒性的基本概念

二、急性毒性实验

三、亚慢性和慢性毒性实验

四、蓄积毒性实验

第三节 生物的分子和细胞水平检测

一、加合物测定

二、一般代谢酶的活性测定

三、解毒系统酶类诱导作用的检测

四、抗氧化防御系统检测

第四节 生物致突变、致畸和致癌效应检测

一、致突变效应

二、致畸效应

三、致畸作用的评价

四、致癌效应

第五节 微宇宙法

一、微宇宙法简介

二、标准化水生微宇宙

三、烧杯水生微宇宙

四、室外水生微宇宙

五、土壤核心微宇宙

六、模拟农田生态系统

【本章习题】

一、名词解释

1. 生物测试
2. 短期生物测试
3. 长期生物测试
4. 致死剂量/浓度
5. LC_{100}
6. LD_{50}
7. LD_0
8. 最小致死浓度（MLC）
9. 最大无作用剂量（MNEL）
10. 最小有作用剂量（MEL）
11. 急性毒性实验
12. 亚慢性毒性实验

13. 慢性毒性实验　　　14. 蓄积毒性作用　　　15. DNA 加合物
16. 致突变作用　　　17. 致畸实验　　　18. 化学致癌作用
19. 微宇宙法　　　20. EC_{50}　　　21. IC_{50}

二、单选题

1. 通过（　　）可确定最大无作用剂量。
   A. 慢性毒性实验　　　　　　　　　　B. 蓄积毒性实验
   C. 急性毒性实验　　　　　　　　　　D. 亚慢性毒性实验
2. 与化学测试相比较，下列不是生物测试优点的是（　　）。
   A. 能测定到污染物的生物效应　　　　B. 能测定水体中的 DO、浑浊度等
   C. 反应灵敏，测试时间短　　　　　　D. 能确定污染物的排放浓度
3. 生物体接触受试物后机体维持体内的稳态能力不可逆下降时，称为（　　）。
   A. 非损害作用　　B. 损害作用　　C. 非毒害作用　　D. 毒害作用
4. 蓄积作用实验中，某一毒物对小鼠的 $LD_{50}(n)=40$ mg/kg、$LD_{50}(1)=45$ mg/kg，则该毒物属于（　　）。
   A. 轻度蓄积　　B. 明显蓄积　　C. 中等蓄积　　D. 高度蓄积
5. （　　）不可作为哺乳动物毒性实验的毒性单位。
   A. mg/kg　　B. mL/kg　　C. mg/m^2　　D. mg/L
6. 长期生物测试的目的是测定出在持续情况下不造成有害效应的毒物最大浓度或（　　）。
   A. 每日容许摄入量（MDI）　　　　　B. 最小致死剂量（MLD）
   C. 最大允许毒物浓度（MATC）　　　 D. 产生影响的最低浓度（LOEC）
7. 关于标准化微宇宙说法错误的是（　　）。
   A. 实验周期为 64 天　　　　　　　　B. 10 种藻类、4 种无脊椎动物和一种细菌
   C. 实验容积为 4 L　　　　　　　　　D. 用自然生态系统渗出液作为基质
8. 以下哪条出现显著性差异并存在剂量-反应关系时，即可认为受试物的致癌实验为阳性？（　　）
   ① 受试组出现，对照组没有
   ② 受试组和对照组均发生，但受试组发生率高
   ③ 受试组的平均肿瘤数高于对照组
   ④ 受试组与对照组的肿瘤发生率无显著差异，但受试组发生肿瘤的潜伏期短
   A. ①②③　　B. ①③④　　C. ①②④　　D. ①②③④
9. 接触某种化学物质后引起死亡的动物占该群动物的 50%，称为（　　）。
   A. 损害　　B. 中毒　　C. 效应　　D. 反应
10. 接触一定剂量化学物质引起机体个体发生的生物学变化，称为（　　）。
    A. 损害　　B. 中毒　　C. 效应　　D. 反应
11. 脂类物质易蓄积在脂肪中，不仅影响机体的脂肪代谢，而且具有（　　）的危险性。
    A. 急性中毒　　B. 慢性中毒　　C. 亚急性中毒　　D. 亚慢性中毒
12. 亚慢性毒性实验的目的是对受试物的（　　）做出估计。
    ① 主要毒作用　　② 靶器官　　③ 最大无作用剂量　　④ 中毒阈剂量

A. ①②③   B. ①③④   C. ①②④   D. ①②③④

13. 乙酰胆碱酯酶(AChE)可作为有机磷农药污染的指标,一般认为( )以上的 AChE 抑制表明暴露作用的存在。

    A. 10%   B. 20%   C. 30%   D. 50%

14. 乙酰胆碱酯酶(AChE)可作为有机磷农药污染的指标,( )以上的 AChE 抑制表明对生物的生存有危害。

    A. 10%   B. 20%   C. 30%   D. 50%

15. 在哺乳动物中,( )的可溶部分中 GST 的浓度最高。

    A. 脂肪   B. 骨骼   C. 肝   D. 肺

16. 过氧化氢酶(Ct)催化分解细胞代谢产生的( ),在调节细胞免于死亡的过程中起着重要作用。

    A. 金属过氧化物   B. 过氧化氢   C. 过氧酸盐   D. 有机过氧化物

17. 谷胱甘肽过氧化物酶可以广泛地清除( ),有利于防止畸变,预防衰老等。

    A. 金属过氧化物   B. 过氧化氢   C. 过氧酸盐   D. 有机过氧化物

18. Ames 法是一种利用( )进行基因突变的体外致突变实验法。

    A. 微生物   B. 细胞   C. 昆虫   D. 哺乳动物或植物

19. 在人类肿瘤病因分析中,与( )有关的占比最高。

    A. 行为因素   B. 物理因素   C. 化学因素   D. 生物因素

20. 室外水生微宇宙又称中宇宙,实验单元为( ),实验生物包括浮游植物、浮游动物、细菌、鱼类、大型水生植物和无脊椎动物。

    A. 1 L   B. 4 L   C. 4 m^3 D. 6 m^3

21. 模拟农田生态系统是为同时测定( )在土壤、植物、水溶液和空气中的残留而设计的。

    A. 污染物   B. 农药   C. 激素   D. 重金属

22. 目前灵敏度较高、应用较为广泛的 DNA 加合物检测方法为( )。

    A. 免疫学方法   B. 色谱-质谱法   C. ^{32}P-后标记法   D. 荧光测定法

三、填空题

1. 蓄积毒性作用是低于_____的受试物,_____地与机体持续接触,经一定时间后使机体出现明显的中毒表现。

2. 生物测试指系统地利用_____测定一种或多种污染物或环境因素单独或联合存在时所导致的影响或危害。

3. 微宇宙法是研究污染物在生物种群、群落、生态系统和生物圈水平上的_____的一种方法,又称模型生态系统法。微宇宙包含_____的组成及其过程,能够提供自然生态系统的群落结构和功能,但又不完全等同于自然生态系统。

4. Ames 法是一种利用微生物进行基因突变的体外_____实验法。

5. 为了探明环境污染物对机体是否有蓄积毒性作用,致突变、致癌等作用,随着毒理学的不断进展,人们又建立了_____实验、_____实验、_____实验和致癌实验等特殊的实验方法。

6. 慢性毒性实验染毒组剂量的选择可参考两组数据:一是根据_____实验资料,取其最低中毒剂量的 1/10、1/20 及 1/50；二是以_____剂量为出发点，在其 1/100～1/20 中取 3～4 个剂量。

7. 生物测试方法简单，不需要特殊仪器设备，又能综合反映污染物对_____的影响或污染状况，因而被广泛采用。

8. 影响生物测试结果的主要因素有_____、_____和不同的实验室。

9. 污染物对群落的影响表现在污染物可导致群落_____和_____的改变。

10. 根据实验溶液或气体的给予方式，短期生物测试大多数采用_____，长期生物测试只能采用_____。

11. 根据生物测试所经历的时间长短，生物测试可以分为_____生物测试、_____生物测试和_____生物测试。

12. 癌的形成一般有以下三个阶段：_____阶段、_____阶段和_____阶段。

13. 鱼类毒性短期实验多采用我国的青鱼、草鱼、鲢鱼、鳙鱼四大养殖淡水鱼，一般体长在_____以下为宜，在实验室内观察_____后使用。

14. 环境激素主要包括：_____、_____和具有雌激素活性的环境化学物质。

15. 在致畸实验结果评定时，主要计算畸胎总数和_____。

16. 最大无作用剂量是评定外源化合物毒性作用的主要依据，并可以其为基础，制订人体_____和_____。

17. 藻类急性毒性实验通过测定藻类的_____，可评价有害物质对藻类生长的作用，反映对水体中_____的影响以及对整个水生生态系统可能的综合环境效应。

18. 蚯蚓急性毒性实验可分为_____和_____。

19. 环境污染物在体内的_____作用是引起亚慢性和慢性毒性作用的基础。

20. 蓄积毒性实验的方法包括_____、20 天蓄积实验法和受试物生物半减期测定法。

21. 一切进行分裂的细胞，在染色体断裂剂的作用下，均能产生微核，因此可用_____的变化来检测诱变物。

22. 由于孕妇服用镇静剂"反应停"造成近万畸形儿的悲剧事故，在对外源化合物毒性评价的研究中，_____实验成为一项重要内容，我国自 20 世纪 70 年代起将其列为农药和食品添加剂毒性实验的内容之一。

23. 实验生物因土壤核心采集场所不同而不同，可研究_____和_____对农业生态环境的影响及其环境归趋。

四、判断题

1. 环境污染对生物后代的远期影响主要包括污染物的致癌、致畸、致突变作用和环境激素及其毒害效应。　　　　　　　　　　　　　　　　　　　　　　　　（　　）
2. 生物测试指系统地利用生物的反应测定一种污染物存在时所导致的影响或危害。
　　　　　　　　　　　　　　　　　　　　　　　　　　　　　　　（　　）
3. 最大耐受剂量指能使一群动物虽然发生严重中毒，但全部存活无一死亡的最高剂量。
　　　　　　　　　　　　　　　　　　　　　　　　　　　　　　　（　　）
4. 急性毒性实验的周期以 2 周为宜。　　　　　　　　　　　　　　（　　）
5. 中毒阈剂量又称最小有作用剂量。　　　　　　　　　　　　　　（　　）
6. 中毒阈剂量又称最大无作用剂量。　　　　　　　　　　　　　　（　　）

7. 急性毒性实验是1次或一周内多次使实验动物高剂量染毒。( )
8. 急性毒性实验时，每个剂量组小鼠不少于5只，大鼠3～4只。( )
9. LD_{50}值越大，毒性越小。( )
10. 卤素有强烈的吸电子效应，在化合物中增加卤素会使分子极化程度增加，毒性减弱。( )
11. 生物测试方法可以测定污染物的绝对浓度。( )
12. 毒物与非毒物之间并不存在绝对的界限。( )
13. 毒性作用不可通过观测的方法来判断。( )
14. 蓄积系数比值越小，表示蓄积作用越强。( )
15. 生物半减期越长，蓄积作用越大，反之，则越小。( )
16. 腺苷三磷酸酶(ATPase)是生物体内重要的酶，存在于所有的细胞中。( )
17. 发生畸变时，生物体的遗传物质发生基因结构的变化。( )
18. 微核实验是通过观察微核的形成情况来检测断裂剂及非整倍体诱发剂。( )
19. 广义的突变包括染色体畸变和基因突变。( )
20. 与标准化水生微宇宙(SAM)相比，烧杯水生微宇宙通过加入生态系统浸出液，提供微宇宙中生物群落所需的基质。( )
21. 土壤核心微宇宙采用野外环境的土壤核心，将其设置在野外环境中开展研究。( )
22. 土壤核心微宇宙采用野外环境的土壤核心，将其设置在控制环境条件的实验室中，并且实验室必须建立在植物温室之中。( )
23. 模拟农田生态系统在模拟农田条件时，有土壤、植物和陆生动物。( )
24. 毒理学评价时，慢性毒性实验所得的最大无作用剂量小于人群可能摄入量的100倍者，表示毒性较强。( )

五、简答题

1. 什么是微核实验？微核实验常用来筛检污染物的哪种特性？其基本原理是什么？
2. 慢性毒性实验观察指标有哪些？
3. 分别简述急性毒性实验、慢性毒性实验和蓄积实验的目的。
4. 在生物测试中，受试生物一般应符合哪些条件？
5. 试述^{32}P-后标记法半定量检测DNA加合物的基本原理和优点。
6. 表示毒性的常用参数有哪些？解释其含义。
7. 急性毒性实验和慢性毒性实验的一般程序。
8. 我国现行的标准化生物测试方法有哪些？
9. 何谓Ames法？简述其原理和操作方法。
10. 总结致突变、致畸、致癌三者的区别和联系。
11. 简述微宇宙的基本概念，并举例说明微宇宙实验的设计思路和方法。

【习题解答】

一、名词解释

1. 生物测试：指系统地利用生物的反应测定一种或多种污染物或环境因素单独或联合存

在时所导致的影响或危害。

2. 短期生物测试:指被测试的生物在短时间内暴露于高浓度的污染物下,测定污染物对生物机体的影响。

3. 长期生物测试:指在低浓度污染物作用下,暴露时间要尽可能长达受试生物的整个生活史的一类生物测试,又称全部生活史的生物测试。

4. 致死剂量/浓度:表示一次染毒后引起受试动物死亡的剂量或浓度。

5. LC_{100}:能引起一群动物全部死亡的最低剂量或浓度。

6. LD_{50}:能引起一群动物的50%死亡的最低剂量或浓度。

7. LD_0:能使一群动物发生严重中毒,但全部存活无一死亡的最高剂量。

8. 最小致死浓度(MLC):能使一群动物中仅有个别死亡的最高浓度。

9. 最大无作用剂量(MNEL):指受试物在一定时间内,按一定方式与机体接触,按一定的检测方法或观察指标,不能观察到任何损害作用的最高剂量。

10. 最小有作用剂量(MEL):指能使机体发生某种异常变化所需的最小剂量,即能使机体开始出现毒性反应的最低剂量。

11. 急性毒性实验:指研究受试物大剂量一次染毒或24 h内多次染毒动物所引起的毒性实验。

12. 亚慢性毒性实验:指在相当于动物生命周期的1/30~1/20时间内,使动物每日或反复多次接触受试物的毒性实验。

13. 慢性毒性实验:指以低剂量受试物长期与实验动物接触,观察其对实验动物所产生的生物学效应的实验。

14. 蓄积毒性作用:低于中毒阈剂量的受试物,反复多次地与机体持续接触,经一定时间后使机体出现明显的中毒表现。

15. DNA加合物:指化学物质经生物转化后的亲电活性产物与DNA链的特异位点共价结合。

16. 致突变作用:某些物质引起生物体的遗传物质发生基因结构改变的作用。

17. 致畸实验:指检测某些环境污染物(即受试物)能否通过妊娠母体引起胚胎畸形的一种实验。

18. 化学致癌作用:指化学物质(包括有机、无机、天然和合成的化学物质)引起肿瘤的过程。

19. 微宇宙法:指研究污染物在生物种群、群落、生态系统和生物圈水平上的生物效应的一种方法,又称模型生态系统法。

20. EC_{50}:指能引起50%受试生物的某种效应变化的浓度。

21. IC_{50}:指能引起受试生物的某种效应50%抑制的浓度。

二、单选题

1. A   2. C   3. B   4. D   5. D   6. C   7. D   8. D   9. D   10. C
11. B   12. D   13. B   14. D   15. C   16. B   17. D   18. A   19. C   20. D
21. B   22. C

三、填空题

1. 中毒阈剂量   反复多次

2. 生物的反应

3. 生物效应　生物和非生物

4. 致突变

5. 蓄积　致突变　致畸

6. 亚慢性　LD$_{50}$

7. 生态系统

8. 受试生物　实验条件

9. 组成　结构

10. 静止式　流动式

11. 短期　中期　长期

12. 引发　促长　浸润和转移

13. 7 cm　1 周

14. 天然雌激素和合成雌激素　植物雌激素

15. 畸形总数

16. 每日容许摄入量(ADI)　最高容许浓度(MAC)

17. 生物量　初级生产者

18. 滤纸接触毒性实验　人工土壤实验

19. 蓄积

20. 蓄积系数法

21. 微核率

22. 致畸

23. 化学物质　营养元素

四、判断题

1. √　2. ×　3. √　4. √　5. √　6. ×　7. ×　8. ×　9. √　10. ×
11. ×　12. √　13. ×　14. √　15. √　16. √　17. ×　18. √　19. √　20. √
21. ×　22. √　23. ×　24. ×

五、简答题

1. 答：微核实验是化学致突变实验中的一种常用筛检方法，是利用细胞有丝分裂时染色体形成的微核来指示环境污染的一种方法。基本原理是细胞分裂时染色体要进行复制，在复制过程中如果受到外界诱变因子的作用，就会产生一些游离染色体片段，形成包膜，变成大小不等的小球体，这就是微核。微核通过固定、染色等步骤后，可进行镜检，并求出微核率，以此评价环境污染水平和对生物的危害程度。

2. 答：慢性毒性实验有如下观察指标。

(1) 一般综合指标：观察动物的一般活动、症状和死亡情况。在实验的第一个月，每周称重1次，4～6个月期间，每2周称重1次，以后每4周称重1次。记录饲料或饮水量，计算生长率(各组每周摄入食量与体重增加量之比)，并计算脏器湿重与单位体重的比值(脏器系数)。

(2) 血液及生化检验：主要指血清和肝、肾功能的检验。常规项目包括血红蛋白、红细胞数、白细胞数、血小板数、谷草转氨酶、血清尿素氮等。每2个月进行一次血液学及其他生长指标的测定,一般可从各组每种性别中任取 6~10 只动物进行测定。

(3)病理组织学检查:在外源化合物的亚慢性毒作用实验中应重视病理组织学检查,必要时还可进行组织化学和电镜检查。实验过程中解剖死亡或濒死动物。实验结束时,处死所有动物进行尸检。如未见明显病变,可将高剂量组和对照组的主要脏器进行病理学检查,发现病变后再对较低剂量相应器官组织进行检查,要特别注意肝、肾、睾丸等器官。同时,还需对病理检查做半定量的评定,即除对解剖检查及组织学检查加以详细描述外,还需根据病变程度加以分级评分。

3. 答:(1)急性毒性实验目的:急性毒性实验是研究受试物大剂量一次染毒或 24 h 内多次染毒动物所引起的毒性实验。其目的是在短期内了解该物质的毒性大小和特点,并为进一步开展其他毒性实验提供设计依据。(①求出受试物对一种或几种实验动物的致死剂量,通常以半数致死量(LD_{50})为主要参数。②阐明受试物急性毒性的剂量-反应关系与中毒特征。③利用急性毒性实验方法研究受试物在机体内的生物转运和生物转化过程及其动力学变化。)

(2)慢性毒性实验目的:慢性毒性实验是指以低剂量受试物,长期与实验动物接触,观察其对实验动物所产生的生物学效应的实验。其目的是评价受试物在长期小剂量作用的条件下对机体产生的损害及其特点,确定其慢性毒作用阈剂量和最大无作用剂量,为制订环境中有害物质的最高容许浓度提供实验论据。

(3)蓄积实验目的:环境化学物质进入机体后,经过代谢转化排出体外,或直接排出体外。当其连续地、反复地进入机体,而且吸收速度超过代谢转化与排泄的速度时,化学物质在体内的量逐渐增加,称为化学物质的蓄积作用。外源化合物在机体的蓄积作用是化学物质发生慢性中毒的物质基础。因此,蓄积实验研究外源化合物在机体内有无蓄积作用及蓄积程度如何,是评价外源化合物能否引起潜在慢性毒性的重要方法之一,也是制订有关卫生标准时选择安全系数的依据之一。

4. 答:在生物测试中,受试生物的选择必须符合下列条件。

(1)受试生物对实验毒物或因子具有敏感性。

(2)受试生物应具有广泛的地理分布和足够的数量,全年中在某一实际区域范围内可获得。

(3)受试生物应是生态系统的重要组成,具有重要的生态学价值。

(4)受试生物在实验室内易于培养和繁殖。

(5)受试生物应具有丰富的生物学背景资料,人们已经较清楚了解其生活史、生长、发育、生理代谢等。

(6)受试生物对实验毒物或因子的反应能够被测定,并具有一套标准的测定方法或技术。

(7)受试生物应具有重要的经济价值等,应考虑与人类食物链的联系。

此外,还应考虑受试生物的个体大小和生活史长短,以前是否接触过受试物等异常情况,如曾经受污染等情况。

5. 答:(1)基本原理:先将分离出的 DNA 用一定量的酶水解成游离的单核苷酸和形成了加合物的单核苷酸,并进一步将二者分离,再用 ^{32}P 标记的 ATP 对带有加合物的单核苷酸进行标记,然后用双向层析、放射自显影、液闪计数等方法定量。

(2)优点:检测能力强,应用范围广,可检测任何化合物与 DNA 的连接,尤其是可用于环境中生物样品的加合物测定以及判断化合物的毒性,包括纯品或混合物是否有潜在的致癌作用,同时具有极高的灵敏度,可检测到 10^9 个碱基中的一个 DNA 加合物。

6. 答:表示毒性的常用参数如下。

(1) 致死剂量或致死浓度(LD 或 LC):表示一次染毒后引起受试动物死亡的剂量或浓度。

(2) 绝对致死剂量或浓度(LD_{100} 或 LC_{100}):表示一群动物全部死亡的最低剂量或浓度。

(3) 半数致死剂量或浓度(LD_{50} 或 LC_{50}):能引起一群动物 50% 死亡的最低剂量或浓度。

(4) 最小致死剂量或浓度(MLD 或 MLC):能使一群动物中仅有个别死亡的最高剂量或浓度。

(5) 最大耐受剂量或浓度(LD_0 或 LC_0):能使一群动物虽然发生严重中毒,但全部存活而无一死亡的最高剂量或浓度。

(6) 最大无作用剂量(MNEL):指化合物在一定时间内,按一定方式与机体接触,按一定的检测方法或观察指标,不能观察到任何损害作用的最高剂量。

(7) 最小有作用剂量(MEL):指能使机体发生某种异常变化所需的最小剂量,即能使机体开始出现毒性反应的最低剂量。

(8) 毒性作用带:一种根据毒性和毒性作用特点综合评价外源化合物危险性的指标,有急性毒性作用带和慢性毒性作用带。

(9) 半数效应浓度(EC_{50}):指能引起 50% 受试生物的某种效应变化的浓度。

(10) 半数抑制浓度(IC_{50}):指能引起 50% 受试生物的某种效应抑制的浓度。

7. 答:(1) 急性毒性实验一般程序:选择受试生物;预实验及确定剂量组;染毒;观察指标;确定 LD_{50};评价实验结果。

(2) 慢性毒性实验一般程序:选择受试生物并分组;确定染毒剂量和实验期限;选定染毒途径;观察指标;评价实验结果。

8. 答:如《水质 物质对蚤类(大型蚤)急性毒性测定方法》(GB/T 13266—91)《水质 物质对淡水鱼(斑马鱼)急性毒性测定方法》(GB/T 13267—91)《水质 急性毒性的测定 发光细菌法》(GB/T 15441—1995)《化学品 鱼类生殖毒性短期试验方法》(GB/T 35517—2017)《化学品 水生环境危害分类指导第 3 部分:水生毒性》(GB/T 36700.3—2018)。

9. 答:Ames 法:鼠伤寒沙门菌/哺乳动物微粒体酶实验法,是利用鼠伤寒沙门菌的组氨酸营养缺陷型菌株(his^-)的回复突变性来进行的。

实验原理:利用一种突变型微生物菌株与受试物接触,如该受试物具有致突变性,则可使突变型微生物发生突变,成为野生型微生物。因野生型具有合成组氨酸的能力,可在低营养的培养基(即不含或含少量组氨酸的培养基)上生长,而突变型不具合成组氨酸的能力,故不能在低营养的培养基上生长,据此来鉴定受试物是否具有致突变性。

操作方法:将组氨酸突变型菌株(his^-)与受试物接触,如果受试物没有致突变性,组氨酸突变型(his^-)不会发生突变,在低营养的培养皿上不能生长。如果受试物具有致突变性,则使突变型微生物发生突变成为野生型微生物(his^+),可在低营养的培养皿上生长。

10. 答:(1) 致突变效应是指环境污染物或其他环境因素引起生物细胞的遗传物质发生突然改变的一种作用,改变的遗传物质在细胞分裂、繁殖过程中可传递给子代细胞,使其有新的遗传特性,可分为基因突变和染色体变异。

致畸作用指环境中某些物质或因素通过母体影响胚胎的发育,使细胞分化和器官发育不能正常进行,以致出现器官或形态结构上的畸形。广义的致畸应包括生化、生理功能或行为方面的发育缺陷。

致癌作用是环境中致癌物诱发肿瘤的作用。肿瘤有良性和恶性之分,恶性肿瘤又称癌。

据统计,80%～85%的人类肿瘤与环境中的致癌物有关。

(2)三者的联系:①化学物质、物理因素和生物因素都有可能致突变、致畸、致癌;②致突变作用如影响生殖细胞而发生突变时,可影响妇女的正常妊娠,而出现不孕、早期流产、畸胎或死胎,还可以发生遗传特性的改变而影响下一代。致突变作用如发生在体细胞,则不具有遗传性质,而是使细胞发生不正常的分裂和增生,其结果可能表现为形成癌;③致突变与致癌之间的关系非常密切,很多致突变物能引起实验动物的癌症,同样很多动物致癌物也为致突变物。

(3)三者的区别:突变是自然界的一种正常现象,从进化的角度出发,就整个生物群体而言,生物的进化和新品种的出现都与突变有密切关系,在这种情况下突变往往是有利的。但在大多数情况下,对大多数生物个体而言,突变是有害的,致畸、致癌也是有害的。目前认为致癌与致突变有密切关系,可引起突变的物质绝大部分有致癌作用。

11. 答:(1)微宇宙:自然生态系统的一部分,包含生物和非生物的组成及其过程,能提供自然生态系统的群落结构和功能。

(2)标准化水生微宇宙设计举例:该微宇宙用于在实验室测定有毒物质在多物种水平对淡水生态系统的影响。该实验时间为64天,实验容器为4 L玻璃广口瓶,10种藻、4种无脊椎动物和一种细菌被移入3 L无菌的已知培养液,沉积物由200 g二氧化硅砂和0.5 g土壤几丁质组成,被分成两层。每2周测一次有机体数量、溶解氧和pH,对于营养盐(硝酸盐、亚硝酸盐、氨和磷),在前4周每2周取样和测定一次,自第5周开始每周测定一次。实验温度为(20±2)℃,光暗比为12 h光照:12 h黑暗。实验在一个0.85 m×2.6 m控温工作台上进行,光源距工作台面0.56 m。实验设置6个平行实验组,每组3个处理组和1个对照组。实验计算的参数包括溶解氧、溶解氧增加和损失、营养物的浓度、光合作用与呼吸作用比率、pH、藻类密度、水蚤繁殖率等,统计比较每次采样处理组和对照组测定的数据。

第四章 环境质量的生物监测与生物评价

【章节内容】

第一节 生物监测和环境质量评价概念
一、环境质量定义及其基本内涵
二、生物监测的概念
第二节 生物监测与评价
一、大气污染生物监测与评价
二、水污染生物监测与评价

【本章习题】

一、名词解释

1. 环境质量　　　　　2. 环境质量基准　　　　　3. 环境质量标准
4. 环境质量调查　　　5. 环境质量监测　　　　　6. 环境质量评价
7. 生物监测　　　　　8. 指示生物　　　　　　　9. 大气污染的植物监测
10. 大肠菌群系　　　 11. 浮游生物　　　　　　 12. 生物指数法
13. 多样性指数　　　 14. 生物标志物

二、单选题

1. 对大气反应灵敏，用来监测和评价大气污染状况的生物称为大气污染的（　　　）。
   A. 敏感生物　　　B. 反应生物　　　C. 受害生物　　　D. 指示生物

2. 下列污染物从植物叶片上的气孔侵入叶片组织，引起叶绿素破坏，造成组织脱水，在叶脉间出现黄色或褐色斑块，极易脱落的物质是（　　　）。
   A. 二氧化硫　　　B. 氟化物　　　C. 氮氧化物　　　D. 氯气

3. 降低磷酸果糖酶等多种酶的活性，造成果树叶片失绿的是（　　　）。
   A. 二氧化硫　　　B. 氟化物　　　C. 氮氧化物　　　D. 氯气

4. 下列哪种污染物主要通过叶片气孔进入体内，但它不伤害气孔周围的组织细胞，而溶入果树体液，通过细胞间隙进入输导组织，并随体内水分运输流向叶片尖端和边缘，当积累到一定浓度时即出现病症？　　　　　　　　　　　　　　　　　　　　（　　　）
   A. 二氧化硫　　　B. 氟化物　　　C. 氮氧化物　　　D. 氯气

5. 唐菖蒲监测大气时，如叶片尖端和边缘产生淡棕黄色片状伤斑，且伤斑部位与正常组织之间有一明显界线，说明这些地方已受到（　　　）严重污染。
   A. SO_2　　　　B. PANs　　　　C. O_3　　　　D. HF

6. 叶片背面变为银白色、棕色、古铜色或玻璃状，不呈现点、块状伤斑，说明植物受到（　　　）的伤害。
   A. SO_2　　　　B. PANs　　　　C. O_3　　　　D. HF

7. 叶上出现细密、近圆形坏死斑,说明植物受到(　　)的伤害。
   A. 二氧化硫　　　　B. 氟化物　　　　C. 氯气　　　　D. 酸雾
8. 地衣、苔藓作为指示植物的特点不包括(　　)。
   A. 取材方便,成本低,有直观效果
   B. 为多年生长绿色植物,一年四季均可作为监测器
   C. 生长速度快,一旦受损容易恢复
   D. 形体小,分类困难,不经过专门的学习不易掌握辨识方法
9. 下列能作为 SO_2 污染指示植物的有(　　)。
   A. 苔藓、向日葵　　B. 唐菖蒲、郁金香　　C. 烟草、女贞　　D. 悬铃木、矮牵牛
10. 下列能作为 SO_2 污染指示植物的有(　　)。
    A. 悬铃木　　　　B. 郁金香　　　　C. 苔藓　　　　D. 萝卜
11. 一般认为细菌总数超过(　　)个/m^3时,作为空气污染的指示。
    A. 500　　　　B. 1000　　　　C. 1500　　　　D. 2000
12. 我国现行生活饮用水水质标准规定水中的细菌总数和总大肠菌群数不得超过(　　)。
    A. 100 个/mL,0 个/L　　　　　　B. 100 个/mL,3 个/L
    C. 200 个/mL,3 个/L　　　　　　D. 200 个/mL,0 个/L
13. 水体受到粪便污染时,细菌总数和大肠菌群数会相应增加。1 mL 水中,如果细菌总数为 10~100 个为(　　)。
    A. 极清洁水　　B. 清洁水　　C. 不清洁水　　D. 极不清洁水
14. 能指示清水的浮游植物种类不包括(　　)。
    A. 冰岛直链藻　　B. 水花束丝藻　　C. 小球藻　　D. 锥囊藻
15. 污水中不可能存在的浮游植物种类为(　　)。
    A. 谷皮菱形藻　　B. 水花束丝藻　　C. 铜锈微囊藻　　D. 小球藻
16. PFU法(聚氨酯泡沫塑料块法)监测微型生物群落,平衡后挤出液可见到水体中大约(　　)原生动物种类,可反映整个群落动态变化的全过程和基本趋势。
    A. 80%　　　　B. 85%　　　　C. 90%　　　　D. 95%
17. 河流中细菌和无色鞭毛虫极多,无好氧生物,无鱼类生存的区域称为(　　)。
    A. 多污带　　B. α-中污带　　C. β-中污带　　D. 寡污带
18. 河流中有许多细菌和真菌,藻类少见,以细菌为食物的耐污动物占优势的区域称为(　　)。
    A. 多污带　　B. α-中污带　　C. β-中污带　　D. 寡污带
19. 河流中有多种藻类和原生动物、有鱼类出现的区域称为(　　)。
    A. 多污带　　B. α-中污带　　C. β-中污带　　D. 寡污带
20. Beck生物指数 $I_B=0$ 时,表示水体(　　)。
    A. 重污染　　B. 中等污染　　C. 轻度污染　　D. 清洁
21. 暴露评价是对污染物从污染源排放进入环境到被(　　),以及对生态受体发生作用的整个过程的评价。
    A. 生物吸收　　B. 生物转化　　C. 生物分解　　D. 生物利用
22. 生物监测的局限性不包括(　　)。
    A. 反应相对迟钝　　B. 很难定性和定量化　　C. 很难定性　　D. 影响因素多

23. 下列哪项不是作为指示植物应具备的条件？（　　）
A. 反应敏感　　　　　　　　　　　　B. 栽培管理和繁殖容易
C. 具有一定的观赏和经济价值　　　　D. 反应症状要能用肉眼直接辨认

三、填空题

1. 环境质量调查是为了了解_____而进行的一系列工作。
2. 环境质量监测是对_____进行定期的或连续的监测、观察和分析其变化。
3. 生物监测是利用生物个体、种群或群落对环境污染或变化所产生的反应阐明环境污染状况，从_____为环境质量的监测和评价提供依据。
4. 指示生物是指对环境中某些物质（包括污染物）能产生各种反应或信息，而被用来_____的现状和变化的生物。
5. 生物监测至少应具备两个重要条件，分别是_____和_____。
6. 生物监测包括_____、_____和_____污染监测三大部分。
7. 植物群落监测法是利用_____中各种植物对环境污染的反应估测大气污染的方法。
8. 利用植物群落监测大气污染时，如敏感植物受害，表明大气_____。
9. 对某化工厂30～50 m范围内植物受害情况调查发现：悬铃木、加拿大白杨80%或全部叶片受害甚至脱落，叶脉间有点、块状伤斑，说明附近大气_____。
10. 污染_____地区，地衣、苔藓植物很少或完全绝迹。
11. 测定大气污染细菌总数的方法有_____法、吸收管法、撞击平皿法、滤膜法。
12. 评价空气微生物污染状况的指标可用_____总数和_____总数。
13. 评价水污染的细菌学指标可用细菌总数和_____数；我国现行饮用水卫生标准规定，细菌总数1 mL自来水不得超过_____个。
14. 利用_____的微核数量可以指示环境污染状况，已被美国EPA列为污染物监测的常规指标，我国也应用来监测水、大气污染状况。
15. 大肠埃希菌是较好的监测水体是否受_____的指标。
16. 大肠菌群数的检验方法有_____和_____两种。
17. 大型无脊椎动物对环境变化的反应可用来监测和评价城市、工业、石油、农业废物及其土地利用对_____的影响。
18. 水污染的生物监测方法：水污染的_____；浮游生物监测法；底栖大型无脊椎动物监测法和_____监测法。
19. 常用的水体污染指示生物：_____、摇蚊幼虫、蚂蟥、_____和藻类。
20. 污水生物系统把河流按污染程度划分为四个污染带，即_____、α-中污带、β-中污带、_____。
21. 多样性指数是生物群落中_____与_____的比值。

四、判断题

1. 环境质量基准和环境质量标准的制订依据一样，区别在于是否具有法律效力。（　　）
2. 生物监测能够精确监测出环境中某些污染物的含量。（　　）
3. 指示生物只在一定的时空范围内起作用。（　　）

4. 通常敏感植物对大气污染反应最快,最容易受害,最先发出污染信息,出现污染症状。（　　）

5. 利用植物群落监测大气污染,如抗性强的植物受害,表明大气受到污染。（　　）

6. 指示植物的选择常用现场比较评比法、栽培比较实验法、人工熏气法。（　　）

7. 地衣、苔藓作为指示植物主要是对 SO_2 和 HF 等的反应比高等植物敏感。（　　）

8. 大肠埃希菌是一群厌氧、能使乳糖发酵产酸产气的革兰氏阴性无芽孢杆菌。（　　）

9. 在未受干扰的环境里,河流和湖泊中大型无脊椎动物群落的组成和密度比较稳定。（　　）

10. 利用底栖大型无脊椎动物监测和评价污染影响时,一般方法是从污染影响地点和邻近的未受影响的地点采集大型无脊椎动物群落进行对比。（　　）

11. 作为水环境质量评价的指示生物中,应用最多的是浮游生物。（　　）

12. 一般描述对比法是水环境质量生物学评价的常用方法,但是需要评价人员有较丰富的经验,且资料的可比性较差,不易标准化。（　　）

13. 污水生物系统可以应用于被生活污水污染的水域、重金属和其他工业污水引起的污染水域。（　　）

14. 评价水质用的每种生物指数法都能全面反映各类信息。（　　）

15. Beck 生物指数 $I_B > 10$ 时,表示水体受到严重污染。（　　）

16. 生活在污染环境中的生物可以通过多种途径吸收大气、土壤和水中的污染物,因此,可以通过分析生物体内污染物的种类和含量来监测环境的污染状况。（　　）

五、简答题

1. 简述指示生物的选择条件。
2. 简述选择生物标志物的基本原则和生物标志物在生物监测和评价中的作用。
3. 生物监测与理化测试相比有哪些优点？存在哪些不足？
4. 简述大气污染物的指示植物有什么作用？应具备哪些条件？
5. 总结常用大气污染物的指示植物。
6. 简述评价水质用的生物指数法的作用。
7. 如何利用生物各级水平的变化对环境质量进行监测？
8. 大气污染的生物监测方法有哪些？分类举例说明。
9. 水污染的生物监测方法有哪些？分类举例说明。
10. 如何进行水环境质量的生物学评价？
11. 为何用大肠菌群数作为水质粪便污染（通常是致病菌）的指示菌？

【习题解答】

一、名词解释

1. 环境质量:指环境素质的优劣程度,具体地说,指在一个具体的环境内,环境的总体或环境的基本要素对人群的生存和繁衍及社会经济发展的适宜程度、它反映了人类因具体要求而对环境的性质及数量进行的评定。

2. 环境质量基准:环境因素在一定条件下作用于特定对象（人或生物）而不产生不良或有

害效应的最大阈值,或者说环境质量基准是保障人类生存活动及维持生态平衡的基本水准。

3. 环境质量标准:指国家权力机构为保障人群健康和适宜生存条件,为保护生物资源、维持生态平衡,对环境中有害因素在限定的时空范围内容许阈值所做的强制性的法规。

4. 环境质量调查:指为了了解环境的质量状况而进行的一系列工作,调查的主要内容是环境背景值、自然环境状态、区域污染状况、人类干扰下环境的演变规律,以及环境因素的危害效应等。

5. 环境质量监测:指为了评价环境质量,人们研究并确定了一系列具有代表性的环境指标,对这些指标进行定期的或连续的监测、观察,并分析其变化。

6. 环境质量评价:指按照一定的标准,采用相应的方法对环境质量进行评定、比较及预测。

7. 生物监测:指利用生物个体、种群或群落对环境污染或变化所产生的反应阐明环境污染状况,从生物学角度为环境质量的监测和评价提供依据。

8. 指示生物:指环境中对某些物质(包括进入环境中的污染物)能产生各种反应或信息而被用来监测和评价环境质量的现状和变化的生物。

9. 大气污染的植物监测:指利用植物对大气污染的反应,监测有害气体的成分和含量以了解大气环境质量状况。

10. 大肠菌群系:指一群需氧及兼性厌氧的革兰氏阴性无芽孢杆菌,能在 37 ℃培养 24 h 内使乳糖发酵产酸产气者。

11. 浮游生物:指克服水流的能力很小或没有,随波逐流地生活于广阔水域的微型水生生物,包括浮游植物和浮游动物。

12. 生物指数法:指依据不利环境因素,通过用数学形式表现群落结构来指示环境质量状况(包括污染在内的水质变化对生物群落的生态学效应)的一种方法。

13. 多样性指数:指生物群落中种类与个体数的比值。

14. 生物标志物:指在亚个体和个体水平上既可以测定污染物暴露水平,也可以测定污染物效应的生理和生化指标。

二、单选题

1. D 2. A 3. B 4. B 5. D 6. B 7. D 8. C 9. A 10. C
11. B 12. B 13. A 14. B 15. D 16. B 17. A 18. B 19. C 20. A
21. A 22. C 23. D

三、填空题

1. 环境的质量状况

2. 环境指标

3. 生物学角度

4. 监测和评价环境质量

5. 对比性　重复性

6. 水　土壤　大气

7. 植物群落

8. 受到污染

9. 已被 SO_2 污染

10. 严重

11. 沉降平皿

12. 细菌　链球菌

13. 大肠菌群　100

14. 紫露草花粉母细胞

15. 粪便污染(通常是致病菌)

16. 发酵法　滤膜法

17. 自然水体

18. 细菌学监测　微型生物群落

19. 颤蚓类　浮游生物

20. 多污带　寡污带

21. 种类　个体数

四、判断题

1. ×　2. ×　3. √　4. √　5. ×　6. √　7. √　8. ×　9. √　10. √
11. ×　12. √　13. ×　14. ×　15. ×　16. √

五、简答题

1.答:生物监测指示生物的选择条件有如下几点。

(1)具有灵敏性,即对干扰作用反应敏感且健康。在绝大多数生物对某种异常干扰作用尚未做出反应的情况下,指示生物中的健康个体已出现了可见的损害或表现出某种特征,有着"预警"的功能。

(2)具有代表性。指示生物应是常见种,最好是群落中的优势种。

(3)具有小的差异性。指示生物应是对干扰物作用的反应个体间的差异小、重现性高的种类,方能保证监测结果的可靠性和重现性。

(4)具有多功能性,即尽量选择除监测功能外还兼有其他功能的生物,达到一举多得的目的。

2.答:(1)选择生物标志物的基本原则:①一般指示性;②相对敏感性;③生物特异性;④化学特异性;⑤反应的时间效应;⑥固有的变化性;⑦与高级生物学水平上效应的关系;⑧野外应用价值。

(2)生物监测和评价中生物标志物的作用:①生物标志物能监测污染物作用于生物机体的早期反应,在较早期阶段发现污染物的危害,起到"预警"系统的作用。②根据生物化学反应和生理作用在不同种之间具有相似性,以一个物种的生物标志物的监测结果预测污染物对另一个物种的影响更加准确和精确,可以应用低等物种来预测高等物种,甚至人类。③可以反映在特定环境中的生物体在生理上是否正常,这与人类医学上的临床生化测定法的应用相似,起环境诊断作用。④在修复受损生态系统时,通过对生物标志物的监测,可以知道修复技术是否有效和生态系统是否恢复到正常范围。

3.答:与理化测试相比,生物监测的优点:①能直接反映出环境质量对生态系统的影响;②能综合反映环境质量状况;③具有连续监测的功能,监测灵敏度高;④价格低廉,不需购置昂贵的精密仪器,不需进行烦琐的仪器保养及维修等工作;⑤可以在大面积或较长距离内密集布点,甚至在边远地区也能布点进行监测。

与理化测试相比,生物监测的不足之处:①反应不够迅速,无法精确监测污染物的含量,精度不高;②通常只是反映各监测点的相对污染或变化水平;③易受环境因素的影响,如季节和地理环境等。

生物监测与理化测试相互补充,能够帮助人们即时获取有关环境质量状况及其变化的综合信息,为环境控制管理提供依据。

4. 答:(1)大气污染物的指示植物的作用:能综合反映大气污染物对生态系统的影响强度,能较早发现大气污染物,监测出不同的大气污染物,反映一个地区的污染历史。

(2)大气污染指示植物应具备以下条件。

①对大气污染物反应敏感,受污染后的反应症状明显,且干扰症状少。

②生长期长,能不断萌发新叶。

③栽培管理和繁殖容易。

④尽可能具有一定的观赏或经济价值,以起到美化环境与监测环境质量的双重作用。

5. 答:比较常用的大气污染的指示植物有以下类型。

(1)二氧化硫污染指示植物:常用的有地衣、苔藓、紫花苜蓿、荞麦、金荞麦、芝麻、向日葵、大马蓼、土荆芥、藜、曼陀罗、落叶松、美洲五针松、马尾松、枫杨、加拿大白杨、杜仲、水杉、雪松(幼嫩叶)、胡萝卜、葱、菠菜、莴苣、南瓜等。

(2)氟化物污染指示植物:常用的有唐菖蒲、郁金香、金荞麦、杏、葡萄、小苍兰、金钱草、玉簪、梅、紫荆、雪松(幼嫩叶)、落叶松、美洲五针松、欧洲赤松等。

(3)臭氧污染指示植物:常用的有烟草、矮天牛、天牛花、马唐、燕麦、洋葱、萝卜、马铃薯、光叶榉、女贞、银槭、梓树、皂荚、丁香、葡萄、牡丹等。

(4)过氧乙酰硝酸酯污染指示植物:常用的有早熟禾、矮牵牛、繁缕、菜豆等。

(5)乙烯污染指示植物:常用的有芝麻、番茄、香石竹、棉花等。

(6)氯气污染指示植物:常用的有芝麻、荞麦、向日葵、大马蓼、藜、翠菊、万寿菊、鸡冠花、大白菜、萝卜、桃树、枫杨、雪松、复叶槭、落叶松、油松等。

(7)二氧化氮污染指示植物:常用的有悬铃木、向日葵、番茄、秋海棠、烟草等。

6. 答:评价水质用的生物指数法主要是依据不利环境因素,如各种污染物对生物群落结构的影响,通过数学形式表现群落结构来指示环境质量状况(包括污染在内的水质变化对生物群落的生态学效应),主要有以下6个方面。

(1)某些对污染有指示价值的生物种类,如对某种污染物敏感或有耐受性种类的出现或消失,导致群落结构的种类组成变化。

(2)群落中生物种类数在污染加重的条件下减少,在水质较好的情况下增加,但过于清洁的条件下会因缺乏食物而导致种类数的减少。

(3)组成群落的个别种群变化(如数量变化等)。

(4)群落中种类组成比例的变化。

(5)自养与异养程度上的变化。

(6)生产力的变化。

7. 答:(1)大分子水平上:生物对环境胁迫会产生复杂的生理生化反应(如基因表达失常,糖类、脂肪、蛋白质等大分子代谢紊乱,生物酶功能遭损害,出现一些特异的化合物),生物对一些环境污染物的特异反应是生物监测的依据。

(2)个体水平上:生物个体对环境胁迫的反应包括生长发育异常,形态变异、生殖功能低下甚至丧失,行为失常等。

(3)种群水平上:在严重的环境胁迫下,生物种群数量急剧减少,甚至灭绝,大量个体出现生理生化、繁殖及行为的异常,丧失适应性。

(4)生态系统水平上:某些对污染物有指示价值的生物种类的出现或消失;群落中生物种类数在污染加重的条件下减少,在水质较好的情况下增加,但过于清洁的条件下,由于食物缺乏也会导致种类数减少;组成群落的个别种群变化;群落中种类组成比例的变化;自养与异养程度上的变化;生产力的变化。

8. 答:大气污染的生物监测方法包括植物监测、动物监测和微生物监测。

(1)植物监测主要有以下方法:指示植物法,现场调查法,植物群落调查法,现场盆栽定点监测法,地衣、苔藓监测法,微核技术的应用,污染量指数法,大气污染的综合生态指标法。

(2)动物监测主要是利用动物个体的异常反应和利用动物种群数量的变化进行监测。

(3)微生物监测主要是检测大气污染的细菌总数,检测方法有沉降平皿法、吸收管法、撞击平皿法和滤膜法。

9. 答:水污染的生物监测方法主要包括水污染的细菌学监测法、水污染的浮游生物监测法、底栖大型无脊椎动物监测法和微型生物群落监测法。

(1)水污染的细菌学监测法:现行饮用水卫生标准监测指标有细菌总数和大肠菌群数。细菌总数是指 1 mL 水样接种于普通琼脂培养基中,在 37 ℃下培养 24 h,计数所生长的菌落数,可以反映水体有机污染的程度。大肠菌群是指一群需氧及兼性厌氧的革兰氏阴性无芽孢杆菌,能在 37 ℃培养 24 h 内使乳糖发酵产酸产气。

(2)水污染的浮游生物监测法:浮游生物是指克服水流的能力很小或没有,随波逐流地生活于广阔水域的微型水生生物,包括浮游植物、浮游动物。根据浮游生物的种类和数量评价水质。

(3)底栖大型无脊椎动物监测法:底栖大型无脊椎动物是指栖息在水底或附着在水中植物和石块上肉眼可见的,大小不能通过 0.595 mm(淡水)或 1.0 mm(海洋)孔眼的水生无脊椎动物。大型无脊椎动物对环境变化的反应可用来监测和评价城市、工业、石油、农业废物及其他土地利用对自然水体的影响。

(4)微型生物群落监测法:微型生物指生活在水中的微小生物,包括藻类、原生动物、轮虫、线虫、甲壳类等。常用的方法是聚氨酯泡沫塑料块法(PFU 法),PFU 挤出液可见到水体中大约 85% 原生动物种类,可以反映整个群落动态变化的全过程和基本趋势。

10. 答:(1)水生生物与它们生存的水环境是相互依存、相互影响的统一体。水体受到污染后,对生存于其中的生物产生影响,生物也对此做出不同的反应和变化,其反应和变化是水环境评价的良好指标,这是水环境质量生物学评价的基本依据和原理。

(2)水环境质量生物学评价较常用的方法:一般描述对比法、指示生物法、污水生物系统法、生物指数法、生产力法等。

11. 答:致病菌在水体中数量极少,检测技术复杂,不易直接检测。而大肠菌群在水中存在的数目与致病菌在一定范围内呈正相关,具有抵抗力略强、易于检查等特点,故作为水体受粪便污染的指标。

第五章 环境污染生物净化的原理

【章节内容】

第一节 环境污染净化概述

一、环境污染物的类型和来源

二、环境污染治理方法概述

三、环境污染的污染与净化指标

第二节 生物对污染净化原理

一、微生物对污染物的降解与转化

二、废水生物处理的原理

三、废水生物处理的类型

【本章习题】

一、名词解释

1. 共代谢作用　　　　2. 耗氧速率　　　　　3. 生物可降解性
4. 生物活性　　　　　5. 生物法　　　　　　6. 生物化学需氧量
7. 化学需氧量　　　　8. 总需氧量　　　　　9. 总有机碳
10. 总固体　　　　　 11. 悬浮固体　　　　 12. 溶解性固体
13. 碳化阶段　　　　 14. 硝化阶段　　　　 15. 挥发性固体
16. 非挥发性固体　　 17. 生物降解　　　　 18. 驯化
19. 水体自净作用　　 20. 活性污泥　　　　 21. 生物膜

二、单选题

1. 溶解氧指溶解于水中的（　　）态氧。
   A. 分子　　　　　　B. 液体　　　　　　C. 固体　　　　　　D. 离子
2. 生活污水的 BOD_5 约为 BOD_u 的（　　）。
   A. 50%　　　　　　B. 70%　　　　　　C. 90%　　　　　　D. 95%
3. 多数鱼类要求生活在溶解氧为（　　）以上的水中。
   A. 0.5 mg/L　　　　B. 5 mg/L　　　　　C. 50 mg/L　　　　D. 500 mg/L
4. 在能被微生物降解的有机污染物中,最难被降解的有机物是（　　）。
   A. 多糖类物质　　　B. 木质素　　　　　C. 蛋白质　　　　　D. 脂环烃类
5. 植物残体中最难分解的组分是（　　）。
   A. 纤维素　　　　　B. 淀粉　　　　　　C. 半纤维素　　　　D. 木质素
6. 关于推流式曝气池的描述错误的是（　　）。
   A. 前段供氧量不足,后段供氧量过剩
   B. 曝气池体积大,基建费用大

C. 不耐冲击负荷
D. 处理效果比完全混合式曝气池差,但投资少

7. 微生物对环境中的物质具有强大的降解与转化能力,主要因为微生物具有以下特点:①微生物个体微小,比表面积大,代谢速率快;②微生物种类繁多,分布广泛,代谢类型多样;③微生物具有多种降解酶;④微生物繁殖快,易变异,适应性强;⑤微生物具有巨大的降解能力;⑥(　　)。
　　A. 共转换代谢　　　　B. 共代谢作用　　　　C. 互交换过程　　　　D. 依存性

8. 在 BOD 测定条件下,一般有机物 20 天能够完成碳化阶段的氧化分解过程的(　　)。
　　A. 90%　　　　　　　B. 99%　　　　　　　C. 50%　　　　　　　D. 70%

9. COD 值越小,耗氧量越(　　),说明水质污染程度越(　　)。
　　A. 小　轻　　　　　B. 小　重　　　　　C. 大　轻　　　　　D. 大　重

10. 有机物底物初始浓度在一定范围内,随浓度增大,有机物降解反应速率(　　)。
　　A. 减慢　　　　　　　　　　　　　　　B. 加快
　　C. 不确定　　　　　　　　　　　　　　D. 底物浓度与反应速率没关系

11. 环己烷的微生物降解需要(　　)作为碳源与能源,才能把环己烷共氧化为环己醇。
　　A. 己烷　　　　　　　B. 戊烷　　　　　　C. 庚烷　　　　　　D. 辛烷

12. 属于生物难降解物质的是(　　)。
　　A. 单糖　　　　　　　B. 核酸　　　　　　C. 蛋白质　　　　　D. 农药

13. 下列不属于活性污泥和生物膜特点的是(　　)。
　　A. 具有较强的吸附能力　　　　　　　　B. 具有良好的沉淀性能
　　C. 具有很强的分解、氧化有机物的能力　D. 具有较短的食物链

14. 下列不是高效的活性污泥的特征的是(　　)。
　　A. 很强的吸附能力　　　　　　　　　　B. 很强的降解有机物的能力
　　C. 很强的过滤能力　　　　　　　　　　D. 良好的沉降性能

15. $BOD_5/COD_{Cr}>0.3$ 表明废水处理(　　)。
　　A. 生化性较好　　　　B. 可生化　　　　　C. 难生化　　　　　D. 不宜生化

16. 下列关于 BOD_5、$BODu$、COD_{Cr}、TOD 大小排列正确的是(　　)。
　　A. $BOD_5<BODu<COD_{Cr}<TOD$　　　　B. $TOD<COD_{Cr}<BODu<BOD_5$
　　C. $BOD_5<TOD<BODu<COD_{Cr}$　　　　D. $BOD_5<BODu<TOD<COD_{Cr}$

17. 构成活性污泥絮状体的主要成分微生物是(　　)。
　　A. 菌胶团细菌　　　　B. 丝状细菌　　　　C. 真菌　　　　　　D. 原生动物

18. 受有机污染物污染的河流中,根据有机物分解水平和溶解氧的变化可分成相应区段,其中溶解氧消耗殆尽,水体有机物进行缺氧分解的区段是(　　)。
　　A. 分解区　　　　　　B. 清洁区　　　　　C. 恢复区　　　　　D. 腐败区

三、填空题

1. BOD(生物化学需氧量),指在 20 ℃条件下,微生物好氧分解水样(废水或受污染的天然水)中有机物所消耗的_____。

2. 共代谢:微生物在利用_____(从中获得能量、碳源或其他任何营养)时,同时_____(并不能从中获得能量和营养)也伴随着发生氧化或其他反应(或微生物在可用作_____的基质生长时,会伴随着一种非生长基质的不完全转化)。

3. 生物降解：指由于_____的作用，污染物由大分子转化为小分子，实现_____或降解。其中微生物所起的降解作用最大，故也称微生物降解。

4. 生物可降解性：指通过_____的化学结构，使污染物的化学和物理学性能改变所达到的程度。

5. 水体自净作用：指天然水体受到污染后，在无人为处理条件下，_____，使之得到净化的过程。

6. 植物残体中最难生物降解的是_____，分解极其缓慢。

7. 评价低浓度有机废水生物可降解性时，可采用 BOD_5 与 COD 的比值来确定，当此比值_____时，说明其生化性较好。

8. 在废水生物除磷工艺中，最重要的菌类是_____和发酵产酸菌。

9. 烃类有机物中最难被生物降解的是_____类。

10. 在矿区由于化学氧化和细菌的联合作用会产生严重的_____污染。

11. 天然木质素分子的降解主要是靠_____完成，_____的生物降解是碳循环的限速步骤。

12. 活性污泥和生物膜的特点：具有很强的_____能力；具有很强的_____的能力；具有较长的_____；具有良好的_____性能及其处理水易与污泥分离等特点，最终达到净化废水的目的。

13. 硝化作用分两步进行：首先是氨氧化成亚硝酸，二是把亚硝酸氧化成硝酸。硝酸盐还原包括_____硝酸盐还原和_____硝酸盐还原。异化硝酸盐还原又分为_____性硝酸盐还原和_____性硝酸盐还原（反硝化作用），同化硝酸盐还原是硝酸盐被还原成_____和氨，氨被同化成_____的过程。

14. 生物体污染物降解过程的生理活动包括_____、_____、_____和_____5个方面。

15. 微生物对有机废气的处理包括_____、生物洗涤法和生物过滤等。

16. 根据水体自净的原理，污染物进入水体后，水中的溶解氧会呈现_____趋势。

17. 生物处理法按照微生物存在的形式分为_____和固定膜系统处理法。

18. 评价低浓度有机废水生物可降解性时，可采用 BOD_5 与 COD 的比值来确定，当此比值_____时，说明其可生化。

五、判断题

1. 植物和某些动物可以削减、净化环境中的污染物，减少污染物的浓度或使其完全无害化，从而使污染了的环境能够部分或完全地恢复到原始状态的过程。（　　）

2. 微生物对污染物的降解与转化是污染处理和净化的基础。（　　）

3. 净化生物是指能够把环境中的污染物吸入体内，并且能够在体内富集降解，从而减少环境中污染物含量的生物体。（　　）

4. BOD 和 COD 能够说明水的污染程度和净化程度。（　　）

5. 有机污染物生物可降解性评价方法有测生物氧化率、测呼吸线、测相对耗氧速率曲线等。（　　）

6. 在废水生物处理中，单独使用生物法。（　　）

六、简答题

1. 有机污染物的生物可降解性有哪些评价方法?
2. 生物膜法与活性污泥法相比,有哪些主要特征?
3. 微生物的哪些特点使其在环境污染处理过程中起着不可替代的作用?
4. 什么是水体自净?自净过程中主要发生了哪些变化?可根据哪些指标判断水体自净程度?
5. 水环境污染有哪些指标?为什么 BOD 和 COD 能说明水的污染程度和净化程度?
6. 请说明有机物结构与生物可降解性的相关性。
7. 生物法之所以能处理废水是基于生物的什么特点?
8. 废水的生物处理方法可分为哪几种类型?其分类依据是什么?
9. 微生物在污染治理、保护环境方面起着巨大作用,如何进一步发挥微生物在这方面的潜力?谈谈你的看法。
10. 为什么温度、pH、营养、氧气等环境因素能影响微生物对废水中有机物的降解与转化?
11. 何为共代谢?共代谢在有机物的生物降解中有何意义?
12. 请叙述 BOD 曲线所反映的污水生物处理中的生物学特征。
13. 如何确定并比较不同有机物的生物可降解性?其原理是什么?

【习题解答】

一、名词解释

1. 共代谢作用:指只有在初级能源物质存在时才能进行的有机物的生物降解过程。
2. 耗氧速率:单位生物量在单位时间内的耗氧量。
3. 生物可降解性:指通过微生物的生命活动来改变污染物的化学结构,使污染物的化学和物理学性能改变所能达到的程度。
4. 生物活性:指在各种生物治理过程中微生物的代谢活性。
5. 生物法:利用微生物的生命活动过程,对废水中的污染物进行转移和转化作用,从而使废水得到净化。
6. 生物化学需氧量:在 20 ℃条件下,微生物好氧分解水样中有机物所消耗的溶解氧量。
7. 化学需氧量:用强氧化剂在化学氧化被测废水所含有机物过程中所消耗的氧量。
8. 总需氧量:指水中的还原性物质,主要是有机物,在燃烧中变成稳定的氧化物所需要的氧量,结果以 O_2 的含量(mg/L)计。
9. 总有机碳:指水体中溶解性和悬浮性有机物含碳的总量。
10. 总固体:又称蒸发总残留物,是在 103~105 ℃,水样蒸发烘干至恒重时残留的物质。
11. 悬浮固体:指滤渣脱水烘干后的固体,通常指在水中不溶解而又存在于水中不能通过过滤器的物质。
12. 溶解性固体:又称总溶解固体,通常为水样经过滤后,滤液蒸干所得固体。
13. 碳化阶段:将有机物分解成 CO_2、H_2O、NH_3。碳化作用消耗的氧量称为碳化需氧量。
14. 硝化阶段:NH_3 被转化为亚硝酸盐和硝酸盐。硝化作用消耗的氧量称为硝化需氧量。
15. 挥发性固体:把水样中的固体物,经 550 ℃灼烧 1 h 气化挥发的有机物。

16. 非挥发性固体：灼烧后残剩的固体,它主要是由砂、石、无机盐等组成的灰分。

17. 生物降解：指由于生物的作用,把大分子污染物转化为小分子,实现污染物的分解或降解。其中微生物所起的降解作用最大,故也称微生物降解。

18. 驯化：一种定向选育微生物的方法与过程,通过人工措施使微生物逐步适应某特定条件,最后获得具有较高耐受力和代谢活性的菌株。

19. 水体自净作用：指天然水体受到污染后,在无人为处理条件下,借助水体自身的能力,使之得到净化的过程。

20. 活性污泥：由细菌、原生动物等微生物与悬浮物质、胶体物质混杂在一起形成的具有吸附分解有机物能力的絮状体。活性污泥是具有很强吸附分解有机物能力的、充满微生物的污泥。

21. 生物膜：附着在填料上呈薄膜状的活性污泥。

二、单选题

1.A 2.B 3.B 4.D 5.D 6.D 7.B 8.B 9.A 10.B
11.C 12.D 13.D 14.C 15.B 16.A 17.A 18.D

三、填空题

1. 溶解氧量

2. 生长基质 A 非生长基质 B 碳源和能源

3. 生物 污染物的分解

4. 微生物的生命活动来改变污染物

5. 借助水体自身的能力

6. 木质素

7. >0.45

8. 积磷菌（聚磷菌）

9. 脂环烃

10. 酸性矿水

11. 白腐菌 木质素

12. 吸附 分解、氧化有机物 食物链 沉降

13. 异化 同化 发酵 呼吸 亚硝酸盐 氨基酸

14. 物质的吸收与储存 光合作用 外围代谢途径 三羧酸循环 产甲烷作用

15. 生物吸收

16. 溶解氧浓度先降低,然后逐渐增加,最后恢复到正常水平

17. 悬浮生长系统处理法

18. >0.3

五、判断题

1.√ 2.√ 3.√ 4.√ 5.√ 6.×

六、简答题

1. 答:有机污染物的生物可降解性的常见评价方法有以下几种。

(1)测定生物氧化率:用活性污泥作为测定用微生物,单一的被测有机物作为底物,在瓦氏呼吸仪上检测其耗氧量与该底物完全氧化的理论需氧量之比,即为被测有机物的生物氧化率。

(2)测呼吸线:即测定底物的耗氧曲线,并把活性污泥微生物对底物的生化呼吸线与其内源呼吸线相比较,作为底物可生物降解性的评价。

(3)测定相对耗氧速率曲线:耗氧速率就是单位生物量在单位时间内的耗氧量。生物量可用活性污泥的重量、浓度或含氮量来表示。如果测定时生物量不变,改变底物浓度,便可测得某种有机物在不同浓度下的耗氧速率,把它们与内呼吸耗氧速率相比,就可得出相应浓度下的相对耗氧速率,据此可做出相对耗氧速率曲线。

(4)测 BOD_5 与 COD_{Cr} 之比: BOD_5 和 COD_{Cr} 都是代表废水受有机物污染的水质指标,其中 COD_{Cr} 的值可近似地代表废水中的全部有机物的耗氧量,而 BOD_5 值只是代表了废水在好氧条件下能被微生物氧化分解的这一小部分有机物的耗氧量。由此可见,同一废水的 BOD_5 总小于 COD_{Cr},且 BOD_5/COD_{Cr} 之值越小,废水中能被微生物所氧化分解的有机物占废水中全部有机物的比例越小,该废水的生物可降解性就越差。一般认为废水的 $BOD_5/COD_{Cr}>0.45$ 时,生化性较好。当 BOD_5/COD_{Cr} 在 $0.3\sim0.45$ 时,废水可生化;当 BOD_5/COD_{Cr} 在 $0.2\sim0.3$ 时,废水较难生化; $BOD_5/COD_{Cr}<0.2$ 时,一般情况下不宜采用生物法处理,可采用其他方法处理该废水。理论上水样的 BOD_5/COD_{Cr} 最大值为 0.58。

(5)测 COD_{30}:取一定量的待测废水,接种少量活性污泥,连续曝气,测起始 COD_{Cr} 和第 30 天的 COD_{Cr}(即 COD_{30}),据此可推测废水的可生化性,并可预测用生化法处理可能得到的最高 COD_{Cr} 去除率。

(6)培养法:通常采用生物处理的小模型,接种适量的活性污泥,对待测废水进行批式处理实验。测定进水、出水的 BOD_5、COD_{Cr} 等水质指标,观测活性污泥的增长,镜检活性污泥生物相。

2. 答:(1)生物膜微生物更加多样性:生物膜是固定生长的,具有形成稳定生态的条件,微型生物繁殖速度快。相比活性污泥,微生物种类多,还能出现活性污泥较少见的真菌、藻类、大型无脊椎动物等。

(2)生物量多,设备处理能力大:生物膜法普遍的特点就是膜含水率小,单位体积内生物量多于活性污泥的 $5\sim20$ 倍,处理能力较强。

(3)剩余污泥产量少:生物膜由好氧层和厌氧层组合而成。厌氧层中的厌氧菌能降解好氧过程合成的污泥,使剩余污泥量减少。

(4)工艺过程稳定:有机负荷和水力负荷波动的影响较小,即使遭到破坏,因为生物繁殖速度较快,恢复比较快。

(5)运行管理方便:生物膜法不需要污泥回流,因而不需要经常调整污泥量和污泥排出量,易于维护管理。生物膜法由于微生物固着生长,不会发生污泥膨胀现象。

3. 答:微生物在环境污染处理过程中起着不可替代的作用,原因如下。

(1)微生物个体微小,比表面积大,代谢速率快:微生物个体微小,其比表面积(单位体积的表面积)就大。显然,微生物的比表面积比其他生物都大。如此巨大的表面积与环境接触,成为巨大的营养物质吸收面、代谢废物排泄面和环境信息接受面,故而使微生物具有惊人的代谢速率。有人估计，一些好氧细菌的呼吸强度按重量比例计算，要比人类高几百倍。

(2)微生物种类繁多，分布广泛，代谢类型多样：微生物的营养类型、理化性状和生态习性多种多样，有生物存在的各种环境，甚至其他生物无法生存的极端环境中，都有微生物存在，它们的代谢活动对环境中形形色色物质的降解转化，起着至关重要的作用。

(3)微生物繁殖快，易变异，适应性强：巨大的比表面积，使微生物对生存条件的变化具有极强的敏感性。微生物繁殖快，数量多，可在短时间内产生大量变异的后代。对进入环境的"新"污染物，微生物可通过基因突变，改变原来的代谢类型而适应、降解之。

(4)微生物具有多种降解酶：微生物能合成各种降解酶，酶具有专一性，又有诱导性。微生物可灵活地改变其代谢与调控途径，同时产生不同类型的酶，以适应不同的环境，将环境中的污染物降解转化。

(5)微生物具有巨大的降解能力：微生物体内还有另一种调控系统——质粒。质粒是菌体内一种环状的DNA分子，是染色体之外的遗传物质。降解性质粒编码生物降解过程中的一些关键酶类，抗性质粒能使宿主细胞抗多种抗生素和有毒化学品，如农药和重金属等。在一般情况下，质粒的有无对宿主细胞的生存死亡和生长繁殖并无影响。但在含有毒物质的情况下，由于质粒能给宿主带来具有选择优势的基因产物，因而具有极其重要的意义。质粒能通过基因工程实现在不同物种的细胞间转移，获得质粒的细胞同时获得质粒所具有的性状。

(6)共代谢作用：指只有在初级能源物质存在时才能进行的有机物的生物降解过程。

4. 答：(1)水体自净指天然水体受到污染后，在无人为处理条件下，借助水体自身的能力，使之得到净化的过程。该过程中包括稀释、沉降等物理作用，氧化、还原、分解、凝聚等化学作用，还有更重要的生物作用，即生物对无机物和有机物的同化和异化作用。生物作用中最活跃的是细菌，捕食细菌的原生动物和微型动物起很大作用。

(2)水体自净过程中有三个变化。

变化一：有机污染物浓度由高降至低。

变化二：生物相发生一系列变化：异养菌↑→原生动物数量↑→藻类↑。

变化三：DO的变化：DO↓→DO↑→恢复原有水平。

(3)判断水体自净程度的指标有BOD、COD、TOD、TOC、固体物质、含氮化合物、pH、生物污染指数(细菌总数、大肠菌群数)。

5. 答：(1)水环境污染主要指标有臭味、水温、浑浊度、pH、电导率、溶解性固体、悬浮性固体、总氮、总有机碳、溶解氧、生化需氧量、化学需氧量、细菌总数、大肠菌群数等。

(2)BOD指生化需氧量，COD指化学需氧量，这两个指标是衡量水中污染物等杂质含量的指标。当水不洁净，有有机污染物时，这两个指标数值就大；如果数值小，则水的净化程度较高。

6. 答：在烃类化合物中，链烃的易降解性大于环烃，直链烃大于支链烃，不饱和烃大于饱和烃，支链烷基越多，越不易被降解。当主链上的C被S、N、O取代时，对生物氧化的阻抗上升。当C原子上的H被烷基或芳香基取代时，会生成生物氧化的阻抗物。官能团的性质和数量，对有机物的可生化性影响很大。有机物的相对分子质量对生物降解性的影响很大，相对分子质量小的比相对分子质量大的易降解。相反，卤代作用却使生物降解性降低，卤素取代基越多，抗性越强。官能团的位置也影响有机物的降解性，如有两个取代基的苯化物，间位异构体往往最能抵抗微生物的攻击，降解最慢。结构简单的比复杂的易降解，聚合物和复合物更难生物降解。

7. 答：(1)具有很强的吸附能力：废水与活性污泥一接触，首先发生的就是活性污泥对废水中污染物质的吸附作用。据研究，生活污水在 10～30 min 内，85%～90% 的 BOD 可由活性污泥的吸附作用而去除。而废水中的铁、铜、铅、镍、锌等金属离子，30%～90% 能被活性污泥通过吸附去除。

(2)具有很强的分解、氧化有机物的能力：被活性污泥吸附的大分子有机物，在微生物细胞分泌的胞外酶作用下，变成小分子有机物，然后透过细胞膜进入微生物细胞，这些被吸收的小分子有机物，再由胞内酶的作用，经过一系列生化途径而氧化为无机物并放出能量，这就是微生物的异化作用；与此同时，微生物又利用呼吸作用释放的能量，把氧化过程的一些中间产物转变为细胞物质，这就是微生物的同化作用。在此过程中，微生物不断地生长繁殖，有机物也不断地被氧化分解。当活性污泥对有机物的吸附达到饱和后，通过微生物对有机物的氧化分解，除去了活性污泥所吸附和吸收的大量有机物，使污泥又重新呈现活性，恢复了它的吸附能力。

(3)具有较长的食物链：在活性污泥和生物膜中，一般都能看到存在着"有机物→细菌→原生动物→微型后生动物"这样的食物链。要达到处理目标，原生动物等动物性营养的生物对细菌的捕食作用是必不可少的。

(4)具有良好的沉降性能：活性污泥因具有絮状结构而有良好的沉降性能，使处理水较易与污泥分离，最终达到净化废水的目的。

8. 答：废水的生物处理可以根据所利用的微生物种类、处理系统中微生物存在的状态、所采用的生化反应器形式的不同等而划分为不同的类型。

(1)按所利用的微生物种类分类：根据生物处理系统中起主要作用的微生物的呼吸类型，可把生物处理法分为好氧处理、厌氧处理和兼性处理。活性污泥法是好氧处理的典型代表，氧化塘、氧化沟一般也为好氧处理。污泥消化是厌氧处理的典型代表。各种生物滤膜则具有兼性的特点。因为在滤膜表层是好氧微生物在起作用，而滤膜底层则是厌氧微生物在活动。

(2)按处理系统中微生物存在的状态分类：可把生物处理法分为悬浮生长系统处理法和固定膜系统处理法。在悬浮生长系统里，微生物群体以悬浮状态存在于废水中，起着降解废水中有机物的作用。好氧的活性污泥法、厌氧的甲烷发酵法以及采用厌氧-好氧系统的活性污泥生物脱氮法，还有一般的光合细菌法等都属于悬浮生长系统处理法。在固定膜系统中，微生物群体附着于填料上生长繁殖，群体扩展、加厚，形成生物膜，废水通过时，其中的污染物因生物膜的作用而被降解。属于固定膜系统处理法的有生物滤池、塔式生物滤池、生物转盘等。生物接触氧化等则是悬浮生长系统处理法与固定膜系统处理法的结合。氧化塘则既不属于悬浮生长系统处理法，也不属于固定膜系统处理法，而是一种利用藻类-细菌互生作用的生态系统作为净化污水的方法。

(3)按采用的生化反应器形式分类：为进一步提高废水处理过程中生化反应的效率，在生物处理技术的发展过程中，人们设计开发了各种类型的生化反应器。按照生化反应器的类型分类，可以根据其形式、单元操作的模型，将其分为完全混合式生化反应器、间歇式反应器、完全推流式反应器、固定填充床反应器和流化床反应器等。

9. 答：(1)微生物在提高土壤肥力、改进作物特性、促进粮食增产等方面发挥较大的作用。

(2)微生物在未来能源的生产方面有巨大的潜力，如将纤维素转化成乙醇，生物质通过甲烷菌的厌氧发酵产生甲烷，提高石油的采收率等。

(3)微生物能把纤维素等转化为化工、轻工、纺织和制药等行业的工业原料，在资源的开发利用方面发挥作用。

(4) 微生物可在环境保护和污染环境的生物修复方面发挥重大的作用,如降解塑料制品等减少白色污染,通过微生物的降解、氧化等生化活性来净化生活污水、有毒工业废水和生活有机垃圾。

(5) 微生物与人口的数量和质量有密切关系,由微生物细胞或其成分、代谢产物等制成的生物制品,在防治人类和动物的传染病方面有巨大的作用。

10. 答:温度是酶反应动力学的重要支配因素,微生物生长速率以及化合物的溶解度等也受温度的直接影响,因而温度对控制污染物的降解与转化起着关键作用。

pH 会影响微生物的生长和繁殖,强酸和强碱会抑制大多数微生物的活性,因此 pH 对生物降解有很大的影响。通常微生物在 pH 4~9 范围内生长最佳。

营养可满足微生物生长的需求,营养供应不够,则污染物的降解和转化就会受到极大的限制。微生物生长除碳源外,还需要氮、磷、硫、镁等无机元素。有些微生物没有能力合成足够数量的氨基酸、嘌呤、嘧啶和维生素等特殊有机物以满足自身生长的需求,如果环境中这些营养成分中的某一种或几种供应不足,则污染物的降解与转化就会受到极大限制。

氧气可以影响微生物的呼吸作用,也就是影响其能量的获得,从而影响污染物的降解和转化。

11. 答:(1)共代谢:只有在初级能源物质存在时才能进行的有机物的生物降解过程。作用:对于难降解污染物的彻底分解起着重要作用,共代谢的作用以及利用不同底物的微生物的合作转化,最终使难降解性化合物的分解与再循环。

(2) 共代谢在有机物的生物降解中的意义:共代谢微生物不能通过非生长基质的转化作用获得能量、碳源或其他任何营养。微生物在利用生长基质 A 时,同时非生长基质 B 也伴随发生氧化或其他反应,这是由于 B 与 A 具有类似的化学结构,而微生物降解生长基质 A 的初始酶 E_1 的专一性不高,在将 A 降解为 C 的同时,将 B 转化为 D,但接着攻击降解产物的酶 E_2,则具有较高专一性,不会把 D 当作 C 继续转化。所以,在纯培养情况下,共代谢只是一种截止式转化,局部转化的产物会聚集起来。在混合培养和自然环境条件下,这种转化可以为其他微生物所进行的共代谢或其他生物对某种物质的降解铺平道路,其代谢产物可以继续降解。许多微生物都有共代谢能力。因此,如若微生物不能依靠某种污染物生长,并不一定意味着这种污染物就是难以生物降解与转化的。因为在有合适的底物和环境条件时,该污染物就可通过共代谢作用而被降解。一种酶或微生物的共代谢产物,也可以成为另一种酶或微生物的共代谢底物。微生物的共代谢作用对难降解污染物的彻底分解起着重要的作用。

12. 答:BOD 曲线的七个阶段(图 4-5-1)。

(1) 微生物增殖的迟缓期:耗氧量增加缓慢。迟缓期的出现,可能是因为细菌本来就处于迟缓期,或是由于细菌刚刚进入新的营养及环境条件有个适应的过程。在城市生活污水的 BOD 测定中,一般迟缓期都很短。工业废水或含单一污染物的废水迟缓期往往较长,但应尽量采取措施使其缩短。

(2) 细菌的对数生长期:异养细菌利用废水中的营养物质而迅速增殖,使耗氧量迅速增加。据计算,在这一阶段中异养细菌数可从 10^3 个/mL 增加到 10^7 个/mL。

(3) 耗氧平缓阶段:这是由于废水中养分为异养细菌所消耗,细菌生长因营养缺乏而速率减慢,数量减少,逐渐进入内源呼吸。

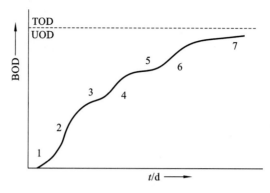

图 4-5-1　BOD 曲线

(4) 原生动物耗氧峰:这主要是由原生动物的活动引起的。异养细菌的大量繁殖为以细菌为食物的原生动物提供了充足的食料,使原生动物随细菌数量的增加而缓慢地增殖。因原生动物的世代时间较长,所以其生长高峰出现在异养细菌之后。据估计,在 BOD_5 中,原生动物的耗氧量约占 20%。

(5) 耗氧再次平缓阶段:随着原生动物的食料逐渐耗尽,原生动物也开始大量死亡,使耗氧曲线又平缓下来。

(6) 硝化细菌耗氧峰:这是自养细菌——硝化细菌对氨的氧化而耗氧的结果。自养细菌的世代时间一般都较长,据测定,一般硝化细菌的世代时间为 31 h。因此,由硝化作用引起的耗氧峰一般要在 5 天以后,即前 5 天所显示的耗氧量主要是异养微生物对含碳有机物氧化分解的结果。

(7) 所有的微生物继续减少,有机物最终转化为 CO_2 和 H_2O。

13. 答:生物可降解性是指通过微生物的生命活动来改变污染物的化学结构,使污染物的化学和物理学性能改变所达到的的程度。评价生物可降解性的方法:测定生物氧化率、测呼吸线、测定相对耗氧速率曲线、测 BOD_5 与 COD_{Cr} 之比、测 COD_{30}、培养法。

在烃类化合物中,一般是链烃比环烃易分解,直链烃比支链烃易分解,不饱和烃比饱和烃易分解。支链烷基越多越难降解。碳原子上的氢都被烷基或芳香基取代时,对生物氧化的阻抗就会增强;每个 C 原子上至少保持一个氢碳键的有机物,对生物氧化的阻抗较小。主链上的其他原子常比 C 原子的生物利用度低,其中 O 的影响最显著(如醚类化合物较难生物降解),其次是 S 和 N。

官能团的性质及数量,对有机物的可降解性影响很大。卤代作用使生物降解性降低,卤素取代基越多,抗生物降解性越强。卤代化合物的降解,重要条件是在代谢过程中,卤素作为卤化物离子而被除去。官能团的位置也影响化合物的降解性,如有两个取代基的苯化物,间位异构体往往最能抵抗微生物的攻击,降解最慢,尤其是间位取代的苯环,抗生物降解更明显。

化合物的相对分子质量对生物降解性的影响很大。由于微生物及其酶不能扩散到高分子化合物内部,袭击其中最敏感的化学键,其生物可降解性降低。

第六章 环境污染物的生物净化方法

【章节内容】

第一节　废水的好氧生物处理

一、活性污泥法

二、生物膜法

第二节　废水的厌氧生物处理

一、厌氧生物处理的原理及过程

二、厌氧生物处理的类型

三、厌氧处理运行过程的安全

四、高浓度有机废水厌氧处理与好氧处理的经济分析

第三节　特定微生物处理及组合工艺

一、光合细菌法

二、典型的生物处理组合工艺

第四节　废水的微生物脱氮除磷

一、微生物脱氮

二、微生物除磷

第五节　固体废弃物的微生物处理

一、堆肥

二、卫生填埋

三、厌氧发酵（消化）

第六节　大气污染物的微生物处理

一、煤炭微生物脱硫

二、微生物对无机废气的处理

三、微生物对有机废气的处理

【本章习题】

一、名词解释

1.污泥沉降比(SV)	2.污泥容积系数(SVI)	3.光合细菌
4.微生物吸收法	5.微生物洗涤法	6.微生物过滤法
7.厌氧生物处理	8.好氧生物处理	9.活性污泥法
10.序批式间歇反应器	11.混合液悬浮固体	12.混合液挥发性悬浮固体
13.污泥负荷	14.生物膜法	15.流化床生物处理技术
16.堆肥法	17.好氧堆肥法	18.厌氧堆肥法
19.大气污染物的微生物处理		

二、单选题

1. 下列对好氧堆肥法的微生物学过程描述正确的是（　　）。
   A. 温度变化为先从低到高,然后降低
   B. 初期由中温好氧的细菌和真菌分解木质素等难分解有机物
   C. 堆肥进入高温阶段,腐殖质逐渐积累减慢
   D. 温度升至 50 ℃以上进入腐熟阶段,可杀死病原微生物

2. 除磷过程中,关于发酵产酸菌和积磷菌的作用及其关系的描述错误的是（　　）。
   A. 积磷菌只能利用低级的脂肪酸,不能直接利用大分子有机基质
   B. 发酵产酸可将大分子物质降解为小分子
   C. 积磷菌体内储藏的聚磷的分解是在好氧条件下进行的
   D. 在除磷过程中这两类菌是互不可分、密切相关的

3. 在煤炭中,最多的硫化物是（　　）。
   A. 单质硫　　　　B. 二苯并噻吩(DBT)　　C. 硫酸盐　　　　D. 黄铁硫

4. 积磷菌在好氧条件下（　　）。
   A. 分解体内的聚磷产生磷酸盐而放磷
   B. 分解体内的聚磷产生磷酸盐而吸磷
   C. 分解体内聚 β-羟丁酸(PHB)产生乙酰 CoA 而放磷
   D. 分解体内聚 β-羟丁酸(PHB)产生乙酰 CoA 而吸磷

5. 既有生物膜,又有活性污泥的处理系统是（　　）。
   A. 生物吸附法　　B. 光合细菌法　　　C. 生物转盘　　　　D. 流化床

6. 当水中有机物浓度较高,BOD_5 超过（　　）时,就不宜用好氧处理,而应该采用厌氧处理。
   A. 500 mg/L　　B. 1500 mg/L　　　C. 3000 mg/L　　　D. 5000 mg/L

7. 当污染水体的 BOD_u 超过约（　　）时,就不宜用好氧处理,而应该采用厌氧处理。
   A. 100 mg/L　　B. 1100 mg/L　　　C. 2100 mg/L　　　D. 3100 mg/L

8. 下列不属于活性污泥和生物膜特点的是（　　）。
   A. 具有较强的吸附能力　　　　　　B. 具有良好的沉淀性能
   C. 具有很强的分解、氧化有机物的能力　　D. 具有较短的食物链

9. 单位 kg(BOD)/kg(MLSS)·d 所表示的活性污泥工作参数是（　　）。
   A. 混合液悬浮固体　　B. 污泥沉降　　　C. 污泥容积系数　　　D. 污泥负荷

10. 在厌氧处理过程中,甲烷消化阶段基本上控制着厌氧消化的整个过程,甲烷菌要求的 pH 应严格控制在（　　）之间。
    A. 5.0±0.5　　B. 6.0±0.2　　　C. 8.0±0.5　　　D. 7.0±0.2

11. 甲烷菌能直接利用的物质是（　　）。
    A. 氨基酸　　　B. 脂肪酸　　　C. 单糖　　　D. 乙酸

12. 厌氧生物处理的过程(三个阶段)依次是（　　）。
    A. 水解阶段——酸化阶段——甲烷化阶段　　B. 酸化阶段——水解阶段——甲烷化阶段
    C. 甲烷化阶段——酸化阶段——水解阶段　　D. 水解阶段——甲烷化阶段——酸化阶段

13. 厌氧反应器内的甲烷菌代谢活动所需的最佳 pH 范围为（　　）。
    A. 5.7~6.5　　B. 6.7~7.2　　　C. 7.7~8.5　　　D. 5.7~8.5

14. 厌氧处理中的 BOD∶N∶P 应该是(　　)。
   A. 200∶5∶1　　　　B. 100∶5∶1　　　　C. 200∶10∶1　　　　D. 200∶5∶2
15. 下列关于煤炭微生物脱硫技术的描述不正确的是(　　)。
   A. 黄铁矿中的硫经微生物作用,最终以 H_2SO_4 形式脱出
   B. 二苯并噻吩中的硫可经自养型细菌作用后而脱出
   C. 目前微生物脱硫方法大体分细菌浸出法和表面改性法
   D. 煤炭燃烧前微生物脱硫比燃烧后脱硫耗费少、投资少
16. 填埋法使用的填埋坑内,微生物利用硝酸根和硫酸根作为氧源,产生硫化物、氮气和二氧化碳,硫酸盐还原菌和反硝化细菌的繁殖速度大于产甲烷菌,此阶段为(　　)。
   A. 好氧分解阶段　　　　　　　　　　B. 厌氧分解产甲烷阶段
   C. 厌氧分解不产甲烷阶段　　　　　　D. 稳定产气阶段
17. 厌氧生物处理法利用兼性厌氧菌和专性厌氧菌来降解有机物,大分子的有机物首先被水解成低分子化合物,然后被转化成甲烷和(　　)等。
   A. SO_2　　　　　B. NO_2　　　　　C. O_2　　　　　D. CO_2
18. 甲烷菌是(　　)。
   A. 真菌　　　　　B. 兼性厌氧菌　　　　C. 好氧细菌　　　　D. 专性厌氧细菌
19. 下列不是高效的活性污泥的特征的是(　　)。
   A. 很强的吸附能力　　　　　　　　　　B. 很强的降解有机物的能力
   C. 很强的过滤能力　　　　　　　　　　D. 良好的沉降性能
20. 下列不是生物膜法的特点的是(　　)。
   A. 抗水质变化冲击能力较强　　　　　　B. 生物相多样化
   C. 可以承受较高的有机负荷　　　　　　D. 污泥膨胀现象
21. 下列不是生物脱氮原理的是(　　)。
   A. 氮化作用　　　　B. 氨化作用　　　　C. 硝化作用　　　　D. 反硝化作用
22. (　　)不是影响生物淋滤过程中重金属去除效率的抑制因子。
   A. 重金属阳离子　　B. 阴离子　　　　C. 水溶性有机物　　D. 水溶性无机物
23. 好氧堆肥中,最适宜的堆肥温度为(　　)℃。
   A. 35~40　　　　　B. 40~45　　　　　C. 55~50　　　　　D. 55~60
24. 下列废水处理方法具有脱氮除磷功能的是(　　)。
   A. 普通活性污泥法　B. AAO 法　　　　C. 推流式活性污泥法　D. 生物膜法
25. 下列废水处理方法不具有脱氮功能的是(　　)。
   A. 普通活性污泥法　B. A/O 法　　　　C. 生物膜法　　　　D. 氧化沟
26. 污泥容积系数(SVI)大于多少表明污泥膨胀?(　　)
   A. 300　　　　　　B. 200　　　　　　C. 150　　　　　　D. 50

三、填空题

1. 活性污泥:由细菌、原生动物等微生物与悬浮物质、胶体物质混杂在一起形成的具有_____。
2. 活性污泥法:利用悬浮生长的_____处理有机废水的一类_____方法。
3. 生物膜法:一种处理污水的好氧生物方法,特点是微生物附着在作为介质的滤料表面,

生长成为一层由_____。污水与之接触后,其中的溶解性有机污染物被生物膜吸附,进而被微生物氧化分解,污水得以净化。生物膜法通常_____,微生物所需氧气直接来自大气。

4. 在废水生物脱氮工艺中,一般包括_____、_____和_____三个阶段。

5. 在废水生物脱氮过程中,当废水的 BOD_5 与总氮的比值_____时,需另加外碳源。

6. 厌氧生物处理是利用_____菌和_____菌来降解有机物的,大分子有机物首先被水解成低分子化合物,然后被转化成_____和二氧化碳等。

7. 根据厌氧消化的原理,在厌氧生物处理过程分 3 个阶段:①_____阶段;②_____阶段;③甲烷化阶段。

8. 堆肥法是利用自然界广泛分布的细菌、_____菌和_____等微生物,人为地促进可生物降解的有机物向稳定的_____生化转化的微生物学过程,其产物为_____。

9. 污泥沉降比(SV)指一定量的混合液静置_____min 以后,沉降的污泥_____之比,以百分数表示。

10. 当水中有机物浓度较高,BOD_5 超过_____mg/L 时,就不宜用好氧处理,而应该采用厌氧处理。

11. 评价活性污泥的指标为_____、_____、_____、_____和_____。

12. 厌氧处理过程中控制条件的常用工艺参数有_____、_____、_____、_____和_____。

13. 厌氧生物处理的影响因素有_____、_____、_____、_____、_____和_____。

14. 土地处理基本原理包括_____、_____、_____和_____。

15. 好氧堆肥的微生物学过程可大致分为_____、_____和_____。

16. 用于乙醇发酵生产的有机废弃物种类有_____、_____、_____和_____。

17. 生化反应速度的内部影响因素主要是_____和_____,而外界影响因素包括_____、_____、_____等条件。

18. 活性污泥处理系统的工艺设计具体可以分成_____、_____、_____和_____四部分。

19. 厌氧反应器内的微生物包括_____和甲烷菌。

20. 好氧生物处理的 BOD∶N∶P 为_____。

21. 在废水生物除磷工艺中,最重要的菌类是_____和发酵产酸菌。

22. 硝化作用分两步进行:首先是_____氧化成亚硝酸,二是把亚硝酸氧化成_____。

23. 生物脱氮分为两个步骤:_____和_____。

四、判断题

1. 污泥膨胀分为非丝状菌污泥膨胀和丝状菌污泥膨胀。( )
2. 积磷菌在好氧条件大量释放磷,在厌氧条件下大量吸收磷。( )
3. 生物膜法具有微生物多样性高、脱氮能力较强等特点。( )
4. 一般城市生活废水的 MLVSS 与 MLSS 之比在 0.5 左右。( )
5. 生物膜法不具有脱氮的能力。( )

6. 经过厌氧生物处理后的有机废水能够直接排放。（ ）

7. 净化生物是指能够把环境中的污染物吸入体内，并且能够在体内富集降解，从而减少环境中污染物含量的生物体。（ ）

8. 污泥沉降比(SV)指一定量的混合液静置 60 min 以后，沉降的污泥体积与原混合液体积之比，以百分数表示。（ ）

9. 在废水生物脱氮过程中，当废水的 BOD_5 与总氮的比值>3∶1 时，需另加外碳源。（ ）

10. 积磷菌在好氧条件大量释放磷，在厌氧条件下大量吸收磷。（ ）

11. 甲烷菌是专性厌氧细菌。（ ）

12. 活性污泥和生物膜具有较短的食物链。（ ）

五、简答题

1. 厌氧发酵的生化过程分为哪三个阶段？
2. 废水中的氮一般以什么形式存在？简述 A/O 工艺生物脱氮的过程。
3. 阐述好氧堆肥的腐熟过程和影响这一过程的因素。
4. 什么叫活性污泥法？活性污泥中有哪些微生物？其作用分别是什么？绘出标准活性污泥法的基本流程。
5. 厌氧生物处理废水的原理是什么？简述厌氧发酵的生化过程。
6. 好氧生物处理与厌氧生物处理有哪些主要区别？
7. 生物吸附法的工艺特点。
8. 活性污泥形成机制。
9. 造成污泥膨胀的原因及其控制。
10. 生物膜的形成和更新过程。
11. 水体氮素污染的危害。
12. 生物除磷的生物学机制和影响因素。
13. 固体有机废弃物生物处理的方法有哪些？
14. 什么是有机废弃物微生物饲料化？
15. 微生物淋滤的基本原理和机制。
16. 微生物对重金属的抗性机制。
17. 试论述活性污泥法的运行方式。
18. 试论述有机污水的水质指标。
19. 活性污泥法中各种参数是如何表征微生物的工作状态的？
20. 与活性污泥法相比，生物膜法的优点主要有哪些？
21. 微生物是如何脱氮除磷的？与去除 BOD 或 COD 相比，具有哪些特征？
22. 请说明微生物是如何处理气体污染物的。

【习题解答】

一、名词解释

1. 污泥沉降比(SV)：指一定量的混合液静置 30 min 后，沉降的污泥体积与原混合液体积之比,以百分数来表示。其反映了曝气池正常运行的污泥量,可用来控制剩余污泥的排放量,同时也能反映污泥膨胀等异常现象,以便及时采取措施。

2. 污泥溶剂系数(SVI):又称污泥指数,指曝气池中混合液经 30 min 静置沉降后体积与污泥干重之比。其反映了活性污泥的凝聚性和沉降性,一般控制在 50～150 之间,若其大于 200,则表示污泥已膨胀。

3. 光合细菌:一大类能进行光合作用的原核生物的总称。

4. 微生物吸收法:利用微生物、营养物和水组成的吸收液处理废气,适合处理可溶性的气态污染物。

5. 微生物洗涤法:利用污水厂剩余污泥配制混合液作为吸收剂处理废气,对脱除复合型臭气效果较好。

6. 微生物过滤法:利用含有微生物的固体颗粒吸收废气中的污染物。

7. 厌氧生物处理:在厌氧条件下,形成了厌氧微生物所需要的营养条件和环境条件,利用这类微生物分解废水中的有机物并产生甲烷和二氧化碳的过程,又称厌氧发酵。

8. 好氧生物处理:在有氧条件下,有机污染物作为好氧微生物的营养基质而被氧化分解,使污染物的浓度下降。

9. 活性污泥法:利用悬浮生长的微生物絮体处理有机废水的一类好氧生物(细菌、真菌、原生动物和后生动物)处理方法。

10. 序批式间歇反应器:通过程序化自动控制充水、反应、沉淀、排水排泥和静置五个阶段,实现对废水的生化处理。

11. 混合液悬浮固体:1 L 曝气池混合液中所含悬浮固体的重量(单位 g/L),一般为 2～4 g/L。

12. 混合液挥发性悬浮固体:1 L 曝气池混合液中所含挥发性悬浮固体的重量,单位 g/L。

13. 污泥负荷:单位时间内单位重量的活性污泥能处理的有机物的数量,用 kg(BOD)/kg(MLSS)·d 表示,又称有机负荷率,F/M 值一般在 0.3～0.6 之间。

14. 生物膜法:利用微生物在固体表面的附着生长对废水进行生物处理的技术方法。

15. 流化床生物处理技术:使废水通过运动态并附着生长有生物膜的颗粒床,废水中的基质在床内同均匀分散的生物膜相接触而获得降解去除,故在流化床中既有生物膜,又有活性污泥。

16. 堆肥法:指依靠自然界广泛分布的细菌、放线菌、真菌等微生物有控制地促进可被生物降解的有机物向稳定的腐殖质转化的生物化学过程。

17. 好氧堆肥法:指在有氧的条件下,通过好氧微生物的作用使有机废弃物达到稳定化,转变为有利于作物吸收生长的有机物的方法。

18. 厌氧堆肥法:指在不通气的条件下,将有机废弃物进行厌氧发酵,制成有机肥料,使固体废弃物无害化的过程。

19. 大气污染物的微生物处理:指利用微生物的生物化学作用,使大气污染物分解,转化为无害或少害物质。

二、单选题

1. A　2. C　3. D　4. D　5. D　6. B　7. C　8. D　9. D　10. D
11. D　12. A　13. B　14. A　15. B　16. C　17. D　18. D　19. C　20. D
21. A　22. D　23. D　24. B　25. A　26. B

三、填空题

1. 吸附、摄取和分解有机物能力的微生物絮体
2. 微生物絮体　好氧生物处理
3. 微生物构成的膜　无须曝气
4. 去碳　硝化　反硝化
5. <3∶1
6. 兼性厌氧　专性厌氧　甲烷
7. 水解　酸性
8. 放线　真菌　腐殖质　堆肥
9. 30　体积与原混合液体积
10. 1500
11. 混合液悬浮固体　混合液挥发性悬浮固体　污泥沉降比　污泥容积指数　污泥密度指数　污泥负荷　污泥龄
12. 进料浓度　沼气池有机负荷率　池容产气率　原料产气率　水力滞留期　有机物去除率
13. 接种物　污泥浓度　温度　pH　抑制物质　原料的碳氮比　其他营养物质　氧化还原电位　搅拌　压力
14. BOD 的去除　氮、磷的去除　废水悬浮物的去除　污水中重金属的去除　病原微生物的去除
15. 产热阶段　高温阶段　腐熟阶段
16. 某些有机废液　农业有机废物　林木加工业废物　工厂纤维素和半纤维素废物　城市废纤维垃圾
17. 底物类型　微生物种类　温度　溶解氧浓度　污泥负荷
18. 曝气池设计　沉淀池设计　充氧系统设计　污泥回流系统设计
19. 不产甲烷菌
20. 100∶5∶1
21. 积磷菌（或聚磷菌）
22. 氨氮　硝酸盐
23. 硝化作用　反硝化作用

四、判断题

1. √　2. ×　3. √　4. ×　5. ×　6. ×　7. √　8. ×　9. ×　10. ×　11. √　12. ×

五、简答题

1. 答：厌氧发酵的生化过程可分为如下三个阶段。

（1）水解阶段：由水解和发酵性细菌群将附着的复杂有机物分解为脂肪酸、醇类、二氧化碳、氨和氢等，主要是由厌氧有机物分解菌分泌的胞外酶发挥作用。

(2) 酸化阶段：由产氢和产乙酸细菌群将水解阶段的脂肪酸等产物进一步转化为乙酸和氢，利用乙酸细菌和某些芽孢杆菌等产酸细菌，降解较高级的脂肪酸生成乙酸和氢，还可降解芳香族酸。因此，该阶段又称产氢产酸阶段。

(3) 产甲烷阶段：由产甲烷菌利用二氧化碳和氢或一氧化碳和氢合成甲烷，或由产甲烷菌利用甲酸、乙酸、甲醇及甲基胺裂解生成甲烷。

上述三个阶段实际上是一个连续的过程，相互依存。发酵初期以第一阶段和第二阶段为主，兼有第三阶段反应。发酵后期，三个阶段的反应同时发生，在一定的动态平衡下，才能够持续正常地产气。

2. 答：(1) 废水中的氮一般以有机氮、氨氮、亚硝酸盐氮和硝酸盐氮4种形态存在。

(2) A/O工艺生物脱氮的过程：A/O工艺，即缺氧段/好氧段，是将前段缺氧段和后段好氧段串联在一起，A段DO不大于0.2 mg/L，O段DO为2～4 mg/L。

① 在缺氧段，异养菌将污水中的淀粉、纤维等悬浮污染物和可溶性有机物水解为有机酸，使大分子有机物分解为小分子有机物，不溶性有机物转化成可溶性有机物。当这些经缺氧水解的产物进入好氧池进行好氧处理时，可提高污水的可生化性及氧的利用率。

② 在缺氧段，异养菌将蛋白质、脂肪等污染物进行氨化（有机链上的N或氨基酸中的氨基）游离出氨(NH_3、NH_4^+)。

③ 在充足供氧条件下，自养菌的硝化作用将氨氧化为NO_3^-；NO_3^-通过回流控制返回至A池，在缺氧条件下，异氧菌的反硝化作用将NO_3^-还原为分子态氮(N_2)，完成C、N、O在生态中的循环，实现污水无害化处理。

A/O工艺生物脱氮法是一种较为完善的工艺流程，是目前在生物脱氮中广泛采用的工艺。

3. 答：(1) 好氧堆肥的腐熟过程：主要是在有氧条件下，在多种微生物的作用下，部分有机质被矿质化和腐殖化的过程，一般要经过产热、高温和腐熟三个阶段，各阶段变化过程如下。

① 产热阶段：堆制初期，主要由中温好氧的细菌和真菌利用堆肥中容易分解的有机物，如淀粉、糖类等迅速增殖，释放出热量，使堆肥温度不断升高。

② 高温阶段：堆肥温度上升到50 ℃以上，进入高温阶段。这一阶段堆内微生物种类出现明显变换，中温微生物随着温度升高逐渐被高温微生物代替。堆肥材料中被分解的有机物除残留的和新形成的易分解的有机质外，还有复杂有机物，如纤维素、半纤维素、蛋白质等，同时开始腐殖质的合成过程，并杀虫灭菌，消灭草籽。高温阶段(50～60 ℃)不得少于3天，但须防止堆内温度超过65 ℃，以免有机物分解太快，氮素损失过多。温度过高时，可采取加水、压紧或堵死通气孔的方法。

③ 腐熟阶段：当高温持续一段时间后，易分解或较易分解的有机物（包括纤维素等）已大部分分解，剩下的是木质素等较难分解的有机物以及新形成的腐殖质。这时，高温微生物活动减弱，产热量减少，温度逐渐下降，中温微生物又渐渐成为优势菌群，残余物质进一步被分解，腐殖质继续不断地积累。

综上，堆肥的腐熟过程是多种微生物交替活动的过程。

(2) 影响好氧堆肥的因素如下。

① 有机质含量：有机质含量低的物质发酵过程所产生的热量不足以维持堆肥所需的温度，产生的堆肥由于肥效低而影响销量，但有机物含量过高又不利于通风供氧，从而发臭。堆肥中合适的有机物含量为20%～80%。

② 碳氮比：碳氮比与堆肥温度有关，碳氮比小，温度上升快，但堆层达到的最高温度低；碳

氮比大,堆层达到的最高温度反而高,但温度上升慢。

③含水量:堆肥中的含水量过高,不利于升温和通风;含水量过低,不能满足微生物生长所需,有机物也就不能被分解。

④温度:堆肥得以顺利进行的重要因素,一般认为高温微生物对有机物的降解效率高于中温微生物,现在的快速、高温好氧堆肥正是利用了这一点。过低的堆温将大大延长堆肥达到腐熟的时间,而过高的堆温(>70 ℃)将对堆肥微生物产生有害的影响。

⑤氮磷比:磷是微生物生长的重要元素,一般要求堆肥原料的氮磷比为75～150。

⑥pH:在一般情况下,堆肥有足够的缓冲作用,能够使pH稳定在可以保证好氧分解的水平。

4.答:(1)活性污泥法是利用悬浮生长的微生物絮体处理有机废水的一类好氧生物处理方法。

(2)活性污泥法中的微生物絮体就是活性污泥,活性污泥中几乎包括了微生物各大类群,如细菌、真菌、藻类、原生动物和微型后生动物等,其中细菌和原生动物是活性污泥中的主要生物,对污水的净化具有重要作用。

①细菌:活性污泥中细菌数量最多,从功能上可以分为两大类群,即絮凝性细菌和非絮凝性细菌。絮凝性细菌能分泌黏性物质,对活性污泥菌胶团的形成具有重要的作用,有很强的吸附、氧化有机物的能力,同时关系到污泥的沉降和污泥在二沉池中能否有效地进行泥水分离。此外,菌胶团为原生动物和微型后生动物提供附着场所以及良好的生存环境,也能通过菌胶团的颜色、透明度、数量、颗粒大小及结构的松紧程度衡量好氧活性污泥的性能,具有指示作用。丝状细菌作为活性污泥中的重要组成成分,具有很强的氧化分解有机物的能力,起一定的净化作用,但当丝状细菌数量超过菌胶团的细菌时,丝状细菌会使污泥絮凝体沉降性能变差,严重时会引起活性污泥膨胀,造成出水水质下降。

②原生动物:活性污泥中常见的原生动物有动物性鞭毛虫、肉足虫和纤毛虫等,其中数量最多的是纤毛虫。它们在活性污泥法中的作用有两个,一是促进絮凝作用,二是对污泥絮凝体和细菌的捕食,使出水变得清澈。同时,因为原生动物的种属变化是随运行条件的变化而变化的,所以原生动物还可作为处理系统运转管理的一个良好指标。

(3)标准活性污泥法的基本流程(图4-6-1):污水经物化预处理后与二沉池回流污泥同时进入曝气池,通过曝气、搅拌作用,使污泥呈悬浮态并和污水完全混合,污水中的悬浮固体和可溶性有机物被活性污泥吸附并降解或同化,最终转化为二氧化碳和剩余污泥,污水因而得到净化。净化后的污水和活性污泥在二沉池中分离后,上清液溢流排放,一部分活性污泥回流到曝气池以保持曝气池中一定的污泥浓度,另一部分则作为剩余污泥排放。

5.答:(1)厌氧生物处理废水的原理:在厌氧条件下,形成了厌氧微生物所需要的环境条件和营养条件,利用其分解废水中的有机物并产生甲烷和二氧化碳。厌氧生物处理废水是一个复杂的微生物代谢过程。厌氧微生物包括厌氧有机物分解菌(或称不产甲烷的厌氧微生物)和甲烷菌。在一个厌氧发酵设备内,多种微生物形成一个与该环境条件、营养条件相适应的群体,通过群体微生物的生命活动完成对有机物的厌氧代谢,达到生产甲烷、净化废水的目的。

(2)厌氧发酵的生化过程分为如下3个阶段。

①水解阶段:由水解和发酵性细菌群将附着的复杂有机物分解为脂肪酸、醇类、二氧化碳、氨和氢等,主要是由厌氧有机物分解菌分泌的胞外酶水解有机污染物。这类细菌的种类和数量随有机物种类而变化。按所分解的物质可分为纤维素分解菌、脂肪分解菌和蛋白质分解菌

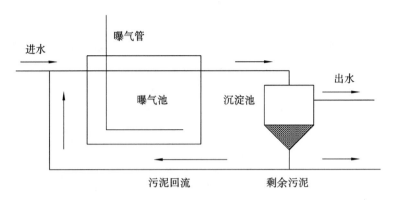

图 4-6-1 标准活性污泥法的基本流程

等。在它们的作用下,多糖水解成单糖,蛋白质分解成多肽和氨基酸,脂肪分解成甘油和脂肪酸。

②酸化阶段:由产氢和产乙酸细菌群将第一阶段的脂肪酸等产物进一步转化为乙酸和氢,利用乙酸细菌和某些芽孢杆菌等产酸细菌,降解较高级的脂肪酸如长链脂肪酸中的硬脂酸生成乙酸和氢,还可降解芳香族酸,如苯基醋酸和吲哚醋酸,以产生乙酸和氢。

③甲烷化阶段:由产甲烷菌利用二氧化碳和氢或一氧化碳和氢合成甲烷,或由产甲烷菌利用甲酸、乙酸、甲醇及甲基胺裂解生成甲烷。

6. 答:好氧生物处理与厌氧生物处理的主要区别如下。

(1)起作用的微生物群不同:好氧生物处理是由一大群好氧菌和兼性厌氧菌起作用的;而厌氧生物处理中起作用的微生物按阶段分为两类,一类是厌氧有机物分解菌,又称不产甲烷菌,这类微生物中有厌氧菌和兼性厌氧菌,另一类是甲烷菌。

(2)产物不同:好氧生物处理中,有机物最后转化成 CO_2、H_2O、NH_3 等,且基本无害;厌氧生物处理中,有机物先被转化成数量众多的中间有机物,如有机酸、醇、醛等,其中有机酸、醇等有机物又被转化分解,由于能量的限制,其产物受到较少的氧化作用。

(3)反应速率不同:好氧生物处理由于有氧作为氢受体,有机物转化速率快,可用较小的设备处理较多废水;厌氧生物处理速率慢,需要时间长,设备有限时仅能处理较少量废水或污泥。

(4)对环境要求条件不同:好氧生物处理要求充分供氧,对环境条件要求不太严格;厌氧生物处理要求绝对厌氧的环境,对环境条件(如 pH、温度)要求甚严。

(5)氢受体不同:好氧生物以分子态氧为氢受体,厌氧生物以化合态盐、碳、硫、氮为氢受体。

7. 答:生物吸附法又称吸附再生法或接触稳定法,其运行特点是将活性污泥对有机物的降解的两个过程(吸附和代谢降解)分别在各自的反应器(吸附池和再生池)内进行。这种方法可以充分提高活性污泥的浓度,降低有机营养物和微生物含量之比,是利用活性污泥的物理作用(吸附作用)进行污水处理的方法。其工艺的特点如下。

(1)剩余污泥直接排放,不需要再生,可以节省运行费用。

(2)污泥回流比高达 50%~100%,曝气池中污泥浓度高,对负荷波动具有较强的适应能力。

(3)污水吸附时间较短,所以吸附池池容较小,节省基建费用。

(4)适合处理悬浮物固体和胶体物质含量较高的污水,而不适合处理以溶解性有机物为主的有机污水。

8.答:活性污泥形成机制有如下 3 种说法。

(1)细菌聚合物学说:Buswell 和 Mckinny 等人认为细菌表面存在与荚膜相似的黏液,这种黏液使细菌相粘连形成菌胶团。Mitch 等认为在一定条件下细菌能分泌多糖、多肽等胞外聚合物使细菌凝聚。

(2)聚 β-羟基丁酸酯(PHB)学说:Crobirec 认为絮凝体形成与 PHB 积累有关。

(3)含能学说:这种观点认为不存在特定的絮凝性细菌,如果细胞营养不足,能量含量下降,细菌运动性减弱,任何细菌都能形成絮凝体。

9.答:(1)造成污泥膨胀的原因如下。

①污水水质:糖类含量高的污水易发生污泥膨胀,含蛋白质或氨基酸等有机氮的污水则不易发生污泥膨胀;含有大量可溶性有机物的污水易发生污泥膨胀,以不溶性有机物为主的污水则不易发生污泥膨胀;活性污泥法处理陈腐污水易发生膨胀,而处理新鲜污水不易发生膨胀;厌氧处理后,将处理后的上清液直接用活性污泥法处理,易导致污泥膨胀。

②有机负荷:当基质浓度过高或过低时,都有利于丝状菌生长而不利于非丝状菌生长,丝状菌的大量繁殖会使污泥絮凝体沉降性能变差,易导致污泥膨胀。

③营养配比:当 C/N 比或 C/P 比例过高时,N、P 相对含量不足,这时菌胶团中的丝状菌相比非丝状菌具有更大的比表面积,在对 N、P 争夺的过程中占优势,增殖迅速而成为优势菌,从而导致了污泥膨胀。

④溶解氧:丝状菌比非丝状菌更能适应低溶解氧环境,一般当溶解氧小于 1.0 mg/L 时,易发生污泥膨胀。

⑤温度:一般丝状菌的最适生长温度偏高,所以在夏季(温度高,水体中溶解氧低)易发生丝状菌污泥膨胀。而在冬天,温度低,微生物代谢活动减弱,增殖缓慢,被摄取的营养物有一大部分用来合成胞外黏性物质,如多糖等,所以易发生非丝状菌污泥膨胀。

⑥pH:活性污泥的适宜 pH 为 6~8,有些丝状菌,尤其真菌,适合在低 pH 环境中生长,曝气池中 pH 长期低于 6~8 时,丝状菌便会占据优势,诱发丝状菌污泥膨胀。

⑦冲击负荷:指流入曝气池内的污水量或污水水质发生突然变化,这时容易发生丝状菌污泥膨胀。

⑧池型和流态:完全混合式曝气池易导致污泥膨胀,而推流式曝气池在正常运行条件下不易发生污泥膨胀。

(2)污泥膨胀的控制方法:①投加适量的絮凝剂,增加活性污泥的比重;②投加化学药剂,杀灭丝状菌;③改变工艺条件,低负荷条件下改完全混合式曝气池为推流式曝气池,或采用序列式活性污泥法,高负荷条件下增加曝气量,或采用传氧效率高的曝气方法,如射流曝气法等;④调整水质条件,对于高 C/N 或 C/P 的污水,添加适量的氮肥或磷肥,改善水质条件,对于腐化污水可以采取预曝气的措施来改善水质。

10.答:当污水流经填料时,有部分微生物会附着在填料上,并在填料表面大量繁殖,逐渐形成一层滑腻的黏液状膜。这层膜不断增生加厚,出现分层现象,表层中的微生物主要为好氧微生物,内层处于厌氧状态,其微生物组成主要为厌氧微生物,这就是成熟的生物膜。当生物膜增生至一定厚度时,生物膜所吸附的营养物质在外层就已被完全利用,难以传递到内层,此时内层微生物得不到充分的营养而进入内源代谢,不再分泌黏液质,因而失去黏附能力。在厌氧代谢产生的气泡扰动和水力剪切力作用下,过厚的生物膜会自动脱落载体,滤料表面会重新长出新的生物膜。

11. 答:水体氮素污染的危害有如下几点。

(1)氨氮浓度高将导致水体的富营养化,危害鱼类和家畜的安全。

(2)氨氮在硝化过程中要消耗大量的溶解氧。

(3)氨氮会与自来水中用于消毒的余氯发生反应生成氯胺,消耗水体的余氯,使自来水的水质下降。

(4)氮化合物对生物有毒害作用,江河湖水体中氨氮含量高会影响鱼鳃对氧的传递,从而导致鱼窒息而亡。硝酸盐和亚硝酸盐在水体中可转化为亚硝胺,而亚硝胺是致癌、致畸物质。

12. 答:(1)生物除磷的生物学机制:生物除磷的生理基础是污泥中存在一类聚磷菌,聚磷菌在好氧条件下积累磷,在厌氧条件下释放磷。目前对聚磷菌积累磷机制的解释主要有两种,即过度积累和贪婪吸收。

①过度积累是指聚磷菌暂时处于磷缺乏状态后,转移到含有丰富的磷素和合适营养条件下能大量快速吸收磷,并以多聚磷酸盐的形式积累在细胞内。

②贪婪吸收是指在系统中必需营养元素等受限制而磷不受限制的条件下,如果聚磷菌还有足够的能量,则从外界吸收磷素以多聚磷酸盐的形式积累于细胞内,作为能源储存物质。

(2)影响生物除磷的因素:碳源的浓度和种类、溶解氧、pH、温度以及工艺的运行参数和运行方式(泥龄和厌氧区停留时间)等。

13. 答:常见的方法主要是利用微生物进行处理,有农林废弃物糖化、蛋白化和乙醇化技术,将有机废弃物转化为食用菌栽培基质并形成担子菌发酵饲料,有机废弃物高温快速堆肥技术,沼气化和制氢技术,农业废弃物饲料化技术,煤炭的微生物脱硫技术,尾矿和低品位矿石的微生物湿法冶炼提取金属技术等。

也可利用植物和动物对固体有机废弃物进行处理,如污染土壤的植物修复技术,利用蚯蚓将城市垃圾、污泥和农林废弃物转化为优质肥料,并获得蚯蚓蛋白饲料和固体有机废弃物生物能源化。

14. 答:有机废弃物微生物饲料化是利用微生物新陈代谢和繁殖的菌体对有机废弃物进行加工,使之变成安全有效的饲料的过程。

微生物饲料大体上可以归纳为两大类:一是利用微生物的发酵作用改变原料的理化性质,或增加适口性、提高消化吸收率及营养价值,或解毒、脱毒,或积累有用的中间代谢产物。这一类微生物饲料包括乳酸发酵饲料(青贮饲料)、粗饲料发酵、担子菌发酵、畜禽粪及屠宰残渣发酵、饼粕类发酵脱毒饲料及微生物发酵生产的各种饲料添加剂。二是利用来源广泛的废弃物、矿物资源、纤维素及糖类资源培养的微生物菌体蛋白,具体有饲料酵母、石油蛋白、菌体蛋白、食用菌菌丝体、白地霉以及微型藻、光合细菌饲料等。微生物发酵饲料和菌体蛋白饲料这两类不可截然分开,发酵饲料中也包含着营养丰富的菌体蛋白,而菌体蛋白的粗制品,尤其是固态法生产的菌体蛋白饲料,亦包含菌体之外的其他成分。

15. 答:(1)微生物淋滤的基本原理是利用嗜酸硫杆菌(主要为氧化亚铁硫杆菌和氧化硫硫杆菌)的生物氧化作用以及其产生的低 pH 环境使以难溶性形态存在的重金属溶出进入液相,再通过固液分离法而去除。

(2)一般认为微生物催化硫化物的生物氧化有两种作用机制:直接机制与间接机制。此外也有学者提出第三种机制,即协同机制。

①直接机制:嗜酸硫杆菌通过细胞内特有的氧化酶系统,直接氧化硫化矿成可溶性的硫酸盐。细菌对矿物颗粒的附着是连接固相与液相的桥梁,也是直接机制得以进行的前提。

②间接机制:主要是利用氧化亚铁硫杆菌的代谢产物硫酸铁氧化金属硫化物,使其转变成硫酸盐。硫酸铁被还原成硫酸亚铁并生成元素硫,金属以硫酸盐形式溶解出来,而亚铁离子又被细菌氧化成高铁离子,元素硫被细菌氧化成硫酸,溶液 pH 下降到 2.0 左右,这大大促进了金属硫化物的溶解,构成了一个氧化-还原的淋滤循环系统。

③协同机制:指在生物淋滤过程中微生物之间相互促进的作用,此作用可以大幅度地提高生物淋滤的效率。

16.答:微生物对重金属的抗性机制大致有以下几方面。

(1)通过改变膜转移系统,使重金属离子不能进入细胞内,但能将胞内的重金属离子泵出胞外。

(2)通过特殊的金属离子络合剂将重金属离子固定(一般固定在细胞壁上),使其不能进入细胞内。

(3)通过抗性基因编码高度特异性的阴阳离子泵出系统,这是质粒控制的抗性系统。

(4)通过酶系统将重金属离子转变成低毒形式的物质。

17.答:(1)推流式活性污泥法:又称传统活性污泥法,其特点是采用长方形曝气池,运行时进水和回流污泥从长方形曝气池的一端沿池长均匀向前推进,直至曝气池的末端。该方法包括初沉池、曝气池、二沉池和污泥回流装置四个单元。在曝气池内,污染物浓度(F)与微生物的生物量(M)的比值 F/M 值沿流程不断降低,在曝气池末端,污染物浓度,即 F 值,已降到很小,而活性污泥中的微生物则进入稳定生长期,出水水质良好。

(2)短时曝气法:针对普通的推流式活性污泥法中曝气池的进口端到池末端有机物浓度从高到低,需氧量由大变小的情况,在曝气方法上加以改进。加大进口端的通气量,然后随有机物浓度的逐渐降低而相应地减少通气量。该方法又称渐减曝气法,它可使曝气设备的数量和动力消耗有所减少。

(3)阶段曝气法:在普通推流式活性污泥法基础上,将进水点加以调整,使废水沿着池长分若干点流入,又称多点进水法。该方法可降低曝气池前端的耗氧速率,避免缺氧情况,从而提高了空气的利用率和曝气池的工作能力,可使曝气池体积缩小 30% 左右。

(4)生物吸附法:该方法也是由普通推流式活性污泥法演变而来,其特点是活性污泥净化废水的吸附阶段和氧化分解阶段分别在两个池子或一个池子的两部分进行,又称再生吸附曝气法。该方法对于处理废水中的胶状污染物较为理想,并可使吸附和再生曝气池的总体积减小 50% 以上,但处理效率较低。

(5)完全混合式活性污泥法:这种方法是使原始污水和回流污泥进入曝气池后,立即与池内原有的混合液完全混合,这就使原始污水得到了较好的稀释。这种方法能忍受较大的冲击负荷,而且充氧均匀,但因为废水在池内停留时间较短,细菌始终处于对数生长期,所以处理效果比推流式活性污泥法差,且可能容易发生污泥膨胀。

(6)序批式间歇反应器:该工艺通过程序化自动控制充水、反应、沉淀、排水排泥和静置五个阶段,实现对废水的生化处理。在反应阶段,曝气时间决定生化反应的性质。当采用完全曝气时,反应器内发生的是需氧过程;但在限量曝气条件下,可使反应器内形成缺氧或厌氧环境。该工艺通过缺氧-厌氧-好氧的过程,可使原来难降解的有机物分解成能够被降解的物质。此外,该工艺对氮、磷、硫的脱除效果也十分显著。

(7)深水曝气活性污泥法：该工艺的主要特点是曝气池深，提高了混合液的饱和溶解氧浓度，加快了氧传入混合液的速率，有利于有机污染物的降解与去除。根据曝气池的深度，又可分为深水中层曝气法和深井曝气法。

(8)氧化沟：该工艺属于悬浮生长生物处理技术，又称循环曝气池法。氧化沟是封闭环状的沟形污水处理建筑物，污水与活性污泥混合液在曝气沟中循环流动而完成污泥对有机物的吸附和降解。该工艺的特点：①混合液水流具有推流式和完全混合式的水流特征，沟的前端和后端存在有机物含量浓度梯度，进水极易在流动过程中混合，耐冲击负荷。②沟中的不同部位存在好氧区和缺氧区，能进行充分的硝化和反硝化作用，所以兼有脱氮功能。③基建费用低，运行管理简单，缺点是占地面积大。

18. 答：有机污水的水质指标主要分为物理性指标、化学性指标和生物性指标。

(1)物理性指标：色度、气味和固体物质（总固体物质、悬浮固体、挥发性悬浮固体和灰分）。

(2)化学性指标包括以下两方面。

①有机物：污水中含有的糖类、苯类和烃类等有机物在微生物的作用下最终分解为二氧化碳和水等，这些有机物分解过程中需要消耗大量的氧气，使水体缺氧，这是水体发黑发臭的主要原因。实际测定中一般采用理论有机碳量、总有机碳量、理论需氧量、化学需氧量、生物需氧量等来衡量水体中有机物含量。

②无机物：氮、磷等无机营养元素、pH 和重金属。

(3)生物性指标：水体中的细菌总数和大肠菌群数。其中水体中细菌总数剧增并不能说明水体受到病原菌的污染，必须结合污染来源和大肠菌群数来评价水体的安全程度，大肠菌群是粪便污染的指示菌群。

19. 答：活性污泥法中的参数及其定义、取值见表 4-6-1。

表 4-6-1　活性污泥法中的参数及其定义、取值

序号	参数	定义	取值
1	混合液悬浮固体浓度（MLSS）	曝气池中 1 L 混合液所含悬浮固体的重量	$2 \sim 4$ g/L
2	混合液挥发性悬浮固体浓度（MLVSS）	1 L 混合液中所含挥发性悬浮固体（能被完全燃烧的物质）的重量	一般城市生活废水 MLVSS/MLSS＝0.75
3	污泥沉降比（SV）	一定量的混合液静置 30 min 后，沉降的污泥体积与原混合液体积之比，用百分数表示	—
4	污泥容积系数（SVI）	又称污泥指数，曝气池混合液静置沉降 30 min 后与污泥干重之比	控制在 $50 \sim 150$ 之间，若大于 200，则表明污泥已发生膨胀
5	污泥负荷（Ls）	单位时间内，单位重量的活性污泥能处理的有机物的数量。用 kg(BOD)/kg(MLSS)·d 表示。有时也可称为食物与微生物比值，用 F/M 表示	$0.3 \sim 0.6$

20. 答:与活性污泥法对比,生物膜法的优点主要有以下几点。

(1) 微生物多样性高,相互作用复杂,构成了稳定的生态系统。

(2) 生物膜各阶段的微生物类群不同。

(3) 生物膜中的食物链长,不仅栖息着捕获细菌的生物,而且存在着其他更高营养级的生物。

(4) 具有较高的脱氮能力。

(5) 单位处理能力大。

(6) 系统维护方便。

(7) 操作运行稳定。

21. 答:(1) 微生物脱氮主要通过硝化和反硝化作用完成的,首先利用好氧段的亚硝化细菌、硝化细菌的硝化作用,将 NH_3 转化为 NO_3^-,再反硝化还原为 N_2,N_2 溢出水面释放到大气。微生物除磷主要通过聚磷菌在厌氧、缺氧和好氧条件下交替反应,让聚磷菌首先在厌氧条件下释放磷,然后在好氧条件下过量吸收磷,之后通过排出污泥,就可以达到从废水中去除含磷物质的目的。

(2) 处理效果好,处理过程稳定可靠,处理成本低,操作管理方便。

22. 答:微生物处理气体污染物的方法如下。

(1) 微生物对无机气体污染物的处理:微生物对无机废气的处理主要是利用一些化能自养细菌,如硝化细菌、硫化细菌和氢细菌等。适合用微生物处理的无机废气的污染组分主要是硫化氢和氨。工业上硫化氢气体的净化主要是利用物化法,有严重腐蚀设备、产生二次污染等缺点,用微生物处理含硫化氢的废气主要在生物膜过滤器中进行。

(2) 微生物对有机气体污染物的处理方法如下。

① 微生物吸收法:指利用由微生物、营养物和水组成的混合液吸收处理废气,适合吸收可溶性的气态污染物。对吸收了废气的微生物混合液再进行好氧处理,去除液体中吸收的污染物,经处理后的吸收液可重复使用。微生物吸收法的装置一般由吸收器和废水反应器两部分组成,吸收器中的吸收主要是物理溶解过程,可采用各种常用的吸收设备,如喷淋塔、筛板塔、鼓泡塔等。吸收过程进行得很快,而生物反应的净化过程进行得较慢,废水在反应器中一般需要停留几分钟至十几小时,所以吸收器和废水反应器要分开设置。

② 微生物洗涤法:指利用污水处理厂剩余的活性污泥配制混合液,作为吸收剂处理废气的方法。该法对脱除复合型臭气效果很好,脱臭效率可达 99%,而且能脱除很难治理的焦臭。

③ 微生物过滤法:指利用含有微生物的固体颗粒吸收废气中的污染物,然后微生物再将其转化为无害物质的方法,主要有堆肥滤池、土壤滤池、微生物过滤箱 3 种设施。

第七章 现代生物技术与环境污染治理

【章节内容】

第一节 现代生物技术的概况

一、现代生物技术概述

二、现代生物技术在环境科学中应用前景

第二节 基因工程与环境污染生物治理

一、基因工程分子生物学基础

二、基因工程的基本过程

三、基因工程在环境污染生物处理中的应用

第三节 细胞工程与环境污染生物处理

一、细胞工程概述

二、细胞融合构建环境工程菌

第四节 酶学工程与环境污染生物治理

一、酶学工程基本概念及研究现状

二、固定化酶

三、固定化细胞

四、废水净化生物强化技术

第五节 发酵工程在环境污染治理中的应用

一、发酵的基本概念

二、发酵工程在环境污染治理中的应用

第六节 生态工程与污水处理系统

一、生态工程简介

二、氧化塘法

三、水生植物塘

四、人工湿地处理系统

五、污水土地处理系统

六、生态工程与生态农业

【本章习题】

一、名词解释

1. 固定化酶   2. 土壤污灌   3. 细胞培养
4. 环境生物技术   5. 地表漫流系统   6. 慢速渗滤处理系统
7. 快速渗滤处理系统   8. 生物技术   9. 基因工程
10. 细胞工程   11. 酶工程   12. 发酵工程
13. 细胞融合   14. 原生质体   15. 固定化细胞

16. 生物强化技术　　　　17. 发酵　　　　　　　18. 生态工程
19. 生物氧化塘　　　　　20. 人工湿地　　　　　21. 污水土地处理系统

二、单选题

1. 关于细胞内 DNA 复制的叙述正确的是(　　)。
   A. 发生在细胞分裂的各个时期　　　　B. 子代 DNA 分子由两条新链组成
   C. 需要模板、原料、能量和酶等　　　　D. 形成的两条新链碱基序列相同
2. 生物氧化塘实现净化污水的原理是主要利用(　　)。
   A. 利用固定化酶催化分解污染物　　　　B. 大型水生植物根系有效吸收污染物
   C. 细菌和真菌吸附分解污染物　　　　　D. 细菌和藻类分解有机污染物
3. 关于生物氧化塘的描述错误的是(　　)。
   A. 涉及的生物有藻类、细菌、微型动物
   B. 是一种好氧处理废水的方法
   C. 在生物氧化塘内，好氧反应有硝酸盐还原反应、硫酸盐还原反应
   D. 生物氧化塘的净化原理是利用了细菌与藻类的互生关系
4. 生物氧化塘又称(　　)，是利用藻类和细菌两类生物间功能上的协同作用来处理污水的一种生态系统。
   A. 稳定塘　　　　B. 独立沉淀塘　　　　C. 生物分解塘　　　　D. 化学处理塘
5. 转基因技术在农业上的应用不包括(　　)。
   A. 培育抗虫农作物　　　　　　　　　　B. 增强农作物的抗病性
   C. 提高农作物适应不良环境的能力　　　D. 增加农药的用量
6. 对现代生物技术，我们应持有(　　)的态度。
   A. 现在生物技术已发展得相当完善，不存在任何不利影响
   B. 现代生物技术会引发一系列的社会问题，我们要敬而远之
   C. 我们应合理开发和利用现代生物技术，让人类的未来更美好
   D. 其他科学技术完全可以替代现代生物技术
7. 科学家成功地把人的抗病毒干扰素基因连接到烟草细胞的 DNA 分子上，使烟草获得了抗病毒能力，这项技术称为(　　)。
   A. 细胞工程　　　　B. 酶工程　　　　C. 蛋白质工程　　　　D. 基因工程
8. 基因工程的实质是(　　)。
   A. 基因重组　　　　B. 基因突变　　　　C. 产生新的蛋白质　　　　D. 产生新的基因
9. 关于蛋白质工程的说法错误的是(　　)。
   A. 蛋白质工程能定向改造蛋白质的分子结构，使之更加符合人类的需要
   B. 蛋白质工程是在分子水平上对蛋白质分子直接进行操作，定向改变分子结构
   C. 蛋白质工程能产生出自然界中不曾存在过的新型蛋白质分子
   D. 蛋白质工程又称为第二代基因工程
10. 植物组织培养是指(　　)。
    A. 离体的植物器官或细胞培养成愈伤组织
    B. 愈伤组织培育成植株
    C. 离体的植物器官、组织或细胞培养成完整植物体

D. 愈伤组织形成高度液泡化组织

11. 植物体细胞杂交要先去除细胞壁的原因是(　　)。
   A. 植物体细胞的结构组成中不包括细胞壁
   B. 细胞壁使原生质体失去活力
   C. 细胞壁阻碍了原生质体的融合
   D. 细胞壁不是原生质的组成部分

12. 植物体细胞杂交的结果是(　　)。
   A. 产生杂种植株　　　B. 产生杂种细胞　　　C. 原生质体融合　　　D. 形成愈伤组织

13. 细胞具有全能性的原因是(　　)。
   A. 生物体细胞具有发育成完整个体的潜能
   B. 生物体的每一个细胞都具有全能性
   C. 生物体的每一个细胞都含有个体发育的全部基因
   D. 生物体的每一个细胞都是由受精卵发育来的

14. 动物细胞培养的理论基础是(　　)。
   A. 细胞分裂　　　B. 细胞分化　　　C. 细胞全能性　　　D. 细胞癌变

15. 单克隆抗体的制备过程中引入骨髓瘤细胞的目的是(　　)。
   A. 能使杂交细胞大量增殖　　　　　　B. 产生特异性强的个体
   C. 使细胞融合容易进行　　　　　　　D. 使产生的抗体纯度更高

16. 酶工程的技术过程是(　　)。
   A. 利用酶的催化作用将底物转化为产物　　B. 通过发酵生产和分离纯化获得所需酶
   C. 酶的生产与应用　　　　　　　　　　　D. 酶在工业上大规模应用

17. 桑基鱼塘是将低洼稻田挖深作塘,塘内养鱼,塘基上种桑,用桑养蚕,蚕粪养鱼,鱼粪肥塘,塘泥肥田、肥桑,从而获得稻、鱼、蚕三大丰收。这是哪一方面的典型例子?(　　)
   A. 维护原有的生态系统稳定性
   B. 加速生态系统的物质循环
   C. 根据人类需要建立新的生态系统稳定性
   D. 加速生态系统的能量流动

18. 湿地是地球上独特的生态系统,被誉为(　　)。
   A."鸟类天堂"　　　B. 地球的"肾脏"　　　C. 地球的"心脏"　　　D."污水净化器"

三、填空题

1. 生态工程:指由_____的、以_____、具有一定功能的、宏观的、人为参与调控的_____。它可以是人工设计的一个群落、生态系统或更宏观的地域性生态空间。

2. 生态农业:一种能_____农业生产所依赖的环境质量和资源基础,为人类提供必需的食物和纤维等产品的_____。

3. 人工湿地:根据自然湿地模拟的_____,主要利用土壤、人工介质、植物微生物的物理、化学、生物_____,对污水、污泥进行处理的一种技术。其作用机制包括吸附、滞留、过滤、氧化还原、沉淀、微生物分解、转化、植物遮蔽、残留物积累、蒸腾水分和养分吸收及各类动物的作用。

4. 现代生物技术的核心基础是_____。

5. 基因工程中对基因片段进行剪切和拼接的酶是_____和_____。
6. 人工湿地处理系统包括_____、潜流人工湿地和垂直流人工湿地。

四、判断题

1. 载体是将外源基因送入受体细胞的工具,常用的有质粒、噬菌体以及动植物病毒。（　　）
2. 基因是不可分割的最小的重组单位和突变单位。（　　）
3. 农杆菌介导法和基因枪法是植物转化的主要方法。（　　）
4. 原核生物细胞是最理想的受体细胞。（　　）
5. 酶活力指在一定条件下酶所催化的反应速率,反应速率越大,意味着酶活力越高。（　　）
6. 包埋法可以用于酶、细胞和原生质体的固定化。（　　）
7. 目的基因来源于各种生物,其中真核生物染色体基因组是获得目的基因的主要来源。（　　）
8. 重组质粒载体可以通过细胞转化方法将重组 DNA 转入受体细胞。（　　）
9. 培养基中的碳源,其唯一作用是能够向细胞提供碳素化合物的营养物质。（　　）
10. 任何细胞都可作为受体细胞。（　　）

五、简答题

1. 防治水体富营养化的措施有哪些?
2. 生态工程与污水处理系统,通常由预处理设施（格栅和沉砂池）、处理塘系统、利用塘系统和农田灌溉系统组成,它们的作用分别是什么?
3. 请叙述基因工程的基本过程以及所涉及的重要工具酶。
4. 近年来城市的大气污染越来越严重,你认为其主要来源有哪些?有哪些危害?并结合你所学知识谈谈防治大气污染的措施。
5. 现代生物技术的含义是什么?它在环境污染治理方面具有怎样的应用前景?
6. 细胞工程是如何构建多功能工程菌的?又是如何应用于环境污染治理的?
7. 什么是氧化塘处理废水的特点?其降解和去除污染物的原理是什么?
8. 为保证污水土地处理系统的正常运行,需要解决哪些关键问题?
9. 在环境污染治理中,基因工程将会在哪些方面发挥作用?
10. 酶与细胞固定化有哪些方法?
11. 评估酶工程在生物处理污染方面的作用。
12. 什么是生态工程?如何进行特定生态工程的能量平衡与物质循环分析?
13. 在氧化塘处理废水过程中,藻和菌起着什么作用?它们的关系如何?
14. 为保证污水处理生态系统的正常运行,需要解决哪些关键问题?
15. 污水土地处理系统与污灌的主要区别是什么?在进行土地处理过程中应注意解决哪些关键问题?
16. 生态工程在农业发展过程中将发挥什么作用?

【习题解答】

一、名词解释

1. 固定化酶:又称水不溶酶,是通过物理吸附法或化学键合法将水溶性酶和固态的不溶性载体相结合,使酶变成不溶于水但仍保留催化活性的衍生物。

2. 土壤污灌:指利用含有氮、磷化合物或矿质元素的工业废水进行土地灌溉以满足农作物生产需要的过程。

3. 细胞培养:指将细胞从生物体内取出,然后在特制的培养容器内给予必要的生长条件,使其在体外继续生产与繁殖。

4. 环境生物技术:应用于认识和解决环境问题过程的生物技术体系,包括环境污染效应的认识、环境质量评价和环境污染的生物处理技术等。

5. 地表漫流系统:以喷洒的方式将污水投配在有植被的倾斜土地上,使污水呈薄层沿地表流动,径流水可由汇流槽收集。

6. 慢速渗滤处理系统:污水经喷灌、漫灌和沟灌布水后,垂直向下缓慢渗滤,农作物可以充分利用污水中的营养素等,依靠土壤-微生物-农作物对污水净化,同时部分污水被蒸发和渗滤的一种污水土地处理系统。该系统适用于渗水性能良好的土壤和沙质土壤及蒸发量小、气候湿润的地区。

7. 快速渗滤处理系统:污水灌至快速渗滤田表面后很快下渗进入地下,最终进入地下水层。灌水与休灌反复循环进行,使滤田表层土壤处于厌氧-好氧交替运行状态,依靠土壤微生物分解被土壤截留的溶解性和悬浮性有机物,使污水得以净化。

8. 生物技术:指利用生物有机体或组成部分发展新产品或新工艺的一种技术体系。

9. 基因工程:主要涉及一切生物类型所共有的遗传物质(核酸)的分离、提取、体外剪切、拼接重组以及扩增与表达等技术。

10. 细胞工程:包括细胞的离体培养、繁殖、再生、融合以及细胞核、细胞质乃至染色体与细胞器的移植、改造等操作技术。

11. 酶工程:指利用生物有机体内酶所具有的某些特异催化功能,借助固定化技术、生物反应器和生物传感器等新技术、新装置,高效、优质地生产特定产品的一种技术。

12. 发酵工程:又称微生物工程,是为微生物提供较适宜的发酵条件,生产特定产品的一种技术。

13. 细胞融合:在一定条件下,将两个或多个细胞融合为一个细胞的过程,又称细胞杂交。

14. 原生质体:细胞质壁分离后,去掉细胞壁所余下的部分结构。

15. 固定化细胞:用制备固定化酶的方法直接将细胞加以固定。

16. 生物强化技术:又称生物增强技术,是为了提高废水处理系统的处理能力,而向该系统中投加从自然界中筛选的优势种群,并通过基因工程使优势种群成为高效菌种,以去除某一类或某一种有害物质,提高系统内生物处理效率的方法。

17. 发酵:指微生物分解有机物,产生乳酸或乙醇和二氧化碳的过程。

18. 生态工程:一般指人工设计的、以生物种群为主要结构组分、具有一定功能的、宏观的、人为参与调控的工程系统。

19. 生物氧化塘:又称稳定塘,利用藻类和细菌两类生物间功能上的协同作用来处理污水的一种生态系统。

20.人工湿地:指由人工建造和控制运行的与沼泽地类似的地面,将污水、污泥有控制地投配到人工建造的湿地上,在污水与污泥沿一定方向流动的过程中,主要利用土壤、人工介质、植物、微生物的物理、化学、生物三重协同作用,对污水、污泥进行处理的一种技术。

21.污水土地处理系统:利用土地及其中的微生物和植物根系对污染物的净化能力来处理经过预处理的污水或废水,同时利用其中的水分和养分促进农作物、牧草或树木生长的工程设施系统。

二、单选题

1.C 2.D 3.A 4.A 5.D 6.C 7.D 8.A 9.B 10.C
11.C 12.A 13.C 14.A 15.A 16.C 17.C 18.B

三、填空题

1.人工设计 生物种群为主要结构组分 工程系统
2.长期维持 农业生产体系
3.人工生态系统 作用的综合效应
4.基因工程(和细胞工程)
5.限制性内切酶 DNA连接酶
6.表面流人工湿地

四、判断题

1.√ 2.× 3.√ 4.√ 5.√ 6.√ 7.√ 8.√ 9.√ 10.×

五、简答题

1.答:(1)污染物预防:控制大气、固废污染和工农业废水,城市污水除氮除磷,洗涤剂禁磷,合理施肥,控制水产养殖强度,控制暴雨径流污染,控制水土流失,利用前置库技术控制污染物入湖等。

(2)营养物质的控制(去除氮磷):分污引水、混凝除磷、底泥疏浚、调水冲湖、水体充氧、水体生态恢复。

(3)抑藻杀藻:收获藻类(机械捕集等)、超声波除藻、深层曝气、药物除藻、生物控藻(放养食草鱼和贝壳,采用藻病毒等)。

2.答:(1)预处理设施:用于去除大块污物和砂、煤、炉渣等无机杂粒,以防止后续处理塘出现管道堵塞和底部的沉积。

(2)处理塘系统:用于去除大部分有机污染物和有毒、有害的难降解有机物和重金属,以防其进入食物链中污染鱼和农作物。

(3)养鱼、种藕、种芦苇,是常用和有效地多级综合利用塘系统,同时使污水得到进一步的净化。

(4)利用塘出水进行农田灌溉,既可以使农田增产,又能使污水得到深度净化,使其出水达到三级处理出水的标准,既可补充地下水,又可用作工业用水和生活杂用水和市政用水等。

3.答:(1)基因工程的基本过程如下。

①DNA的制备包括从供体生物的基因中分离或人工合成,以获得带有目的基因的DNA

片段。

②在体外通过限制性内切酶分别将分离(或合成)得到的外源 DNA 和载体分子进行定点切割,使之片段化或线性化。

③在体外将外源 DNA 片段通过 DNA 连接酶连接到载体分子上,构建重组 DNA 分子。

④将重组 DNA 分子通过一定的方法导入受体细胞进行扩增和表达,从培养细胞中获得大量细胞繁殖群体。

⑤筛选和鉴定转化细胞,剔除非必需重组体,获得导入的外源基因稳定高效表达的基因工程菌或细胞,将所需要的阳性克隆挑选出来。

⑥对选出的细胞克隆的基因进一步分析研究,并设法使之实现功能蛋白的表达。

(2)基因工程中应用的酶类统称为工具酶,基因工程中常用的工具酶有如下 4 类。

①限制性内切酶:通过切割相邻的两个核苷酸残基之间的磷酸二酯键,导致多核苷酸链发生水解断裂的蛋白酶。其中专门水解断裂 RNA 分子的称为核糖核苷酸酶,而水解断裂 DNA 分子的称为脱氧核糖核酸酶。

②DNA 连接酶:DNA 连接酶能利用 NAD^+ 或 ATP 中的能量,催化多段 DNA 的 $3'$-羟基末端和 $5'$-磷酸末端之间形成 $3',5'$-磷酸二酯键,把两个 DNA 片段连接在一起,封闭 DNA 双链上形成的切口。

③DNA 聚合酶:催化以 DNA 或 RNA 为模版合成 DNA 的一类酶的总称。

④DNA 修饰酶:包括碱性磷酸酶、核酸外切酶、T4 多核苷酸激酶、末端脱氧核苷酸转移酶。

4. 答:(1)大气污染的主要来源如下。

①工业污染源:工业生产中的一些环节,如原料生产、加工过程、燃烧过程、加热和冷却过程、成品整理过程排出的烟尘和含大量有害物质的废气,以火力发电厂、钢铁厂、石油化工厂、水泥厂等对大气污染最为严重。

②农业污染源:农业生产过程中喷洒农药而产生的粉尘和雾滴。

③交通运输污染源:汽车、火车、轮船和飞机等排出的尾气,其中汽车排出的有害尾气距呼吸带最近而能被人直接吸入,其污染物主要是氮氧化物、碳氢化合物、一氧化碳和铅尘等。

④生活污染源:由生活炉灶和采暖锅炉耗用煤炭产生的烟尘、二氧化硫等有害气体。

(2)大气污染的危害如下。

①对人体健康的影响:通过表面接触、吸入等多种方式,大气中弥漫的各种有毒有害物质进入人体内,给人类的身体健康带来极大的影响,常见的大气污染疾病有呼吸系统疾病、支气管炎、肺气肿、肺癌等。

②对植物的影响:大气污染对植物叶茎造成一定的危害,空气中所弥漫的二氧化硫、过氧乙酰硝酸酯、乙烯等有可能造成植物的枯竭、死亡。

③对器物和材料的影响:大气污染对于金属制品、纸制品、橡胶制品、纺织品等方面的危害也非常严重,主要体现在化学损害与玷污损害两方面。化学损害是指大气中的污染物与器物和材料接触所产生的化学作用,常见的以腐蚀反应为主;玷污损害是指大气中粉尘、烟尘等物质落在器物和材料表面所造成的损害。

④对大气环境的影响:大气污染发展至今已超越国界,其危害遍及全球。对全球大气的影响明显表现为三个方面:一是臭氧层破坏,二是酸雨腐蚀,三是全球气候变暖。

(3)防治大气污染的措施如下。

①减少污染物的排放。

a. 改革能源结构,采用无污染能源(如太阳能、风力、水力)和低污染能源(如天然气、沼气、乙醇)。

b. 对燃料进行预处理(如燃料脱硫、煤的液化和气化),以减少燃烧时产生污染大气的物质。

c. 改进燃烧装置和燃烧技术(如改革炉灶、采用沸腾炉燃烧等)以提高燃烧效率和降低有害气体的排放量。

d. 采用无污染或低污染的工业生产工艺(如不用和少用易引起污染的原料,采用闭路循环工艺等)。

e. 节约能源和开展资源综合利用。

f. 加强企业管理,减少事故性排放和逸散。

g. 及时清理和妥善处理工业、生活和建筑废渣,减少地面扬尘。

② 发展植物净化:植物具有美化环境、调节气候、截留粉尘、吸收大气中有害气体等功能,可以在较大范围内长时间地、连续地净化大气,尤其是大气中污染物影响范围广、浓度比较低的情况下,植物净化是行之有效的方法。在城市和工业区有计划地、有选择地扩大绿地面积是大气污染综合防治的长效能和多功能措施。

③ 利用环境的自净能力:大气环境的自净有物理、化学作用(扩散、稀释、氧化、还原、降水洗涤等)和生物作用。在排出污染物总量恒定的情况下,污染物浓度在时间上和空间上的分布同气象条件有关,认识和掌握气象变化规律,充分利用大气自净能力,可以降低大气中污染物浓度,避免或减少大气污染危害。例如,以不同地区、不同高度的大气层的空气动力学和热力学的变化规律为依据,可以合理地确定不同地区的烟囱高度,使烟囱排放的大气污染物在大气中迅速扩散稀释。

5. 答:(1)生物技术:指利用生物有机体或组成部分发展新产品或新工艺的一种技术体系。

(2)应用前景:生物技术在环境污染生物处理中的应用基础是运用生物生命过程中的反应将污染物转化为无毒、无害、稳定的物质,适用于环境污染治理、生物监测技术、环境质量预报和报警等。

6. 答:(1)原生质体的制备与融合方法如下。

① 原生质体及其融合构建新物种:

原生质体是指细胞质壁分离后去掉细胞壁所余下的结构。原生质体具备原有细胞的全部内部结构与生理性能,对渗透压十分敏感,比较容易吸收外来的 DNA、蛋白质等,同时,对外界理化因子比较敏感。在外界理化融合因子的诱导下,不同物种间的原生质体的质膜相互融合杂交,融合的原生质体再生出细胞壁,并恢复原来完整的细胞形态与群落形态,构成具有多种遗传性状的新物种。

② 原生质体的融合方法。

a. 亲本的选择:选择两种适合重组的亲本菌株,选定适宜的遗传标记,如选营养缺陷型或对抗生素具有抗性的菌株作为理想的原生质体融合的亲本菌株材料。

b. 原生质体制备:选用合适的酶系,在等渗溶液中溶解细胞壁。对于酶系的选择主要取决于对细胞壁成分的了解。例如,真菌的细胞壁成分主要为纤维素和几丁质,因此在制备真菌原生质体时,就应选纤维素酶;而细菌的细胞壁成分主要为多聚糖,则常常使用溶菌酶。

c. 原生质体的再生:酶解后得到的原生质体能够在等渗的培养基中重建细胞壁,恢复细胞完整形态,并能生长、分裂。一般来说,原生质体比较容易在合适的培养基中再生,但其再生率差距很大,可从百分之几到百分之百,这与菌种、酶解条件以及再生条件有关。在进行原生质体融合实验前,必须做再生实验。

d. 原生质体的融合与融合子的检出:目前常用的诱导原生质体融合的方法有化学促融法和电诱导法。化学促融法诱导细胞融合的化学促融剂是聚乙二醇;电诱导法即借助电场的作用,使细胞融合。

(2)原生质体融合构建环境工程菌用于环境污染治理的实例:

①原生质体融合构建苯环化合物降解菌。

②原生质体融合构建纤维素降解菌。

③聚乙二醇诱导原生质体融合制备细菌杀虫剂。

④电融合诱导选育利用木糖和纤维二糖产乙醇的菌株。

7. 答:(1)特点:构筑物简单,能源消耗少,运转管理方便。

(2)原理:利用了细菌与藻类的互生关系。藻类进行光合作用释放氧气,细菌利用藻类产生的氧气分解流入塘内的有机物,分解产物中的 CO_2、N、P 等无机物以及一部分小分子有机物成为藻类的营养源,增殖的细菌和藻类细胞为微型动物所捕食。反应过程:藻类和光合细菌的光合放氧过程。好氧反应:氧化作用、氮氧化作用、硫氧化作用等。厌氧反应:硝酸盐、硫酸盐还原反应、发酵反应等。

8. 答:需要解决的关键问题应从三方面分析,包括了解其概念、系统组成及原理。

(1)污水处理生态系统是利用土地及其中的微生物和植物根系对污染物的净化作用来处理经过预处理的污水或废水,同时利用其中的水分和肥分促进农作物、牧草或树木生长的工程设施。

(2)系统的组成:预处理设施、调节与储存设施;污水的输送、布水和控制系统,土地处理面积,排出水收集系统。

(3)净化原理:土壤的过滤截留、物理和化学的吸附、化学分解;生物氧化以及植物和微生物的摄取等作用。

其中关键在于微生物和植物根系的净化作用。

9. 答:环境污染治理中,基因工程将会在以下方面发挥作用。

(1)基因工程做成的 DNA 探针能够十分灵敏地检测环境中的病毒、细菌等污染。

(2)利用基因工程培育的指示生物能十分灵敏地反映环境污染的情况,却不易因环境污染而大量死亡,甚至还可以吸收和转化污染物。

(3)利用基因工程,提取生存于环境污染中某些细菌体内的抗重金属基因,导入特定细胞内表达,可以增强细胞生物的通透性,将摄取的重金属元素沉积在细胞内或细胞外。

(4)基因工程合成的"超级细菌"能吞食和分解多种污染环境的物质。

(5)通常一种细菌只能分解石油中的一种烃类,用基因工程培育的"超级细菌"能分解石油中的多种烃类化合物,有的还能吞食转化汞、镉等重金属,分解 DDT 等毒害物质。

10. 答:(1)酶的固定化方法如下。

①载体结合法:共价结合法、离子结合法、物理吸附法、生物特异结合法。

②交联法:利用双功能试剂或多功能试剂的作用,使酶与酶发生交联而进行固定。

③包埋法:将酶包裹在凝胶格子中或由半透膜组成的胶囊中。

④逆胶束酶法:反应系统中酶以逆胶束的形式被"固定"。

⑤复合法:将以上几种方法交叉使用,彼此取长补短。

(2)细胞的固定化方法如下。

①自溶酶灭活法:用 65 ℃高温或 β-射线照射处理白色链霉菌可以使其自溶酶失活,但其葡萄糖异构酶仍可保持原有活性的 80%～90%,细胞可反复使用。这些处理方法往往使细胞中其他酶系和自溶酶一起失活而不能广泛地应用,作用范围受到限制。

②絮凝吸附法:多聚电解质等絮凝剂有絮凝微生物细胞的作用,这类絮凝剂有聚丙烯酰胺、聚磺化苯乙烯、聚羧酸、聚乙基胺、聚赖氨酸和活性硅胶等。在絮凝过程中加入吸附剂或助滤剂能促进絮凝效果。被絮凝的细胞再经冷冻或干燥处理后,可提高酶的稳定性和改善细胞壁的机械性能,使得固定化细胞可以反复使用,降低成本。

11. 答:(1)酶工程基本概念:酶工程是指利用生物有机体内酶所具有的某些特异催化功能,借助固定化生物反应器和生物传感器等新技术、新装置,高效优质地生产特定产品的一种新技术。酶是由生物体产生的具有高度催化活性的蛋白质,生物体内的各种代谢变化都需要特殊酶的催化才能进行。

(2)酶工程研究与应用现状:目前已知酶的种类约 3000 种,而至今还没有发现的酶的种类要远远大于这个数目。据估计,其中至少有 2500 种酶具有应用前景。如在污水处理中,应用酶的固定化技术已成为一种很有前景的处理方法。用于生产工业用酶的微生物,包括 36 种霉菌、5 种酵母和 12 种细菌,只占已知微生物中的很小一部分。因此,开发新酶种和酶的新用途,具有很大的潜力。

在开发酶的新用途方面,最引人注目的是清洁生产工艺的运用,使污染最小化,如酶法氧化乙烯或丙烯,生产环氧乙烷或环氧丙烷。环氧乙烷和环氧丙烷是合成纤维、合成洗涤剂、环氧脂的原料,过去用传统化学方法生产需要高温、高压,容易爆炸,而且污染发生量较高。现在可以采用如下方案:将葡萄糖转变成葡萄糖醛酮的酶反应,与生产环氧乙烷的酶反应偶联起来,利用酶法生产。此法不仅避免了传统化学方法污染发生率较高的问题,而且投资少,省原料,副产品果糖也是重要的生产原料,可降低成本,提高资源的利用率。

12. 答:(1)生态工程:一般是指由人工设计的、以生物种群为主要结构组分、具有一定功能的、宏观的、人为参与调控的工程系统,是应用生态系统中物种共生与物质循环再生的原理,结合系统工程的最优化方法设计的分层多级利用物质的生产工艺系统。

(2)特定生态工程的能量平衡与物质循环分析。

①能量分析:生态工程能量流动特征不同于自然生态系统。人类对该系统的调控和管理也起着重要的作用。

a. 能量分析的基础工作:首先要确定分析对象的边界与组成部分,其次是根据研究的对象,确定系统主要成分间的相互关系,确定系统的能量输入与输出,并绘出能流图。

b. 能量的换算:首先需要将各种不同的输入和输出的实际能量换算成以能量单位表示的能流量。物质热值的确定是按其化学组成进行计算。

c. 能量流分析:主要是确定总能量输入和各输入能量占总能量输入的比例,总能量输出及各输出能量所占比例,确定各种形式的能量输出与输入比。

②物质循环分析。

a. 物质循环分析:主要是生态工程中的物质输入量与输出量和营养物质循环与平衡分析。

b. 经济效益分析:对生态工程技术措施方案的经济效果进行分析,确定工程经济合理性程度,进行经济可行性分析、综合分析评价,做出最优选择。

13. 答:(1)氧化塘处理废水过程中藻和菌的作用如下。

①藻的作用:藻类光合作用产生的氧,比来自水体表面的溶解氧量要多得多。在一定光照

下,1 mg 藻类可释放出 1.62 mg O_2。因此,氧化塘内好氧状态的维持主要靠藻类的充分生长,而不必另外消耗动力进行曝气。

②菌的作用:废水中的可沉降固体和塘中生物残体沉积于塘底,构成了污泥,它们在产酸细菌的作用下分解成小分子有机酸、醇、NH_3 等,其中一部分可进入上层好氧层被继续氧化分解,另一部分被污泥中的产甲烷菌分解成 CH_4。

(2)氧化塘处理废水过程中,藻和菌的关系:氧化塘是利用细菌与藻类的互生关系来分解有机污染物的废水处理系统。两者的产物分别作为对方生长、繁殖的能量,所以两者是互利共生关系。

14.答:为保证污水处理生态系统的正常运行,需要解决如下的关键问题。

(1)水生生物的选择。

①浮游生物:包括浮游植物和浮游动物两大类,前者如硅藻、绿藻和蓝藻等,后者有原生动物、轮虫、枝角类、桡足类等。

②游泳生物:能够自由活动的生物,如鱼类、两栖类、游泳昆虫等。

③底栖生物:生长或生活在水底沉积物中,包括底生植物和底栖动物,前者有水生高等植物和着生藻类,后者有环节动物、节肢动物、软体动物等。

④周丛生物:生长在水中各种基质(石头、木桩、沉水植物等)表面的生物群,如着生藻类、原生动物和轮虫。

⑤漂浮生物:系生活在水体表面的生物,如浮萍、凤眼莲和水生昆虫。

(2)各个成分的配比组合:不同种类水生生物在水处理生态系统中扮演的角色不同,起到的作用也不同,为了保证水生态系统正常、持续运行,需维持一定的比例。

15.答:(1)污水土地处理系统与污灌的主要区别如下。

①污水土地处理系统要求对污水进行必要的预处理,去除污水中的有害物质,对周围环境不造成污染。

②污水土地处理系统是全年连续运行污水的处理设施,即使冬季和非灌溉季节,污水也能得到适当的处理和储存;污灌则是按照农作物的需要进行灌溉。

③污水土地处理系统有完整的工程系统并可以调控,尤其是底层防渗系统的建设,有效地控制了污水对地下水可能造成的污染;而污灌则不具备这些条件。

④污水土地处理系统地面上种植的植物以有利于污水处理的牧草、林木、青饲料等经济作物为主,一般不种植直接食用的农作物。

(2)在进行土地处理过程中应注意解决的关键问题:渗滤系统堵塞,直接导致系统瘫痪;磷穿透会对地下水及周边地区造成二次污染;温室气体排放会加剧全球暖化趋势。

16.答:生态工程在农业发展过程中发挥的作用如下。

(1)生态农业能长期维持农业生产所依赖的环境质量和资源基础,为人类提供必需的食物和纤维等产品。

(2)现代常规农业是农业发展中的一个短暂的现象。当前的农业是以化学为基础的。以生态学原理为基础才能发展一个自给的、自我持续的生态农业体系,使其稳定地为人类提供食物和纤维,并且应该无污染,能增加土地资源,节约不可再生能源。

(3)生态农业中的物质转化与再生也是生态工程的一种类型,食物链是其中的基本结构,通过初级生产、次级生产、分解等完全代谢过程,完成物质在系统中的循环。目前将保持稳定生产体系、减少废物并改善农村生态环境的生态工程作为生态农业的目标。

第八章 污染环境的生物修复

【章节内容】

第一节 生物修复的概念及其原理
一、生物修复的基本原理和特点
二、生物修复中主要生物种类及其修复原理
第二节 生物修复工程技术
一、生物修复工程技术可行性研究
二、地表水生物修复工程技术
三、土壤生物修复工程技术
四、地下水生物修复工程技术

【本章习题】

一、名词解释

1. 生物修复 2. 微生物修复 3. 植物修复
4. 动物修复 5. 植物固定 6. 植物挥发
7. 植物吸收 8. 超积累植物 9. 原位生物修复
10. 土著微生物 11. 外来微生物 12. 基因工程菌
13. 物理修复 14. 化学修复 15. 植物提取
16. 植物转化

二、单选题

1. 物种适宜性是(　　)技术成败的关键,为此需要进行物种的遴选,并实现物种间的合理配置。
   A. 生物修复　　　　B. 生态修复　　　　C. 环境修复　　　　D. 种群修复

2. 不吸收或少吸收污染物是生物抵抗污染胁迫的一条重要途径,但目前有关这一抗性途径的分子机制仍知之甚少,一些实验结果甚至相互矛盾。一般认为生物不吸收或少吸收污染物的机制与生物外分泌物有关,如(　　)。
   A. 植物的根分泌物　　　　　　　　B. 植物的根抗性
   C. 植物根抗渗透性　　　　　　　　D. 植物的根分解能力

3. 下列不是超积累植物对重金属的吸收积累机制的是(　　)。
   A. 超积累植物体内的有机物对重金属离子的螯合
   B. 超积累植物对重金属离子的储存
   C. 超积累植物吸收重金属的分子生物学机制
   D. 超积累植物体内氧化还原代谢

4. 下列不是影响微生物修复因素的是(　　)。

A. 微生物营养盐　　　B. 电子供体　　　C. 有毒有害物质　　　D. 共代谢基质

5. 能够通过植物挥发去除的重金属是(　　)。
A. Cu　　　　　　B. Pb　　　　　　C. Zn　　　　　　D. Hg

6. 用于微生物修复的菌种是(　　)。
A. 土著微生物　　　B. 外来微生物　　　C. 基因工程菌　　　D. 以上都是

7. 植物对污染物的吸收(　　)。
A. 只能经由植物的根进行
B. 只有当污染物存在于溶液中才能进行
C. 只能经由植物的根进行
D. 可以通过与污染物接触的任何方式进行

8. 下列不是植物修复金属污染方式的是(　　)。
A. 植物固定　　　B. 植物挥发　　　C. 植物吸收　　　D. 植物降解

9. 微生物修复的影响因素不包括(　　)。
A. 大气性质　　　B. 微生物活性　　　C. 污染物特性　　　D. 土壤性质

10. 水环境的修复原则不包括(　　)。
A. 成本最低原则　　　　　　　　B. 生态学原则
C. 水体地域性　　　　　　　　　D. 最小风险和最大利益原则

11. 大气污染的修复净化技术不包括(　　)。
A. 植物修复技术　　　　　　　　B. 微生物修复技术
C. 无机矿物材料修复技术　　　　D. 原位修复技术

12. 以下不属于植物修复技术优点的是(　　)。
A. 植物修复技术影响因素少　　　B. 植物修复的开发和应用潜力巨大
C. 植物修复符合可持续发展理念　D. 植物修复过程易于被社会接受

13. 环境生态修复的技术类型不包括(　　)。
A. 微生物修复　　　B. 物理恢复　　　C. 植物修复　　　D. 动物修复

14. 以下不属于植物对重金属抗性机制的是(　　)。
A. 阻止重金属进入体内　　　　　B. 将重金属在体内通过酶的作用分解掉
C. 将重金属排出体外　　　　　　D. 对重金属的活性钝化

三、填空题

1. 生物修复：_____将土壤、地表及地下水和海洋中的危险性污染物现场去除或降解的_____。生物修复主要利用生物(天然的或接种的)，并通过工程措施为生物生长与繁殖提供必要的条件，从而加速污染物的降解与去除。

2. 以生物修复为核心的生物治理技术主要分为_____和_____两种。

3. 生物修复的工程设计包括_____、_____、修复技术的设计和_____。

4. 农药污染土壤的生物修复中农药残留的降解运用_____和_____这两种方法，而农药污染物生物修复的技术方法有_____和_____。

5. 地下水生物修复的要素包括_____、_____、_____和_____。

6. 生物修复类型包括_____、植物修复和动物修复。

四、判断题

1. 生物修复是指利用生物强化物质或有特异功能的生物（包括微生物、植物和某些动物）削减、净化环境中的污染物，减少污染物的浓度或使其完全无害化，从而使污染了的环境能够部分或完全地恢复到原始状态的过程。（　　）
2. 重金属植物修复是利用植物对土壤中的重金属进行降解。（　　）
3. 金属不能被生物所降解，通过生物的吸收得以从环境中去除。（　　）
4. 生物和环境是构成生态系统的两个基本子系统，因此，生态工程修复的内容主要包括生物子系统和环境子系统的调控与建造两部分。（　　）
5. 任何一个环境中都包含许多生态因子，这些生态因子是相互孤立的，没有太大联系。（　　）
6. 生态工程修复中的环境调控主要是减弱对生物的生长发育具有限制作用的环境因子，增加生物生长发育需要的环境因子，保证生态工程修复的成功。（　　）
7. 原位微生物修复技术一般采用土著微生物处理，有时也加入经过驯化和培养的微生物以加速处理。（　　）
8. 生态工程受自然环境影响不大。（　　）

五、简答题

1. 在生物修复中采取强化措施促进生物降解十分重要，这些强化措施促主要包括哪些？
2. 阐述矿山废弃地植被恢复重建的措施。
3. 什么是生物修复？与生物处理有何区别？生物修复与物理、化学处理技术相比有哪些优点和不足？请以植物修复为例，说明生物修复在去除环境中金属、有机物污染中的应用。
4. 什么是生物修复技术的理论基础？它具有哪些特点？试举例说明。
5. 阐述生物修复的目标和技术方法。
6. 试论述工程设计的步骤和内容。
7. 阐述植物修复技术与其他污染土壤处理方法相比的优点和不足。
8. 简述植物修复技术的类型。
9. 生物修复过程的主要影响因素有哪些？
10. 请举例说明生物修复有哪些常用技术？在生物修复过程中要注意哪些问题？

【习题解答】

一、名词解释

1. 生物修复：指利用生物将土壤、地表及地下水或海洋中的危险性污染物现场去除或降解的工程技术系统。
2. 微生物修复：通过微生物的降解和转化，将有机污染物转化为无害的小分子化合物和二氧化碳与水。
3. 植物修复：利用植物治理水体、土壤和底泥等介质中污染的技术。植物修复技术包括6种类型：植物萃取、植物稳定、根际修复、植物转化、根际过滤、植物挥发等。
4. 动物修复：通过土壤动物群的直接作用（吸收、转化和分解）或间接作用（改善土壤理化性质,提高土壤肥力,促进植物和微生物的生长)而修复土壤污染的过程。

5. 植物固定:利用植物及其他一些添加物质使环境中的金属流动性降低,生物可利用性下降,降低金属对生物的毒性。

6. 植物挥发:利用植物去除环境中的一些挥发性金属污染物,即植物将污染物吸收到体内后又将其转化为气态物质,释放到大气中。

7. 植物吸收:利用能耐受并能过量积累金属的植物吸收环境中的金属离子,将它们输送并储存在植物体的地上部分。

8. 超积累植物:一般是指植物的地上部分对重金属的吸收量比普通植物高 10 倍以上,且不影响正常生命活动的植物。

9. 原位生物修复:在受污染地区直接采用生物修复技术,不需要将土壤挖出和运输。

10. 土著微生物:以土壤为栖息地,是千百年来生长在当地土壤里的微生物群体,坚守着自己生活领域的微生物。

11. 外来微生物:一般从土壤中分离出来,经过实验室筛选分离,然后再经过优化培养,从而实现大规模生产将其添加到土壤中来解决土壤问题。

12. 基因工程菌:指将目的基因导入细菌体内使其表达,产生所需要的蛋白质的细菌。

13. 物理修复:根据物理学原理,采用一定的工程技术,使环境中污染物部分或彻底去除或转化为无害形式的一种治理环境污染的方法。

14. 化学修复:指利用化学分解或固定反应改变污染物的结构或降低污染物的迁移性和毒性的过程。

15. 植物提取:又称植物萃取技术,利用一些特殊植物的根系吸收污染土壤中的有毒有害物质并运移至植物地上部,通过收割地上部物质带走土壤中污染物的一种方法。

16. 植物转化:又称植物降解,指通过植物体内的新陈代谢作用将吸收的污染物进行分解,或者通过植物分泌出的化合物(比如酶)的作用对植物外部的污染物进行分解。

二、单选题

1. A 2. A 3. D 4. B 5. D 6. D 7. D 8. D 9. A 10. A 11. D 12. A 13. B 14. B

三、填空题

1. 利用生物   工程技术系统

2. 原位   异位

3. 场地信息收集   可行性论证   运行-修复效果的评价

4. 微生物分解   植物的转化   土壤和地下水的原位治理方法   土壤和地下水的非原位治理方法

5. 微生物的种类   电子受体   营养物质   环境因素

6. 微生物修复

四、判断题

1. √ 2. × 3. √ 4. √ 5. × 6. √ 7. √ 8. ×

五、简答题

1. 答：在生物修复中，为促进生物降解采取的强化措施主要有以下几种。

(1)接种微生物：目的是增加降解微生物的数量，提高降解能力，针对不同的污染物可以接种人工筛选分离的高效降解微生物，接入单种、多种或一个降解菌群，人工构建的遗传工程菌被认为是首选的接种微生物。

(2)添加微生物营养盐：微生物的生长繁殖和降解活动需要充足均衡的营养，为了提高降解速度，需要添加缺少的营养物。

(3)提供电子受体：为使有机物的氧化降解途径畅通，要提供充足的电子受体，一般为好氧环境提供氧，为厌氧环境提供硝酸盐。

(4)提供共代谢底物：共代谢有助于难降解有机污染物的生物降解。

(5)提高生物可利用性：低水溶性的疏水污染物难以被微生物所降解，利用表面活性剂等分散剂来提高污染物的溶解度，可提高生物可利用性。

(6)添加生物降解促进剂：一般使用 H_2O_2 可以明显加快生物降解的速度。

2. 答：矿山废弃地植被恢复重建的措施有以下几种。

(1)植被的自然恢复：矿山废弃地植被的自然恢复是很缓慢的，但在不能及时进行人工建植植被的矿山废弃地上，植被自然恢复仍有其现实意义。考虑植被自然恢复所需要的时间以及植被恢复过程中生态效益和经济效益并重原则，矿山废弃地植被恢复不应被动地等待植被的自然恢复，实行人工复垦是尽快恢复矿山生态，保护矿山环境，进行现代化矿业生产的重要一环。

(2)基质改良。

①化学肥料：矿山废弃地一般缺乏氮、磷、钾肥料，所以，三者配合使用一般能取得迅速而显著的效果。在施用速效肥料时应采取少量多施的办法或选用长效肥料，效果更好。在 pH 过高或过低，盐分或金属含量过高情况下，首先要进行土壤排毒，然后再施用化学肥料。对于重金属含量过高的矿山废弃地，可施用碳酸钙或硫酸钙来减轻金属毒性。对于铬酸盐冶炼厂的有毒废物，可利用硫酸亚铁作为还原剂来降低其毒性，同时也有降低 pH 的辅助作用。如果矿山废弃地处于酸性条件，可施用石灰等碱性物质中和，当矿山废弃物的酸性较高或产酸持久时，则应少量多次施入石灰。硫黄、石膏和硫酸等则主要用于改善矿山废弃物的碱性。另外，EDTA 可使金属离子形成稳定络合物，降低重金属离子的毒性。

②有机改良物：利用有机改良物进行矿山废弃地改良有重要意义，符合以废治废的原则，有很好的经济效益，且其改良效果优于化学肥料。污水污泥、生活垃圾、泥炭及动物粪便都被广泛地用于矿山废弃地植被重建时的基质改良，因为其富含养分且养分释放缓慢，可供植物长期利用。所含的大量有机物，可以螯合部分重金属离子，缓解其毒性，同时改善基质的物理结构，提高基质的持水保肥能力。另外，作物秸秆也被用作矿山废弃地的覆盖物，可以改善地表温度，维持湿度，有利于种子的萌发及幼苗生长。秸秆还田能改善基质的物理结构，增加基质养分，促进养分转化。

③表土转换：在动工之前，先把表层 30 cm 及亚层 30~60 cm 的土壤剥离保存，以便工程结束后再把它放回原处。这样虽然植被已破坏，但表土基本保持原样，土壤的营养条件及种子库基本保证了原有植物种迅速定居建植，不需要更多的投入。

④淋溶：在种植植物前，对含酸、碱、盐分及金属含量过高的矿山废弃地进行灌溉，在一定

程度上可以缓解矿山废弃地的酸碱性、盐度和金属的毒性,有利于植物定居。灌溉实际上是人为的淋溶过程。一般经过淋溶,当矿山废弃地的毒害作用被解除后,应用全价的化学肥料或有机肥料来增加土壤肥力,以使植物定居建植。

(3) 生物改良。

① 选择植物:在植被恢复与重建过程中,植物的选择十分重要,要因时因地选择适宜的植物,才能使其迅速定植,并具有长期的利用价值。豆科牧草中的沙打旺、草木樨、紫花苜蓿、杂花苜蓿、小冠花、胡枝子等植物被广泛用于矿山废弃地的植被人工恢复。乔木中杨树、油松、杜松、云杉、侧柏、国槐等不仅可以改善矿山废弃地状况,也是绿化、美化环境的主要树种。

② 引入固氮生物:利用生物固氮作用在重金属含量较低的矿山废弃地进行土壤改良及植被重建显出很大的作用和潜力。对于具较高重金属毒性的矿山废弃地,必须用相应的工程措施(如掺入一定比例的污水、污泥等)以解除其毒性,保证植物结瘤固氮。菌根能够有效地利用基质中的磷,而且不受尾矿中含量丰富重金属的毒害,所以将其接种于相应的共生树种,可以使共生树种较好地适应废弃地的生境,这对矿山废弃地上植物定居起着重要作用,达到一定的改良目的。

③ 种植金属耐性植物:金属耐性植物指能在重金属毒性较高的基质中正常生长和繁殖的一类植物。这类植物既能够耐受金属毒性,也能够适应干旱和极端贫瘠的基质条件,特别适用于稳定和改良矿山废弃地。在一定管理条件和水肥条件下,金属耐性植物能在矿山废弃地上很好地生长,随着其对基质的逐渐改善,其他野生植物也逐渐侵入,最终可形成一个稳定的生态系统。金属耐性植物能够在含不同重金属的基质上正常生长,植物体内往往积累大量的重金属(1000 mg/kg 以上,干重),因此,可以通过反复种植和收割的方法,除去土壤中的大部分重金属,特别适用于解除轻度重金属污染的矿山废弃地土壤。

④ 使用绿肥作物:绿肥作物具有生长快、产量高、适应性较强的特点。各种绿肥作物均含较高的有机质及多种大量营养元素和微量元素,可以为后茬作物提供各种有效养分,增加土壤养分,改善土壤结构,增加土壤的持水保肥能力。因此,可以利用绿肥作物迅速改良矿山废弃地,不过这需要良好的管理才能实现。

3. 答:(1) 生物修复是指利用生物将土境、地表及地下水或海洋中的危险性污染物现场去除或降解的工程技术系统。

(2) 与生物处理的区别:生物修复几乎专指已被污染的土壤、地下水和海洋中有毒有害污染物的原位生物处理,旨在使这些地方恢复"清洁",而生物处理则有较广泛的含义。

(3) ① 优点:采用生物修复技术投资费用少,对环境影响小,能有效降低污染物浓度,适用于在其他技术难以应用的场地。

② 不足:需要对具体地点的状况和存在的污染物进行详细的具体考察;微生物活性受温度和其他环境条件影响,在有些情况下,生物修复不能去除全部污染物。

(4) ① 环境中金属的去除:在土壤修复中,可以利用植物,通过植物固定、植物挥发和植物吸收去除环境中金属元素,进行污染环境的修复。

a. 植物固定是利用植物及其他一些添加物质使环境中的金属流动性降低,生物可利用性下降,降低金属对生物的毒性。

b. 植物挥发是利用植物去除环境中的一些挥发性污染物,即植物将污染物吸收到体内后又将其转化为气态物质,释放到大气中。

c. 植物吸收是利用能耐受并能过量积累金属的植物吸收环境中的金属离子,将它们输送并储存在植物体的地上部分。

②环境中有机物的降解与去除:植物主要通过3种机制去除环境中的有机污染物,即植物直接吸收有机污染物,植物释放分泌物和酶,刺激根区微生物的活性和生物转化作用以及植物增强根区的矿化作用。

4.答:(1)生物修复技术的理论基础:生物修复主要利用生物(天然的或接种的)的降解作用,并通过工程措施为生物生长繁殖提供必要的条件,从而加速污染物的降解与去除。

大多数环境中都存在着天然微生物降解净化有毒有害有机污染物的过程,只是由于环境条件的限制,微生物自然净化速度缓慢,因此需要采用各种方法来强化这一过程,例如提供氧气,添加氮、磷营养盐,接种经驯化培养的高效微生物等,以便能够迅速去除污染物。

(2)生物修复技术的特点如下。

①优点:可在现场进行原位修复,投资费用少,对环境影响小,能有效降低污染物的浓度,适用于在其他技术难以应用的场地,而且能同时处理受污染的土壤和地下水。

②局限性:需对具体地点的状况和存在的污染物进行详细的具体考察,耗时长;微生物活性受温度和其他环境条件的影响,条件苛刻;在某些情况下,生物修复不能去除全部的污染物。

(3)举例:利用微生物对地表水进行生物修复。地表水包括流动的河流和浅水湖泊等,流动的河道水体主要受到生活污水和工业废水的污染。为了提高河水的水质,必须要对此进行生物修复,有效地减轻对下游水体的污染。河道的微生物修复可以采用直接河道曝气的方法,提高河道水环境的质量,也可以采用生物膜法,利用填料上的微生物降解有机污染物,如日本学者采用细绳接触材料和无纺布接触氧化填料净化河流和处理下水,以改善水质。

对于浅水湖泊,底泥中通常含有大量的有机污染物。为了去除这些污染物,在水中加入营养盐,用曝气机搅拌混合,曝气机在水中的深度可以调节,以便控制水中悬浮固体的浓度。这样底泥中的有机污染物可成为碳源被微生物利用,污染的浅水湖泊得以被修复。

5.答:(1)生物修复的目标如下。

①强化有关污染物生物降解的速率和强度:微生物中细菌、真菌能以不同速率降解广泛的毒性化合物,如对烷烃一类化合物。微生物能以相对简单的途径提高降解速率。

②采用或开发能适应污染物的毒性效应并以无毒降解产物作为代谢途径的微生物来进行修复:尽量利用那些对一种毒性化合物进行多途径代谢从而使自身存活的微生物。

(2)生物修复的技术方法:①原位生物修复技术(投加活菌法、培养法、生物通气法、生物翻耕法和植物修复法);②异位生物修复技术(生物反应器、预制床法、堆制法和生物堆层修复技术);③原位-异位联合修复技术(冲洗-生物反应器法和土壤通气-堆制法)。

6.答:一个工程项目的设计大体上可以分为前期准备和设计两个阶段,具体可分为如下5个阶段:

(1)项目建议书阶段:建设单位提出建设某一项目的建议文件,是对拟建项目的轮廓设想,当项目建议书得到上级主管部门认可后就可以进行下一步工作(一般称这一过程为立项)。项目建议书一般包括以下一些内容:项目建设的目的和意义;项目建设的内容、范围和规模,提出代建项目拟定的建设场地;主要的工艺技术路线,包括总体工艺路线、主要设备类型等;项目实施的进度设想;投资估算和资金筹措设想;项目的经济效益和社会效益的初步估算。

(2)可行性研究阶段和可行性研究报告:可行性研究是前期工作的中心环节,是上级主管部门投资决策和编制、审批设计任务书的依据。其目的是通过对拟建项目进行全面分析及多方面比较,论证该项目是否必须(适合)建设、技术上是否可靠、经济上是否合理。其具体任务包括项目建设的必要性研究、技术路线可行性研究、工程条件的研究、项目实施计划研究、资金使用计划和成本核算的研究、人员培训计划等内容。可行性研究报告是可行性研究的工作成果,该报告被批准后就可以作为编制设计任务书和进行初步设计的依据。

(3)初步设计阶段:初步设计工作在设计任务书批准后即可进行,在初步设计中需要明确工程规模、建设目的、设计原则和标准,提出设计文件中存在的问题和注意事项等。初步设计是对项目各项技术经济指标进行全面规划的重要环节。初步设计一般包括设计说明书、主要工程量、主要设备和材料表、工程概算书及完整的初步设计阶段图纸等内容。

(4)施工图设计阶段:施工图设计的任务是根据扩大初步设计审批意见,解决初步设计阶段待定的各项问题,作为施工单位编制施工组织设计、编制施工预算和进行施工的依据。施工图设计文件组成和初步设计文件基本相同,是对初步设计文件的深化和补充。

(5)设计代表工作:设计文件编制完成后,工作转入基本建设和调试阶段,只需要少量各专业的设计代表参加,他们的任务是参加基本建设的现场施工和安装,必要时可以对细节问题进行设计修正,基本建设结束后参加相关专业的调试工作。

7. 答:(1)植物修复技术与其他污染土壤处理方法相比的优点如下。

①成本低,对环境扰动少,清理土壤中污染物的同时,还可同时清除污染土壤周围的大气或水体中的污染物。

②有较高的环境美学价值,易被社会接受。

③增加土壤有机质含量和土壤肥力,被植物修复过的干净土壤适合于多种农作物生长。

④能使地表长期稳定,有利于污染物的固定、生态环境改善和野生生物繁衍,维持固化的成本低。

⑤如果从超积累植物中回收重金属的工艺问题得到解决,人们在治理重金属污染土壤的同时还可以回收一定量的重金属。

⑥植物修复中用作微肥的金属如铜、锌,富集重金属的植物在收割后可用于制作微肥的原材料。

⑦能永久性解决土壤中的重金属污染问题。

⑧植物修复具有选择性,能够直接针对目标污染物进行吸收。

⑨植物修复技术通过萃取和浓集作用可极大地减小污染物的体积。

⑩适用植物修复的污染物范围广,如重金属(Cd、Cr、Pb、Co、Cu、Ni、Se)、放射性核素(Cs、Sr、U)、氯化溶剂、石油碳氢化合物、爆炸物(TNT、DNT、TNB)。

(2)植物修复技术与其他污染土壤处理方法相比的不足之处如下。

①需针对不同的目标污染选用不同的生态型植物。

②对土壤肥力、地理气候、水分、盐度、酸碱度、排水与灌溉系统等自然和人为的条件有一定的要求。

③一种植物往往只能吸收一种或两种重金属元素,对土壤中其他浓度较高的重金属则表现出某些中毒症状。

④用于清理污染土壤的超积累植物通常矮小、生物量低、生长缓慢、生长周期长,因而修复率低,不易于机械化作业。

⑤用于清洁污染物的植物器官往往通过腐烂、落叶等途径使污染物重返土壤。

⑥修复时间长(通常需要一个生长季节以上)。

⑦土壤的处理一般只局限在地表 1 m 以内,地下水的处理只局限在地表的 3 m 以内。

8. 答:(1)植物萃取:利用能耐受并能过量积累金属的植物吸收环境中的金属离子,将它们输送并储存在植物体的地上部分。

(2)植物稳定:利用植物及其他一些添加物质使环境中的金属流动性降低,生物可利用性下降,降低金属对生物的毒性。

(3)根际修复:通过植物的吸收促进某些重金属转移为可挥发态,挥发出土壤和植物表面,达到治理土壤重金属污染的目的。

(4)植物转化:通过植物体内的新陈代谢作用将吸收的污染物进行分解,或者通过植物分泌出的化合物(比如酶)的作用对植物外部的污染物进行分解。

(5)植物挥发:利用植物去除环境中的一些挥发性金属污染物,即植物将污染物吸收到体内后又将其转化为气态物质,释放到大气中。

9. 答:(1)营养盐类:土壤和地下水中,N、P 是限制微生物活性的重要因素,为了使污染物能完全降解,应适当添加营养物。

(2)电子受体:微生物氧化还原反应的最终电子受体主要分为 3 类,溶解氧、有机物分解的中间产物和无机酸根。

①溶解氧:土壤中微生物代谢所必需的,依赖于大气中氧的传递。当空隙充满水时,氧传递会受到阻碍。微生物呼吸消耗的氧超过传递来的氧量时,就会出现厌氧微环境。为了增加土壤中的溶解氧,可以对土壤鼓气或添加产氧剂。鼓气是用管道将压缩空气送入土壤;产氧剂通常是过氧化氢和过氧化钙。

②无机酸根:当环境中的氧耗尽后,硝酸根、硫酸根和铁离子等就可以作为有机物降解的电子受体。

(3)共代谢基质:微生物的共代谢对一些难降解的污染物的处理起着重要作用。因此,共代谢基质对生物修复亦有重要的影响。

(4)有毒有害有机污染物的理化性质:主要考虑淋溶与吸附、挥发、生物降解和化学反应。了解污染物的理化性质是为了判断能否采用生物修复技术,以及采取怎样的对策强化和加速生物修复过程。

10. 答:(1)常用技术:物种的选择、原位生物修复技术、异位生物修复技术、原位-异位联合修复技术。

(2)注意问题:要考虑微生物类型、污染物特性、环境特点、污染现场、土壤的特性、有毒有害有机污染物的理化性质及微生物营养盐类、电子受体、共代谢基质。

主要参考文献

[1] 陈秀为,张壬午.光合细菌处理高浓度有机废水及菌体资源化利用[J].农业环境科学学报,1991,10(3):122-124,138.

[2] 成嘉,符贵红,刘芳,等.重金属铅对鲫鱼乳酸脱氢酶和过氧化氢酶活性的影响[J].生命科学研究,2006,10(4):372-376.

[3] 冯茜丹,邹梦遥.水分析化学实验指导书[M].北京:科学出版社,2021.

[4] 耿春女,高阳俊,李丹.环境生物学[M].北京:中国建材工业出版社,2015.

[5] 顾宗濂,谢思琴,吴留松,等.用生物发光计测定污染水体生物毒性[J].环境科学,1983,4(5):30-33.

[6] 国家环境保护总局《水和废水监测分析方法》编委会.水和废水监测分析方法[M].4版.北京:中国环境科学出版社,2002.

[7] 何萍,陈育如,杨启银.光合细菌处理有机污水的方法[J].南京师范大学学报(工程技术版),2002,2(1):56-59.

[8] 胡亮,贺治国.矿山生态修复技术研究进展[J].矿产保护与利用,2020,(4):40-45.

[9] 姜彬慧,李亮,方萍.环境工程微生物学实验指导[M].北京:冶金工业出版社,2011.

[10] 黄正,王家玲.发光细菌的生理特性及其在环境监测中的应用[J].环境科学,1995,16(3):87-90.

[11] 孔志明,杨柳燕,尹大强,等.现代环境生物学实验技术与方法[M].北京:中国环境科学出版社,2005.

[12] 林毅雄,张秀敏.凤眼莲对滇池水体中重金属的积累作用及其蛋白质、氨基酸含量的变化[J].海洋与湖沼,1990,21(2):179-184.

[13] 林志芬,于红霞,许士奋,等.发光菌生物毒性测试方法的改进[J].环境科学,2001,22(2):114-117.

[14] 罗贵民.酶工程[M].北京:化学工业出版社,2003.

[15] 王丽莎,魏东斌,胡洪营.发光细菌毒性测试条件的优化与毒性参照物的应用[J].环境科学研究,2004,17(4):61-62,66.

[16] 卫亚红.环境生物学实验技术[M].西安:西北农林科技大学出版社,2013.

[17] 吴丽娜,孙增荣,吕严.五种重金属的蚕豆根尖微核试验及污染评价[J].环境与健康杂志,2009,26(7):618-620.

[18] 相沢孝亮,等.酶应用手册[M].黄文涛,胡学智,译.上海:上海科学技术出版社,1989.

[19] 夏凡,琚争艳.微生物碱性蛋白酶在食品工业中的应用及其安全性研究进展[J].山东食品发酵,2008,149(2):19-22.

[20] 许诗杰,张雅林.取食塑料的黄粉虫生命特征研究[J].西北农林科技大学学报(自然科学版),2018,46(7):102-108.

[21] 颜启传.种子学[M].北京:中国农业出版社,2001.

[22] 张清敏.环境生物学实验技术[M].北京:化学工业出版社,2005.